DEBUT D'UNE SERIE DE DOCUMENTS EN COULEUR

FÉLIX LE DANTEC

Chargé du cours de biologie générale à la Sorbonne.

La Crise du Transformisme

FÉLIX ALCAN, ÉDITEUR

1909

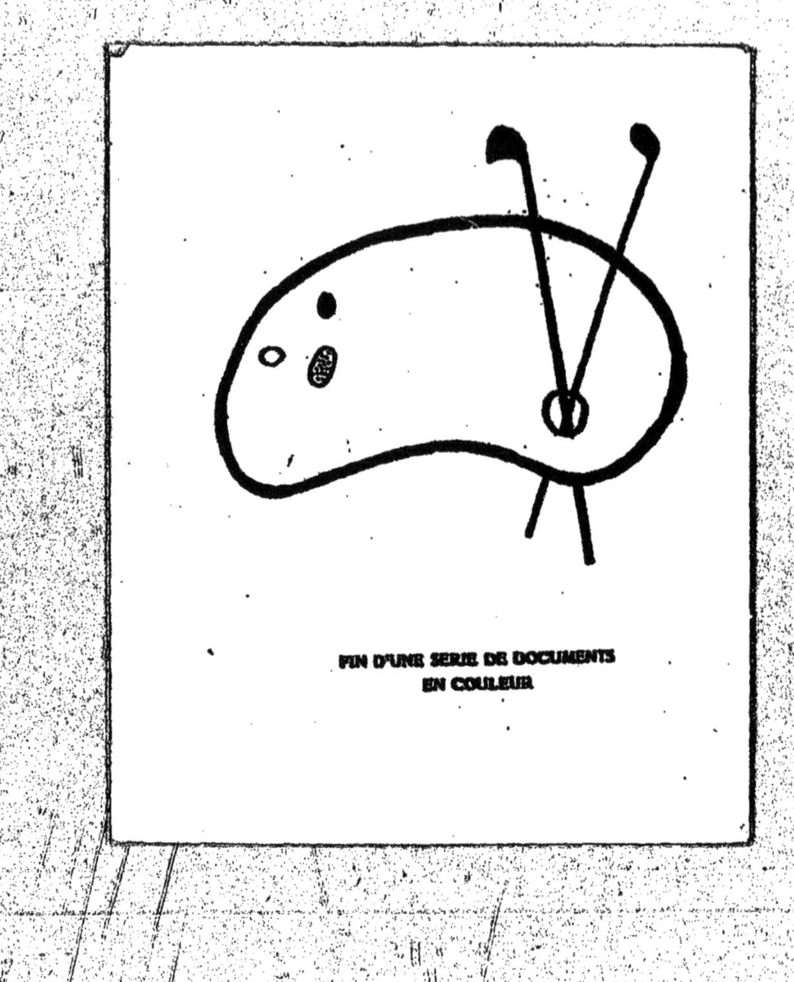
FIN D'UNE SERIE DE DOCUMENTS
EN COULEUR

La Crise

du

Transformisme

DU MÊME AUTEUR

Théorie nouvelle de la vie. 1 vol. in-8° de la *Bibliothèque scientifique internationale.* 4° édition, 1908, cartonné . . . . 6 fr. »

Le déterminisme biologique et la personnalité consciente. 3° édition, 1 vol. in-16 de la *Bibliothèque de philosophie contemporaine*, 1908 . . . . 2 fr. 50

L'individualité et l'erreur individualiste. 2° édition. 1 vol. in-16 de la *Bibliothèque de philosophie contemporaine*, 1905 . . . . 2 fr. 50

L'évolution individuelle et l'hérédité, 1 vol. in-8° de la *Bibliothèque scientifique internationale*, 1898, cartonné . . . . . 6 fr. »

Lamarckiens et Darwiniens. Discussion de quelques théories sur la formation des espèces. 3° édition. 1 vol. in-16 de la *Bibliothèque de philosophie contemporaine*, 1908 . . . . 2 fr. 50

L'unité dans l'être vivant. Essai d'une biologie chimique. 1 vol. in-8° de la *Bibliothèque de philosophie contemporaine*, 1902 7 fr. 50

Les limites du connaissable. La vie et les phénomènes naturels. 3° édition. 1 vol. in-8° de la *Bibliothèque de philosophie contemporaine*, 1908 . . . . 3 fr. 75

Traité de biologie, 2° édition. 1 fort vol. grand in-8°, avec 401 figures, 1906 . . . . 15 fr. »

Les lois naturelles. Réflexions d'un biologiste sur les sciences. 1 vol. in-8° de la *Bibliothèque scientifique internationale*, 1904, cartonné . . . . 6 fr. »

Introduction à la pathologie générale. 1 fort vol. grand in-8°. 1906 . . . . 15 fr. »

Éléments de philosophie biologique. 2° édition. 1 volume in-16. 1908 . . . . , ... 3 fr. 50

La sexualité. 1 vol. in-12, collection *Scientia.* Carré et Naud. 1899.

Le conflit, Entretiens philosophiques. 1 vol. in-12. Armand Colin. 1901, 4° édition . . . . 3 fr. 50

Les influences ancestrales. 1 vol. in-12 (*Bibliothèque de philosophie scientifique*, Flammarion). 4° édition . . . . 3 fr. 50

La lutte universelle. *Id., id.* 4° édition . . . . 3 fr. 50

L'athéisme. *Id., id.* 5° édition . . . . 3 fr. 50

De l'Homme à la Science. *Id., id.* 3° édition . . . . . 3 fr. 50

Science et Conscience. *Id., id.* 3° édition . . . . 3 fr. 50

La Définition de la Science (*Bibliothèque Larousse*) . . . . 1 fr. 20

La Crise

du

Transformisme

Leçons professées à la Faculté des Sciences de Paris

en Novembre et Décembre 1908

PAR

FÉLIX LE DANTEC

**Chargé du cours de Biologie générale
à la Sorbonne.**

FÉLIX ALCAN ÉDITEUR

1909

INTRODUCTION

Malgré mon désir de ne pas surcharger d'une unité nouvelle l'ensemble déjà lourd des livres que j'ai consacrés à la Biologie générale, je me suis laissé décider à faire éditer les premières leçons de mon cours de cette année sur la crise du transformisme.

L'argument qui m'a convaincu a été le succès prodigieux de la théorie des mutations; aucune publication importante n'a, jusqu'à présent, averti le public scientifique des dangers d'une théorie qui, prétendant apporter au transformisme une démonstration expéri mentale, sape, en réalité, dans ses fondements, cet admirable système philosophique. Je réunis donc dans ce volume les leçons que j'ai faites sur ce sujet pendant le mois de novembre et la première quinzaine de décembre 1908, tant à la Faculté des Sciences de

Paris qu'à l'Université nouvelle de Bruxelles.

La conclusion de ces leçons est, avant tout, la constatation de la nécessité absolue d'un langage scientifique approprié à la narration de tous les faits biologiques. Quoique nous soyons frappés plus immédiatement par les manifestations morphologiques de la vie, la morphologie, qui est spéciale à chaque individu, puisque tous les individus diffèrent les uns des autres, ne saurait nous fournir les bases d'un langage à la fois général et précis. Les considérations morphologiques ne nous conduisent jamais à des égalités, à des équations.

Il existe bien un langage d'apparence précise, et qui est actuellement employé par presque tous les naturalistes, c'est le langage de Weismann. Or ce langage est basé sur des considérations que réprouve la plus élémentaire logique. Mais la nécessité d'une langue biologique est telle que la première proposée a été adoptée d'enthousiasme, et pèse actuellement sur la science de tout le poids de ses erreurs fondamentales.

La théorie de Weismann, permettant de poser avec une netteté apparente de nom-

breux problèmes biologiques, a suscité naturellement beaucoup de travaux ; et quelques-
uns de ces travaux ont pu être féconds par
hasard ; mais la plupart d'entre eux n'ont
aucune valeur, car ils essaient de résoudre
une question mal posée ou même une question
qui ne signifie rien.

Depuis le commencement de mes études,
je proclame la nécessité du langage chimique
dans l'étude de la vie. On a répondu à cela
que, les connaissances actuelles sur la chimie
des protoplasmas ne permettant pas de vérifier directement le bien-fondé de ce langage,
la langue biochimique restera longtemps
encore inutilisable. Je crois que ce reproche
est dénué de fondement. La théorie atomique
est inaccessible à des vérifications expérimentales directes, et cependant, son emploi
en chimie a été d'une fécondité prodigieuse. Nous faisons des expériences sur
des corps chimiques, nous constatons les
propriétés macroscopiques ou organolep-
tiques des composés et des dérivés, mais nous
racontons les phénomènes dans une langue
atomique qui, dépourvue en apparence de tout
rapport avec les faits observés, en est cepen-

dant la traduction fidèle. Sans l'hypothèse atomique, la chimie, dont l'objet est si multiple et si divers, n'aurait aucune unité.

De même que la structure des composés chimiques, le *patrimoine héréditaire* des corps vivants n'est pas directement connaissable à l'observateur. Nous ne connaissons directement que la morphologie. Mais si des déductions serrées et logiques nous ont permis d'établir une relation entre les faits observables de la morphologie et les particularités hypothétiques du patrimoine héréditaire, nous pourrons créer une langue basée sur le patrimoine héréditaire, et qui sera parallèle aux phénomènes macroscopiques de la vie, comme le langage atomique est parallèle aux phénomènes observables de la chimie. La morphologie, au lieu de constituer le fait essentiel, nous fournira seulement un élément secondaire dont l'intérêt sera de nous faire conclure à la particularité fondamentale qui y est reliée, et qui fait partie du patrimoine héréditaire. Et si les déductions qui ont présidé à l'établissement de nos hypothèses premières sont inattaquables, le langage du patrimoine héréditaire, après nous avoir servi seulement à raconter après coup des faits morphologiques observés, nous permettra d'en prévoir d'autres. De vérification en vérification, nous arriverons à acquérir, dans la valeur de notre langage chimique, une confiance très grande. Et alors, dès qu'un problème se posera à nous, nous commencerons par en traduire l'énoncé dans notre langue scientifique ; *puis nous nous efforcerons de résoudre par des raisonnements ce problème ainsi posé.* C'est seulement ensuite que nous nous adresserons à l'expérience ou à l'observation pour voir si notre conclusion est juste. On verra des exemples de cette manière d'agir dans les leçons relatives à l'hérédité, à l'amphimixie et au principe de Fritz Müller.

Cette introduction de la méthode déductive dans les sciences naturelles pourra choquer bien des gens. Elle est indispensable si l'on veut que la Biologie mérite le nom de *science proprement dite.* Une fois nos hypothèses absolument fixées par d'abondantes vérifications, nous devrons pouvoir en déduire toute la Biologie. La Biologie générale pourra s'exposer comme la géométrie ; elle pourra se raconter dans le langage du patrimoine héréditaire, comme la géométrie dans le langage algébrique et la chimie dans le langage atomique. Un résultat semblable est impossible si l'on prend la morphologie comme objet essentiel. La morphologie ne doit nous servir que pour vérifier nos déductions, après qu'elle nous aura servi comme point de départ pour l'établissement de nos hypothèses fondamentales.

Paris, 14 décembre 1908.

Félix Le Dantec.

LA CRISE

DU

TRANSFORMISME

PREMIÈRE LEÇON

LA CRISE DU TRANSFORMISME[1]

Il y aura bientôt un siècle que Lamarck a publié sa *Philosophie zoologique*. Les naturalistes vont lui élever une statue cette année à l'occasion de ce glorieux anniversaire, mais beaucoup penseront peut-être que cet hommage posthume vient trop tard, puisque ceux qui tressent des couronnes au père du transformisme ont déjà abandonné pour la plupart ses conceptions les plus essentielles. Une théorie nouvelle, basée sur des expériences contrôlées, a vu le jour depuis quelques années, et fait de nombreux adeptes dans le monde des sciences naturelles ; or, cette théorie dite des *mutations* ou des *variations brusques* est la négation du Lamarckisme ; je dirais presque que c'est la négation

1. Cette première leçon a été publiée dans la *Revue scientifique* du 14 novembre 1908.

du transformisme lui-même, si paradoxale que puisse paraître cette assertion, quand il s'agit d'expériences qui prétendent avoir réalisé les premiers cas indéniables de transformation d'une espèce en une espèce différente.

Je vais m'expliquer tout de suite sur ce paradoxe apparent.

La théorie transformiste présente un intérêt philosophique et un intérêt pratique. De son intérêt philosophique je trouve la démonstration éclatante dans la levée de boucliers que suscita, non pas l'apparition du livre de Lamarck, (Lamarck était trop en avance sur son époque, et son œuvre ne fut comprise que par de très rares esprits,) mais la publication de l'*Origine des espèces* de Darwin, qui fit renaître, après un demi-siècle, le Transformisme étouffé par Cuvier. Le monde entier s'insurgea contre le système audacieux qui, comme l'a dit Huxley, « obligeait les hommes à reviser toutes leurs convictions ». Assurément, une telle tempête n'eût pas été déchaînée par un livre qui aurait seulement démontré la possibilité d'améliorer le maïs ou la pomme de terre. Ce qui intéresse l'homme avant tout, c'est l'homme lui-même, et un ouvrage qui prétend nous renseigner sur la nature et l'origine de l'homme, éveille fatalement l'attention des philosophes.

Pour le philosophe, le transformisme est le système qui explique l'apparition *progressive* et *spontanée* de mécanismes vivants *merveilleusement coordonnés* comme celui de l'homme et des animaux supérieurs.

Pour le naturaliste descripteur, le transformisme présente un autre intérêt en nous faisant comprendre la variété prodigieuse des formes animales et végétales ; mais il est bien évident que cet intérêt particulier du transformisme est bien loin d'égaler l'intérêt philosophique de l'explication de l'homme. Je ne crois pas m'avancer trop en affirmant que, si l'homme n'avait ressemblé à aucun des êtres vivants connus, la question de la transformation des espèces les unes dans les autres n'aurait préoccupé qu'un petit nombre de curieux, tandis quelle est aujourd'hui le chapitre principal de toute philosophie.

Ceci posé, je reviens à mon paradoxe.

La théorie des mutations ou variations brusques présente un certain intérêt au point de vue de l'explication de la variété des formes animales ou végétales ; encore essaierai-je de vous montrer qu'elle ne suffit pas à elle seule à cette explication. Mais si la découverte de mutations brusques entraîne les naturalistes à nier avec de Vries la valeur des transformations lentes dans la fabrication des espèces actuelles, alors mon affirmation de tout à l'heure n'est plus paradoxale du tout, et la théorie des mutations est véritablement la négation du transformisme système philosophique.

Non pas que je nie l'importance possible d'une particularité ayant apparu *par hasard* au cours de l'évolution d'une espèce ; cette particularité, si elle se conserve dans les générations ultérieures, jouera un rôle indéniable dans les fonctionnements créateurs qui déterminent l'évolution spécifique. Si l'on me démontrait, par exemple, que, brusquement, sans que nous en puissions connaître la raison, la peau d'un reptile particulier a produit un certain jour des plumes d'oiseau qui se sont conservées chez ses descendants, je ne songerais pas à nier le rôle que la présence des plumes a joué dans l'évolution des descendants de cet animal privilégié. Ces descendants seront devenus *petit à petit*, les oiseaux que nous connaissons aujourd'hui, de même que leur ancêtre reptile était devenu reptile *petit à petit*, par des fonctionnements adaptatifs et créateurs.

Le nombre des productions cutanées des vertébrés, poils, plumes, écailles, etc., est assez restreint pour que nous ne nous étonnions pas outre mesure de les avoir vu apparaître brusquement, les unes après les autres, comme les diverses formes cristallines d'un corps chimique ayant plusieurs possibilités d'équilibre ; et il est certain que, pour les oiseaux surtout, l'apparition de ces productions cutanées a donné un sérieux coup de barre dans l'évolution phylogénique. Je ne nie donc pas l'importance évolutive d'une mutation fortuite. Cette mutation fournit à l'être qui en est l'objet un nouvel *outil* pour ses fonctionnements ultérieurs ; elle intervient donc comme un facteur, plus ou moins considérable suivant les cas, de la transformation de l'espèce.

Mais si je n'éprouve aucun étonnement devant l'apparition fortuite d'un caractère *orne-*

mental, chez un être vivant (il faut bien avoir une forme !), je suis en revanche incapable de croire à l'apparition fortuite d'un *perfectionnement de mécanisme*. De même, dans la nature brute, je ne m'étonne pas de voir cristalliser les corps dans les formes les plus brillantes et les plus régulières, mais je crierais au miracle, si le refroidissement d'une masse de fer fondu donnait naissance à une locomotive. La théorie des mutations me permet de concevoir l'apparition brusque des plumes d'oiseau, mais la théorie de Lamarck me fait seule comprendre la construction progressive du mécanisme vivant des oiseaux pourvus de plumes. Si vous niez avec de Vries la possibilité de l'acquisition de caractères d'adaptation par le fonctionnement, vous êtes obligés d'admettre, ce que font d'ailleurs les néo-Darwiniens en général, que toutes les particularités de structure coordonnée, depuis les particularités simples comme les articulations, jusqu'aux particularités complexes comme la station verticale et les instincts supérieurs, ont apparu une première fois par hasard.

Franchement, j'aime autant admettre que tous les caractères de structure ont apparu à la fois par hasard, et que, fortuitement, il s'est formé sur terre un oiseau, comme une locomotive se serait formée miraculeusement dans un bain de fonte refroidie.

Il faut bien s'entendre ici sur ce qu'on appelle le hasard.

Ce qui est admirable dans un animal, ce n'est pas son anatomie ; chacun pourrait en imaginer une plus belle et plus complexe, suivant ses goûts personnels. Ce qui est vraiment merveilleux, c'est que cette anatomie constitue un mécanisme capable de *vivre dans le milieu* où se trouve l'animal considéré ; et, chez les animaux supérieurs, le fait de vivre résulte de l'accomplissement d'un prodigieux ensemble de mouvements et de réactions qui sont, *tous ou presque tous*, indispensables à la continuation de la vie. La merveille n'est ni dans l'animal ni dans le milieu ; elle est dans les rapports de l'animal et du milieu. Je touche ici à l'une des vérités les plus fondamentales et les plus souvent méconnues de la Biologie. La vie d'un être vivant résulte de deux facteurs : l'être et le milieu. A chaque instant, le phénomène vital ou fonctionnement ne réside, ni uniquement dans l'être, ni uniquement dans le milieu, mais bien dans les rapports actuels de l'être et du milieu. En d'autres termes, si l'on représente le corps de l'être vivant par A et le milieu ambiant par B, la vie de l'être vivant ne peut être représentée à chaque instant que par une formule dans laquelle entrent à la fois A et B, par une formule exprimant les rapports de A et de B. Que quelque chose change dans A ou dans B, le fonctionnement, c'est-à-dire la manifestation vitale actuelle change également. Il est donc indispensable, sous peine de s'exposer à des erreurs certaines de raisonnement, de représenter la vie actuelle d'un être quelconque, son fonctionnement vital au moment considéré par une formule symbolique :

$$A \times B.$$

Ceci posé, il devient facile de s'entendre sur la valeur du mot « variation fortuite ».

Il n'y a pas de hasard universel.

Ce qui est hasard pour moi qui vois un jeu de cartes par le dos, n'est pas hasard pour un observateur qui regarde les cartes par leur côté significatif.

Pour l'être vivant, dont la vie se représente par une série de formules symboliques

$$A_1 \times B_1$$
$$A_2 \times B_2,$$

etc..., nous pouvons définir hasard : ce qui se passe en dehors de la formule vitale, c'est-à-dire, ce qui se passe en A sans rapport avec B, ou en B sans rapport avec A ; autrement dit, nous appellerons événement fortuit pour un être vivant, tout phénomène qui n'est pas une conséquence directe de son fonctionnement vital. C'est bien là, si je ne me trompe, le hasard des disciples de Darwin.

La théorie des néo-Darwiniens attribue au hasard ainsi défini tous les perfectionnements adaptatifs des êtres vivants. Après coup, disent-ils, le fonctionnement utilise, quand cela est possible, les variations réalisées par hasard sans rapport avec le fonctionnement. Imaginez que Humphrey Potter, chargé d'ouvrir périodiquement des robinets dans la première machine à vapeur, se fût amusé à donner des coups de hache à droite et à gauche sur les pièces du mécanisme au lieu d'en étudier le fonctionnement ; ces agissements l'auraient-ils vraisem-

blablement conduit à la découverte du tiroir qui
rendit inutile sa fastidieuse besogne ? Songez
maintenant aux merveilles de précision réalisées
dans le mécanisme d'un oiseau ou d'un singe,
et réfléchissez à la vraisemblance d'une théorie
qui veut que toutes ces merveilles, sans exception, aient apparu une première fois, sous l'influence d'un hasard indépendant du mécanisme !,

Pour les Darwiniens, le perfectionnement
de la vie serait dû à des causes étrangères à la
vie. L'erreur de Darwin est sœur de celle de
Claude Bernard proclamant que les fonctionnements vitaux détruisent les êtres vivants ! « La
vie c'est la mort », disait l'illustre physiologiste ;
« le perfectionnement de la vie est dû à des
phénomènes étrangers à la vie, c'est-à-dire à des
phénomènes de mort », a dit en substance le
grand évolutionniste anglais. Voilà plus de
quinze ans que je lutte, sans grand succès d'ailleurs, contre cette étrange conception de la
biologie.

Le « paradoxe » (??) de Claude Bernard le
conduisait naturellement à admettre, en dehors
des phénomènes vitaux qu'il croyait destruc-
teurs, une activité mystérieuse et constructrice
des êtres ; c'est même une des raisons pour lesquelles cette erreur fondamentale a trouvé tant
de partisans parmi les amis du vieux dualisme.
Darwin s'est efforcé de remplacer cette activité
mystérieuse par une intervention ultérieure de la
vie elle-même, choisissant parmi les variations
fortuites, celles qui pouvaient être utiles aux
êtres pourvus de ces variations. S'il avait osé

un pas de plus, il aurait fait intervenir la vie dans la production même de quelques-unes, au moins, des variations, et alors, il aurait rejoint Lamarck ! Il aurait compris que l'important dans les phénomènes vitaux, c'est la vie elle-même: il aurait vu que la vie produit et dirige les perfectionnements dont les êtres vivants sont l'objet.

Il est vrai, comme le fait remarquer de Vries que Darwin s'est peu occupé de l'origine des variations, et a surtout eu pour but de montrer leur utilisation par les êtres vivants une fois qu'elles sont produites ; de Vries prétend au contraire avoir trouvé la clef de la question fondamentale de la production de caractères nouveaux et de la formation d'espèces nouvelles. Il déclare que la variation se fait par *mutations* ou *sauts brusques* et il nie l'intérêt de l'adaptation lente et progressive. Je consacrerai plusieurs leçons à l'étude de l'œuvre de de Vries[1], mais je veux dès maintenant faire à son sujet quelques remarques importantes.

D'abord, de Vries est botaniste.

J'ai déjà constaté souvent que les botanistes sont volontiers Darwiniens, tandis que les Lamarckiens se rencontrent plus fréquemment parmi les zoologistes.

Et cela se comprend.

La plupart des particularités qui nous frappent chez les végétaux sont, si j'ose dire, pure-

---

1. Un ouvrage important de de Vries vient de paraître chez F. Alcan, traduit en français sous le titre : *Espèces et variétés*, par H. Blaringhen.

ment ornementales, et ne répondent à aucune nécessité de mécanisme, sauf dans les cas où les végétaux entrent en relation avec des insectes ou autres animaux, ce qui est quelquefois nécessaire à leur multiplication. En dehors de cette nécessité de la fécondation par les insectes, nous ne voyons guère de caractères morphologiques[1] qui soient avantageux ou désavantageux pour l'accomplissement des fonctions vitales des végétaux. Une étude désintéressée de la question montre que, le plus souvent, la forme des feuilles, la phyllotaxie et autres particularités très importantes pour le botaniste descripteur, sont indifférentes à la conservation de la vie d'une plante. Mais, me dira-t-on, il y a cependant des cas où une variété à feuilles étroites prospère dans un pays où la variété correspondante à feuilles larges dépérit ! D'accord, mais ce n'est pas généralement à cause de la forme des feuilles (sauf toujours le cas où des animaux entreraient en jeu, broutant par exemple les unes plus volontiers que les autres). Il y a, dans l'espèce considérée, deux types qui diffèrent par des propriétés protoplasmiques, c'est-à-dire colloïdes ou chimiques, et tels que, pour des raisons d'ordre colloïde ou chimique, l'un d'eux prospère là où l'autre dépérit. Chacun de ces types a sa morphologie (j'allais dire sa forme cristalline), mais ce n'est pas en général de sa morphologie que

---

1. Je parle des caractères macroscopiques ; il est évident que certaines particularités de la dimension des cellules (stomates plus ou moins ouverts) jouent un rôle dans la conservation de la vie.

dépend l'aptitude ou l'inaptitude à vivre dans telles ou telles conditions. Certains caractères des animaux sont dans le même cas, et je vais en citer un exemple fameux pour me faire mieux comprendre. Les cochons noirs prospèrent dans la Virginie, où les cochons blancs meurent, parce qu'une plante de ce pays, vénéneuse pour les cochons blancs, est inoffensive pour les noirs. Evidemment, ce n'est pas à leur couleur que ces derniers doivent leur immunité, mais bien à une propriété chimique qui détermine en même temps chez eux la couleur noire. Il pourrait se faire que telle autre propriété chimique les rendît réfractaires au même poison en les laissant blancs, ou, au contraire, les rendît noirs sans leur conférer l'immunité.

En d'autres termes, ce n'est pas par l'intermédiaire de la couleur noire, ce n'est pas par un mécanisme dans lequel entre en jeu la couleur noire, que se réalise l'immunité des cochons vis-à-vis du poison des *Lachnantes*. Si, au contraire, un jeune cochon naissait sans orifice anal, on pourrait affirmer que ce caractère morphologique est capable, à lui seul, de l'empêcher de vivre.

Cet exemple suffit, je pense, à faire comprendre ce que j'entends par *caractère ornemental* et par *caractère de mécanisme*. Les caractères ornementaux sont simplement les *conséquences* morphologiques des propriétés protoplasmiques qui assurent la vie de l'espèce, tandis que les caractères de mécanisme, tout en étant, eux aussi, intimement liés aux propriétés protoplasmiques des êtres, jouent *par eux-mêmes* un rôle dans la conservation de sa vie.

Eh bien, ce que je prétends montrer dans ces leçons, c'est que l'on peut attribuer au hasard, tel que nous l'avons défini précédemment, l'apparition subite de caractères ornementaux, mais qu'il serait très peu scientifique de croire à la possibilité de l'apparition de caractères de mécanisme dans les mêmes conditions ; ce serait prêter au hasard un rôle providentiel. Et nous verrons précisément que les Darwiniens et les partisans de la théorie des mutations prennent surtout leurs exemples dans le règne végétal ou dans les caractères ornementaux du règne animal. La théorie des mutations peut donc jouer un rôle dans l'explication de la *variété* des formes des êtres actuels, mais elle ne saurait nous faire comprendre la merveilleuse adaptation fonctionnelle des pièces de leurs mécanismes. Or, comme je le faisais remarquer en commençant, c'est dans l'explication de la genèse spontanée du mécanisme des animaux, que gît le principal intérêt philosophique du transformisme. Et cela justifie cet apparent paradoxe, que les mutations, quoique résultant de l'observation de transformations certaines dans des morphologies spécifiques, sont, si elles amènent à nier la transformation lente et progressive, la négation du transformisme philosophique.

*
* *

Dans l'ouvrage de de Vries, on voit apparaître

les mutations à un moment précis, celui de la formation d'une graine nouvelle. Il y a d'autres occasions de mutations, par exemple celles qu'a étudiées M. Blaringhem ; je m'en occuperai un peu plus tard. Tenons-nous-en pour le moment aux observations de de Vries. Ses résultats les plus frappants ont été obtenus sur la plante *Œnothera Lamarckiana,* espèce découverte jadis par Lamarck et baptisée ensuite par Seringe. Et à ce propos, le botaniste hollandais fait cette remarque[1] : « Ainsi Lamarck découvrit inconsciemment, et décrivit lui-même la plante qui, un siècle plus tard, permettrait de donner une démonstration expérimentale de ses vues à grande portée sur l'origine commune de tous les êtres vivants. » Je me demande si le père du transformisme aurait considéré la découverte des mutations comme un appoint à sa théorie !

De Vries insiste à plusieurs reprises sur le fait que les graines semées dans ses champs d'expériences avaient été récoltées sur des parents présentant le type absolument pur de l'espèce *Œnothera Lamarckiana*. Voici d'ailleurs comment il rapporte sa première expérience : « A l'automne 1886, j'enlevai du champ[2] neuf grosses rosettes que je plantai ensemble dans un endroit isolé du jardin ; je récoltai leurs semences l'année suivante. Ces neuf plantes initiales constituent par conséquent la première géné-

1. *Op. cit.,* p. 329.

2. Il s'agit du champ d'Hilversum, près Amsterdam, où existe une station d'Œnothera Lamarckiana.

ration de ma race. Je semai la seconde génération en 1888 et elle fleurit en 1889. Elle a fourni de suite le résultat cherché. L'épreuve porta sur 15.000 plantules qui furent examinées, et parmi lesquelles *dix* montrèrent des caractères divergents ; elles furent traitées d'une manière convenable et réparties ensuite en deux types nouveaux ; cinq étaient des *lata* et cinq des *nanella*. Elles fleurirent l'année suivante... Je n'ai point trouvé de type intermédiaire entre elles et la forme normale; *de plus, leurs parents ne permettaient pas de prévoir leur apparition. Elles prirent naissance subitement avec tous leurs caractères, sans variation préparatoire ni transition.* Il n'est pas nécessaire de suivre plusieurs séries de générations, ni même de faire de la sélection pour les obtenir, et la lutte pour l'existence n'a pas joué de rôle dans leur apparition. Ce fut une transformation subite en un autre type, un *sport* dans le meilleur sens du mot [1]. » Dans des expériences plus récentes et mieux conduites, la proportion des mutations observées devint plus considérable, mais, malgré tout, la mutation resta une exception rare, et la grande majorité des graines reproduisit le type pur de l'*Œnothera Lamarckiana*. Je reviendrai longuement sur cette question dans les prochaines leçons, mais je tiens à faire remarquer dès maintenant que, d'après de Vries, chaque graine qui donne une plante mutante *contient déjà la mutation en elle*, car toutes les graines sont semées dans des

---

1. *Op. cit.*, p. 344.

conditions comparables. Il est peu vraisemblable, étant donné le soin avec lequel ont été faites les expériences, que des traumatismes de la graine ou d'autres phénomènes extérieurs capables d'influencer le développement aient passé inaperçus. On peut donc penser que c'est la *fabrication* même de la graine qui a déterminé la mutation.

Ceci est extrêmement important. Dans la continuité d'une lignée, les discontinuités découvertes par de Vries apparaissent à des moments où la continuité vitale est elle-même interrompue. Tant qu'une plante ou un animal vit, il se produit dans son intérieur une série de phénomènes reliés les uns aux autres par des réactions vitales. Il y a là une *continuité vitale* qui s'interrompt au moment de la formation des éléments sexuels ou *gamètes ;* chacun des éléments sexuels est bien en effet l'aboutissant d'une série continue de phénomènes vitaux ; mais, une fois mûr, cet élément sexuel n'est plus le siège de l'assimilation caractéristique de la vie ; dans les conditions ordinaires, tout élément sexuel *mûr* est condamné à se détruire, à moins qu'intervienne un autre élément sexuel complémentaire, dans le phénomène de la fécondation, qui, de deux corpuscules incapables de vivre séparément, fait un *œuf* jeune et plein d'une vie nouvelle. Toutes les fois qu'une espèce se reproduit uniquement par fécondation, sa lignée ne doit pas être considérée comme un phénomène vital continu, mais comme une série de tronçons vitaux séparés par des phénomènes de fécondation. Pour parler correctement, il faudrait dire que les éléments sexuels, incapables d'assimilation, sont morts; je l'ai dit ailleurs, et l'on a crié au paradoxe; on m'a même répondu que l'ovule, fécondé par le spermatozoïde, *assimilait* ce spermatozoïde, ce qui est évidemment faux puisque l'œuf résultat de la fécondation est différent de l'ovule, et que l'assimilation est la transformation, par un corps vivant, d'une substance étrangère en substance semblable à la sienne. La fécondation est assurément *autre chose* qu'un phénomène vital ordinaire, et, dans chaque cas, la fécondation produit *quelque chose de nouveau.* Tous les enfants provenant d'un même couple humain sont *différents* quoiqu'élevés dans des conditions similaires, sauf quand ce sont de vrais jumeaux, c'est-à-dire quand ils proviennent des deux moitiés d'un œuf produit par une seule fécondation. Au sens rigoureux du mot, il y a donc toujours discontinuité au moment d'une fécondation, et nous ne savons pas prévoir, dans l'état actuel de la science, quel sera le résultat de l'union de deux gamètes. L'œuf qui provient de la fusion d'un ovule et d'un spermatozoïde aura des propriétés personnelles, qui varieront suivant la grosseur respective des deux éléments sexuels, et, vraisemblablement aussi, suivant les conditions physiques de la fécondation, suivant la manière dont l'élément mâle s'accointera avec l'élément femelle.

Il serait bien étonnant que tous les progrès de mécanisme dans une espèce vivante fussent le résultat des hasards de cette union des gamètes, qui se fait sans rapport direct avec les conditions du mécanisme vital des êtres. C'est pourtant ce que croient les néo-Darwiniens, et là encore, nous retrouvons cette tendance extraordinaire qui, dans l'évolution de la vie, donne l'importance primordiale aux phénomènes non vitaux. Dans cette question il faudra toujours séparer l'étude du *transformisme variation* ou *darwinien* et l'étude du *transformisme adaptation* ou *lamarckien*. Les mutations affectant des caractères ornementaux nous apparaîtront comme montrant la possibilité de plusieurs états d'équilibre pour une substance vivante donnée, mais dans toutes les formes à mécanisme progressif, nous devrons croire que l'adaptation est Lamarckienne.

*
* *

J'ai prononcé tout à l'heure le mot *progrès* : j'ai même dit *progrès de mécanisme*, par opposition avec le *progrès d'ornementation* dont parlent les botanistes en général et de Vries en particulier. Ce mot progrès est l'un des plus dangereux en biologie, parce qu'il est à peu près indéfinissable.

Quand il s'agit de mécanisme, on pense immédiatement que le sens du mot progrès est *adaptation* ou *coordination;* mais alors, le mot progrès serait inutile, puisque toute évolution est adaptative, tant qu'elle ne conduit pas à la mort des individus, à la destruction de l'espèce. On devrait à ce point de vue, considérer comme un progrès toute adaptation, même si elle consistait en une simplification du mécanisme individuel. Evidemment il vaut mieux supprimer le mot si son usage doit nous amener à dire que tel crustacé a progressé quand il a subi, par parasitisme adaptatif, une dégradation en masse informe. Le seul cas où l'on puisse dire qu'un mécanisme vivant est en progrès sur le mécanisme de ses ancêtres, c'est celui où sa sphère d'action s'est accrue, celui où il a acquis la possibilité de *vivre* dans des conditions de plus en plus variées, de jouer un rôle de plus en plus étendu dans l'activité vitale universelle. Nous verrons comment le Lamarckisme est indispensable à l'explication de tous les progrès adaptatifs ou progrès de mécanisme, quels qu'ils soient.

Quant aux progrès d'ornementation, les néo-Darwiniens et de Vries, leur donnent le sens de complication morphologique. Et cette signification s'impose en effet, en dehors, naturellement, de toute considération esthétique, à ceux qui adoptent le langage des néo-Darwiniens. Ce langage, qui est celui des particules représentatives est, à mon avis, entièrement contraire au transformisme. Darwin l'employait cependant, et je n'hésite pas à considérer que sa théorie de l'hérédité par les gemmules contenait tous les germes de dissolution du système transformiste dont il est considéré comme le père, ou tout au moins comme le père adoptif.

De Vries dit couramment que telle plante a *un caractère de plus* que telle autre. Par exemple une plante couverte de poils a *le caractère pileux* de plus qu'une autre plante glabre ; quand une plante poilue donne naissance à une plante glabre, le rejeton a *perdu* un caractère, le caractère pileux. On pourrait également dire qu'une plante, en devenant poilue, a perdu le caractère glabre, puisqu'aussi bien, on peut représenter par un seul mot la propriété d'avoir des poils ou celle de n'en point avoir.

Les caractères d'une plante ou d'un animal sont les éléments verbaux de sa description, et il y a une infinité de manières de décrire une plante ou un animal. Darwin d'abord, Weismann et les néo-darwiniens ensuite, ont admis que, parmi ces possibilités infinies de description, il y en a une qui correspond à une réalité objective en dehors de toute convention. Ils ont admis, en d'autres termes que l'ensemble d'un animal ou d'une plante se compose d'*unités spécifiques* distinctes dont la juxtaposition, la superposition, constitue l'animal, mais dont chacune existe séparément, et est représentée séparément dans le germe par une particule ou *gemmule*. Ainsi, parallèlement à l'être adulte, l'œuf est composé d'une juxtaposition de particules dont chacune représente et détermine, au cours de l'évolution, un *caractère* de l'adulte. Cela étant, on comprend aisément la définition néo-darwinienne du progrès ; le progrès consiste dans l'acquisition d'une particule nouvelle représentant un caractère nouveau. La perte d'une particule préexistante constitue au contraire une variation régressive. Et ainsi, il est très facile de parler des variations, mais le Transformisme a vécu !

J'ai déjà mis en relief, il y a plusieurs années [1] cette conséquence néfaste du langage weismannien, mais personne n'a tenu compte de mon cri d'alarme. Le langage des particules représentatives est trop commode, et je pense qu'on le conservera en dépit de tout. *On a d'ailleurs donné des démonstrations expérimentales de sa légitimité*, et tous les raisonnements du monde ne tiendront pas devant une *bonne expérience!* Reste à savoir si ces expériences sont bonnes et bien interprétées.

Ainsi que je l'écrivais il y a déjà plus de quatre ans [2], le langage des particules représentatives revient, malgré qu'on en ait, au langage des microbes. Une particule existant dans le germe et déterminant tel caractère de l'adulte est, de tout point, comparable à un microbe déterminant une diathèse. La seule différence serait que les microbes vivent par eux-mêmes, et qu'on ne voit pas bien *un caractère* se promenant tout seul, sans substratum. Mais le spirochète de la syphilis n'a pas, par lui-même, les caractères de l'homme syphilitique, et l'on pourrait à la rigueur concevoir l'existence isolée des particules représentatives des *caractères* des êtres supérieurs, en supposant qu'elles vivent en dehors de leurs hôtes comme des bactéries banales.

Voici, maintenant, quelques objections plus sérieuses.

D'abord je ferai remarquer que le mot *progrès*

1. V. *Les Influences ancestrales*, chap. XVIII.
2. *Revue scientifique*, 25 avril 1904.

est bien risqué si on l'applique à l'acquisition
d'une diathèse; je ne vois pas que l'homme syphilitique soit supérieur à l'homme sain, quoiqu'il
ait *un caractère de plus!* La plupart des syphili-
tiques seraient de mon avis, et renonceraient
volontiers à leur supériorité. Mais ce n'est là encore qu'une querelle de mots.

En admettant le langage des particules représentatives, l'évolution revient à un remaniement
varié d'unités préexistantes. Il n'y a rien de nouveau sous le soleil, rien que des arrangements
plus ou moins fantaisistes de qualités éternelles.
Le transformisme a plus de prétentions; il croit
à l'apparition de l'intelligence de l'homme, dans
un monde où il n'y avait rien de comparable à
l'intelligence de l'homme! C'est là le point capital de ce que j'ai appelé tout à l'heure le transformisme philosophique.

Considérer l'œuf qui a l'honneur de produire
un homme comme une accumulation de particules ressemblant à des microbes pathogènes,
c'est une interprétation simpliste, et qui a, par
suite, de grandes chances de succès, mais qui ne
résiste pas à un examen sérieux.

Et cependant, on en a donné des démonstrations expérimentales !

Je ne crois pas que l'homme soit simplement
une accumulation de diathèses, mais je suis
obligé de convenir que le merveilleux mécanisme
de l'homme peut être envahi par des diathèses
surajoutées, qui ne l'empêchent pas de vivre.
J'admettrai même si vous voulez, que quelques-
unes de ces diathèses lui sont avantageuses,

comme la diathèse verte est avantageuse à certains protozoaires envahis par des zoochlorelles. Quand un *caractère* de la description de l'homme ou d'un animal se comporte, dans les expériences d'hérédité, comme une unité indépendante, qui peut exister ou manquer dans les individus successifs, cela prouve que ce caractère est précisément quelque chose de surajouté au mécanisme; c'est un caractère pigmentaire ou ornemental par exemple ; mais les *caractères de mécanisme* ne se comportent jamais de cette manière ; on ne voit pas naître des races d'hommes dépourvues de valvule mitrale ou de nerf sciatique, tandis qu'on voit naître des albinos ou des roux. Dans les fameuses expériences d' *hérédité Mendélienne* [1], qui font tant de bruit depuis quelque temps, et dont j'aurai à vous parler dans une des prochaines leçons, on a constaté la distribution fortuite, chez les descendants d'un croisement, de quelques-uns des caractères des parents. On en a conclu que *tous* les caractères des parents se comportaient comme des unités spécifiques indépendantes, et on a trouvé dans ces expériences la preuve du bien fondé de la théorie des particules représentatives. Il aurait été plus sage de se dire que, certains caractères, non indispensables au fonctionnement du mécanisme coordonné, pouvant se distribuer au hasard, leur histoire n'a rien de commun avec la question de l'hérédité proprement dite, avec cette merveille des merveilles qui fait que l'œuf d'homme produit un homme vivant

1. V. *Revue scientifique*, 25 avril 1904.

et pensant! Les expériences de de Vries, et celles des néo-Darwiniens qui s'occupent de mutation ou d'hérédité mendélienne ont un grand intérêt au point de vue horticole ou zootechnique, au point de vue de l'amélioration des races animales et végétales utilisées par l'homme; mais on s'est singulièrement abusé, j'espère vous le montrer dans les leçons suivantes, au sujet de leur valeur philosophique dans l'explication du transformisme et de l'hérédité proprement dite. Le succès prodigieux de ces théories simplistes tient à deux causes :

D'abord la commodité du langage weismannien ou langage des particules représentatives, langage antiscientifique au premier chef et basé sur une erreur évidente de méthode[1], mais qui exige un effort minimum, et favorise la paresse intellectuelle de ceux qu'effraient les raisonnements mathématiques :

Ensuite, et surtout la faveur justifiée dont jouit actuellement la méthode expérimentale. Au verso du titre du livre de de Vries dont je vous ai déjà parlé, on lit ces trois aphorismes : ·

L'origine des espèces est un phénomène naturel (Lamarck).

L'origine des espèces est un sujet de recherches (Darwin).

L'origine des espèces est un sujet d'études expérimentales (de Vries).

Le botaniste hollandais aurait donc un avantage

---

1. Voyez, à ce sujet, le chapitre vi de mon *Traité de biologie*. (Paris, F. Alcan, 1903.)

énorme sur Lamarck et Darwin, puisqu'il a introduit la méthode expérimentale, là où les deux protagonistes du transformisme n'avaient fait que des observations et des raisonnements. Reste à savoir si c'est bien le Transformisme de Lamarck que de Vries a étudié dans ses brillantes expériences; reste à savoir si la découverte des mutations infirme, comme le prétend son auteur, le système des variations adaptatives lentes, et explique l'origine de l'homme, ou si elle n'a au contraire qu'un intérêt agricole et zootechnique.

Quoi qu'il en soit, la découverte des mutations, comme celle de la distribution des caractères mendéliens dans l'hybridation, ouvre un vaste champ d'expériences faciles à l'activité des jeunes naturalistes qui tiennent à attacher leur nom à une pierre de l'édifice scientifique, sans se demander si cette pierre en sera une pierre angulaire. C'est là une promesse de succès certain; mais il ne faudrait pas que l'engouement résultant empêchât que l'on continue à étudier les *véritables* problèmes de l'hérédité et de la formation des espèces, c'est-à-dire les vrais problèmes de la biologie générale. Ces problèmes sont infiniment plus compliqués; ils exigent, après l'observation ou l'expérience minutieuse, un travail de raisonnements et de déductions, dans lequel il faut faire intervenir des connaissances générales d'ordre physique et chimique, et un esprit de synthèse, plus rare peut-être que les qualités d'observateur et d'expérimentateur.

* *

Puisque j'ai l'honneur d'inaugurer aujourd'hui le premier enseignement de *biologie générale* de la Faculté des Sciences de Paris, laissez-moi vous dire quel est, à mon avis, l'objet de cette science importante.

Soit par curiosité des choses de la nature, soit simplement pour se procurer des titres en vue de l'obtention de places universitaires, des chercheurs très nombreux, plus nombreux de jour en jour, se livrent à des travaux d'observation et d'expérimentation, souvent sans aucune méthode et sans aucune idée générale, quelquefois mais plus rarement, dans le but de résoudre un des grands problèmes philosophiques.

Les publications qui résultent de cette activité désordonnée encombrent les bibliothèques ; il devient impossible, même à un homme prodigieusement organisé comme le regretté professeur Giard, d'emmagasiner dans sa mémoire tous les résultats partiels obtenus. Et cette impossibilité s'accroît de jour en jour, puisque, aux travaux déjà existants, s'ajoutent quotidiennement de multiples brochures nouvelles. L'homme qui s'intéresse aux choses de la nature se trouve en présence d'un fouillis inextricable, comparable à celui que présentait la science des planètes avant Képler. La biologie générale a pour objet de préparer la venue du Képler ou du Newton qui condensera dans quelques formules claires toutes les lois résultant des millions d'observations publiées. On répondra à cela que les résultats obtenus sont encore insuffisants, et ne permettent pas de tenter pour le moment l'œuvre de synthèse rêvée, qu'il faut par conséquent entasser encore longtemps les observations et les expériences. Mais quand alors, et comment saura-t-on que le moment est venu où les Tycho-Brahé ont préparé définitivement le travail des Képler et des Newton?

Et d'ailleurs, si l'on trouve trop ambitieuses les prétentions actuelles à la synthèse biologique, je ferai remarquer que la *biologie générale* a encore un autre rôle, celui de préparer les synthèses futures en donnant une direction raisonnée aux recherches expérimentales présentes. Personne ne me contredira, si j'affirme qu'une grande partie des recherches publiées jusqu'à ce jour est absolument inutilisable, parce que ces recherches ont été entreprises sans méthode. On dit couramment à ceux qui combattent le système de Weismann, que ce système a rendu de grands services en provoquant des recherches très nombreuses. Sans doute, parmi le nombre effrayant des travaux exécutés par les néo-darwiniens, il en est plusieurs qui, par hasard, ont été très utiles, soit parce qu'ils ont mis sur la voie de phénomènes imprévus, soit parce qu'ils ont montré le peu de valeur de la question mal posée qui avait été l'origine des recherches effectuées. Mais il serait injuste d'attribuer à l'erreur fondamentale du weismannisme l'intérêt des résultats obtenus, malgré cette erreur fondamentale, par les travailleurs qu'elle a suscités. Au contraire, la constatation du rôle joué par le système de Weismann dans la direction des recherches récentes me conduit à cette idée : que le but actuel de la *biologie générale* est de préparer *le langage scientifique des sciences naturelles.* Le langage de Weismann était erroné, mais il était commode, et c'est de là qu'est venue l'influence exercée par son auteur ; notre devoir est de lui substituer un autre langage également compréhensif, mais qui ne soit pas basé sur des erreurs évidentes ; un langage qui s'appuie uniquement sur les conquêtes certaines des sciences naturelles, et qui, pour les questions non encore résolues, n'impose pas la nécessité d'introduire une théorie faite d'avance dans l'énoncé même des problèmes à résoudre.

J'ai dit *biologie générale* et non simplement *biologie,* car le mot biologie a pris aujourd'hui un sens différent de celui qu'il avait dans la pensée de Lamarck. Aujourd'hui « biologiste » est synonyme de « naturaliste » ; on est biologiste pour avoir décrit la morphologie d'une nouvelle espèce de cloporte, aussi bien que pour avoir étudié l'action d'une diastase inconnue ou les mœurs d'une fourmi. Il existe en France une société très prospère, qui s'appelle « Société de Biologie », et dans laquelle on s'occupe indifféremment de toutes les branches des sciences naturelles. Il faut donc abandonner le mot biologie et dire *biologie générale,* pour caractériser un ouvrage de synthèse, comme par exemple le livre dans lequel Claude Bernard a étudié les « phénomènes de la vie communs aux animaux et aux végétaux ».

Et si le temps n'est pas venu encore où les synthèses sont possibles, et où des formules courtes peuvent résumer l'immense quantité des documents accumulés, le rôle actuel de la biologie générale sera de préparer la langue scientifique dans laquelle on posera les problèmes à résoudre. Si cette langue est bien faite, elle empêchera les confusions, trop fréquentes à l'heure actuelle, comme celle dont je dois vous parler cette année. J'essaierai de vous montrer, que malgré l'intérêt énorme qui s'y attache, la découverte des *mutations* ou variations brusques, n'a nullement infirmé le transformisme de Lamarck qui a pour but l'explication de l'origine de l'homme. L'illustre botaniste hollandais croit avoir montré l'impossibilité d'expliquer l'adaptation progressive par les variations lentes ; en réalité, il n'a pu le montrer, *car le problème qu'il a étudié n'est pas le problème que s'était posé Lamarck ;* la solution de l'un de ces problèmes n'entraîne aucune conséquence relativement à l'autre. Je commencerai par rechercher ce qui se cache de réel derrière ces mots « variation lente et variation brusque », « continuité et discontinuité ». J'espère vous démontrer facilement que, si un *accident* se produit, tant dans l'ambiance des êtres vivants que dans leur substance propre, ce n'est pas cet accident même qui est le phénomène évolutif important, mais bien le parti qu'en tire l'être vivant suivant la formule lamarckienne. La vie c'est la vie, et non la mort, et ce qu'il y a d'important, avant tout, dans l'histoire de la vie, ce sont les phénomènes vitaux.

DEUXIÈME LEÇON

CONTINUITÉ ET DISCONTINUITÉ. DISCUSSION
DES ADAPTATIONS DOUBLES DE DE VRIES

Lorsque l'on veut exposer la nouvelle théorie
transformiste, on se sert ordinairement des mots
variation lente et *variation brusque*, ou encore,
continuité et *discontinuité*. De Vries a adopté pour
les variations brusques la dénomination déjà
existante de *mutations* ou de *sports*, et il propose
pour les variations lentes le nom de *fluctuations*.
Il déclare d'ailleurs [1] : « que les fluctuations
sont incapables de fournir un changement quelconque dans l'évolution, que ce soit dans le
sens de la progression ou dans le sens de la
régression. » « Le fait capital, dit-il plus loin [2],
est que les espèces ne se transforment pas gra-
duellement, mais restent inaltérées pendant toutes les générations successives. Subitement, elles
produisent de nouvelles formes qui diffèrent nettement de leurs parents, et qui, de suite, sont
aussi parfaites, aussi constantes, aussi bien défi-

1. *Espèces et variétés.* (Paris, F. Alcan, 1909, p. 11.)
2. *Op. cit.*, p. 18.

nies et aussi pures qu'on peut l'attendre d'une espèce quelconque. » De Vries se met très franchement en opposition avec Lamarck[1] : « Lamarck prétend que les conditions externes modifient les organismes de façon à les rendre mieux adaptés aux conditions préexistantes de vie ». Le botaniste hollandais fait cette remarque à propos de l'adaptation double dont je vais parler dans un instant, et il conclut[2] : « L'adaptation double n'est pas provoquée par les influences externes, c'est-à-dire par les influences pour lesquelles ces adaptations sont utiles à la plante. » L'importance philosophique d'une telle affirmation est évidente; il est donc utile, pour la discuter, de se demander d'abord quel sens exact on peut donner en biologie à ces expressions qui semblent au premier abord admirablement définies, *continuité* et *discontinuité, variation lente* et *variation brusque*.

Avant d'entreprendre cette étude, je veux encore faire deux remarques, nécessitées par deux passages du livre dont je m'occupe : « Les mutations, dit de Vries[3], sont plus accessibles à l'observation et à l'expérimentation que les changements lents et gradués admis par Wallace et ses partisans, car ces changements *restent complètement en dehors des moyens d'expérimentation actuels et futurs*. La théorie de la mutation conduit à entreprendre des recherches *directes*, que

1. *Op. cit.*, p. 282.
2. *Op. cit.*, p. 284.
3. *Op. cit.*, p. 19.

la croyance générale à des changements lents a écartées de la science pendant un demi-siècle. » Cela suffit à expliquer la faveur dont jouit la nouvelle théorie auprès des amateurs d'expériences faciles ; mais cela ne prouve pas que cette théorie nouvelle explique tout ce qu'expliquait l'ancienne. Si les expériences sur les changements lents sont impossibles (je n'en suis pas sûr et je crois que la formation des pseudarthroses est un démenti à cette assertion), ce n'est pas une raison pour que leur importance soit négligeable ; seulement il faudra pour mettre cette importance en relief, se livrer à la comparaison d'un grand nombre de faits épars, et à un travail de raisonnement et de déduction qui, sans être du goût de tout le monde, conduit à des résultats aussi sûrs que ceux d'une expérimentation directe. Et d'ailleurs, si cette expérimentation est impossible, je ne vois pas comment de Vries, qui affirme cette impossibilité, peut conclure d'expériences réalisables et réalisées, ses expériences de mutations, à la vanité d'une théorie inaccessible à l'expérience.

Voici enfin une dernière observation : « Dans la croyance à une création directe des êtres vivants, écrit de Vries[1], on regardait les genres comme les formes créées. Ils correspondaient donc à des types ayant une existence réelle, et *on supposait généralement que les espèces et les variétés tiraient leur origine de changements ultérieurs,* sous l'influence des conditions externes.

1. *Op. cit.,* p. 22.

C'est l'opinion que Linné adoptait lui-même dans ses premiers ouvrages et il adhérait encore dans sa *Philosophie botanique* à cette idée que tous les genres ont été créés en une fois, au commencement de la vie. » Puisque de Vries s'appuie sur ses mutations pour nier le lamarckisme, on peut lui faire remarquer que ses découvertes expérimentales n'ajoutent rien à ce que croyait Linné à cette époque de sa vie. Or du temps de Linné, le Transformisme n'était pas né, et l'on est en droit de dire que les expériences de mutations, c'est-à-dire, d'après de Vries, les seules expériences possibles, ne peuvent ni infirmer ni confirmer le Transformisme, qu'elles *ne concernent pas*. Si l'on ne peut conclure que d'expériences directes, on a le droit aujourd'hui de croire qu'une Œnothère peut provenir d'une autre formé d'Œnothère, ou un maïs d'une autre forme de maïs, mais aucunement que l'homme et le rat ont une origine commune. Si les expériences de de Vries permettaient de nier la possibilité de variations autres que celles qu'elles ont constatées, elles nieraient le Transformisme.

* *
*

Recherchons maintenant la signification précise des mots *continuité* et *discontinuité*, *variation lente* et *variation brusque*. Il est vraisemblable que ces mots n'auront pas pour nous le sens qu'ils ont pour de Vries, car le botaniste hollandais répète en plusieurs endroits, une profession de foi qui en fait un adepte de la théorie

antiscientifique des particules représentatives :
« Pour ma part, écrit-il [1], j'ai établi mon champ
d'expériences et ma méthode d'épreuve des plantes indigènes sur l'hypothèse des unités spécifiques, telle qu'on peut la déduire de la Pangenèse
de Darwin. » Il avoue lui-même d'ailleurs, quelques lignes plus bas, que les résultats de ses
expériences étaient à prévoir du moment qu'on
acceptait cette hypothèse, car l'apparition ou la
disparition d'une unité spécifique ne pouvaient
produire que des variations brusques. Et il conclut que ses expériences ont donné une démonstration de la valeur de la Pangenèse. Je raisonne-
rai autrement, et je dirai plutôt que la théorie
de la Pangenèse étant basée sur une évidente
erreur de méthode, du moins en tant qu'elle prétend expliquer *toute* l'hérédité, les mutations qui
sont d'accord avec cette théorie représentent des
faits exceptionnels auxquels cette théorie s'applique, mais ne touchent aucunement à la véritable
question de l'hérédité et du Transformisme philosophique. Je trouve d'ailleurs dans le chapitre
intitulé « adaptations doubles [2] » la démonstration
évidente du danger des théories fausses au point
de vue de l'interprétation des faits.

Voici d'abord l'exemple « suggestif » de la *Re-*
nouée amphibie ou *Polygonum amphibium* qu'on
connaît sous deux formes, l'une aquatique, l'autre terrestre :

« On signale ces formes dans les ouvrages de

1. *Op. cit.*, p. 439.
2. *Op. cit.*, quinzième conférence.

« classification sous le nom de variétés, soit *P.*
« *amphibium* var. *Natans* (Mœnch) et *P. amphi-*
« *bium* var. *terrestre* (Leers)... Des autorités en
« systématique, comme Koch dans sa flore alle-
« mande, Grenier et Godron dans leur flore fran-
« çaise, s'accordent pour les regarder comme des
« variétés. Malgré cela, on observe souvent la
« transformation brusque de l'une des varié-
« tés en l'autre. Ce ne sont que des parties de
« la même plante, croissant dans des conditions
« différentes. Les tiges de la forme aquatique,
« étalées à la surface de l'eau ou submergées,
« ont des feuilles oblongues ou ovales, glabres
« et longuement pétiolées. Les plantes terrestres
« sont dressées, presque dépourvues de ramifi-
« cations, plus ou moins poilues sur toute leur
« surface ; leurs feuilles sont lancéolées, à courts
« pétioles, et souvent même presque sessiles...
« La transformation brusque d'un type en l'au-
« tre a été reconnue depuis longtemps par des
« observations sur place, ce qui lui a fait donner
« le nom d'espèce *amphibium*, quoique les her-
« biers montrent rarement l'opposition des deux
« formes. Le botaniste belge Massart a fait ré-
« cemment une étude critique et expérimentale
« de cette espèce ; il a montré que la transplanta-
« tion dans des conditions opposées *provoque*
« *toujours le changement*, pour ainsi dire à vo-
« lonté. Si les plantes flottantes sont amenées
« sur la rive, elles y développent des tiges dres-
« sées et poilues ; si des pieds de la forme terres-
« tre sont submergés, les jeunes boutons évoluent
« en tiges aquatiques longues et lâches ; on ne

« trouve guère de cas de transition, et même,
« dans ces expériences, les deux types reprodui-
« sent fidèlement les individus sauvages vivant
« dans des conditions semblables [1]. »

L'auteur ajoute, quelques lignes plus loin :

« Les deux formes de la Renouée amphibie
doivent rester des variétés, bien qu'elles ne soient
en réalité que des parties différentes de la même
plante. »

Et il cite un certain nombre d'exemples bien
connus de cas où, pour divers végétaux, on a
inscrit sous des noms d'espèces différentes, des
parties distinctes d'un même arbuste. Tout cela
est déjà bien extraordinaire : voici maintenant
l'interprétation à laquelle est conduit de Vries
par l'emploi du langage weismannien :

« La grande variabilité des variétés instables
est due à la présence de deux caractères opposés
qui ne peuvent se développer à la fois sur le même
organe, parce que l'un exclut l'autre. Si l'un des
caractères est actif, l'autre doit être latent [2] (!) »
On est obligé d'employer ce langage extraordinaire si l'on considère les caractères comme des
unités distinctes *représentées d'avance* dans le
germe par des particules correspondantes. Un
pétiole ne peut être à la fois long et court, une
feuille ne peut être à la fois poilue et glabre ; et
d'après de Vries et les weismanniens, le caractère
utile l'emporte de haute lutte dans le développement, et réduit à la situation humiliée de carac-

1. *Op. cit.*, p. 273.
2. *Op. cit.*, p. 272.

tère latent, celui qui se trouve inutile dans les actuelles conditions de vie. J'ai protesté depuis bien longtemps déjà contre l'invraisemblance de cette théorie des caractères latents. Le cas de la Renouée amphibie me paraît particulièrement favorable à la démonstration de la possibilité d'une explication simple et claire en remplacement de cette logomachie antiscientifique. Je reviens donc à mes formules familières :

Tout acte vital, tout fonctionnement d'un être quelconque ne peut être représenté, à un moment quelconque, que par une formule dans laquelle entrent à la fois les deux facteurs essentiels de cet acte : 1° le contenu du corps de l'être, que je représente par la lettre A; 2° le milieu qui entoure cet être et entretient sa vie, milieu que je représente par la lettre B. Le fonctionnement actuel dépend à la fois de A et de B; on ne peut donc le représenter que par une formule contenant à la fois A et B. Je choisis la formule $(A \times B)$, formule symbolique qui a l'avantage de mettre au même plan les deux facteurs intrinsèque et extrinsèque dont j'appelle le premier *hérédité*, le second *éducation*. Le passage d'une forme A_1 d'un être à la forme immédiatement suivante A_2 est le résultat du fonctionnement intermédiaire, ce que je représente par la formule symbolique :

$$A_1 + (A_1 \times B_1) = A_2.$$

L'évolution vitale d'un être se représente donc par une série de formules symboliques :

$$A_1 + (A_1 \times B_1) = A_2;$$
$$A_2 + (A_2 \times B_2) = A_3;$$
$$\ldots\ldots\ldots;$$
$$A_{n-1} + (A_{n-1} \times B_{n-1}) = A_n$$

Avec ces formules, il est évident que A_n, c'est-à-dire le corps d'un être à un moment donné, n'était pas prévu dans l'œuf, *mais est le résultat d'une évolution, d'une histoire !* En termes concis mais incorrects, on peut dire :

Un individu, c'est une histoire.

Et, dans cette histoire, les facteurs B successifs ont joué leur rôle comme les facteurs A. Donc, les *caractères,* c'est-à-dire les éléments de la description de l'adulte A_n, n'étaient pas prédéterminés dans l'individu initial ou œuf, mais ont apparu progressivement, sous l'influence des réactions résultant de la confrontation des *propriétés* des A successifs avec les B correspondants. C'est pour cela que j'ai exprimé cette opinion :

On hérite de *propriétés* et non de *caractères.*

Les *propriétés* sont les éléments de l'œuf ; les *caractères* proviennent de ces éléments et des circonstances qu'a traversées l'individu depuis l'état d'œuf jusqu'à l'état adulte. Souvent il arrive que la conservation de la vie de l'individu est très difficile, et que des variations considérables dans les facteurs B, au lieu de produire des variations dans les A correspondants, déterminent immédiatement la mort de l'être étudié. C'est pour cela que l'on est tenté d'attribuer au seul facteur A la genèse de l'adulte A_n. Par exemple, si l'on prend une plante des champs et qu'on l'immerge au fond d'une rivière, il y a de grandes chances pour qu'elle meure. Le *Polygonum amphibium*, lui, ne meurt pas, si on le soumet à une transplantation aussi brutale; voilà tout ce qui le distingue de la plupart des plantes. Il peut vivre dans l'eau, comme il peut vivre hors de l'eau ; mais s'il vit dans l'eau, la grande modification introduite dans son éducation, c'est-à-dire dans ses facteurs B successifs, se traduit chez lui par l'apparition de caractères morphologiques tout à fait nouveaux.

Il ne faut pas parler là de variation.

Les propriétés intrinsèques de la plante ne varient pas; en effet, à l'aisselle de chaque feuille, se produit un bourgeon, c'est-à-dire une petite masse de substance vivante capable, dans des conditions convenables, de donner naissance à un individu. Et ce bourgeon, qu'il soit né dans une plante immergée ou dans une plante aérienne, donnera un rameau à type aquatique s'il se développe dans l'eau, un rameau à type aérien s'il se développe dans l'air. Il a donc conservé les mêmes propriétés, le même *patrimoine héréditaire* que la plante dont il provient, et il manifeste ces propriétés de manières différentes suivant qu'il a l'occasion de se développer dans l'air ou dans l'eau.

De même, le bourgeon terminal d'un rameau de ronce donne naissance à un rameau feuillé s'il se trouve dans l'air, à une touffe de racines s'il est amené, par les hasards de la croissance du rameau, à prendre contact avec le sol nourricier.

Il faut bien comprendre qu'un végétal n'est pas un individu, mais une colonie d'individus naissant les uns sur les autres, chacun à partir d'un bourgeon formé à l'aisselle d'une feuille. L'individu se compose d'un entre-nœud et des feuilles qu'il porte. Une fois formé, cet individu est fixé dans sa forme par son squelette; si donc il était aérien et qu'on le plonge dans l'eau, il conserve, dans ses grandes lignes, sa forme aérienne préexistante; mais les bourgeons axillaires sont aptes à donner l'une ou l'autre des formes possibles de l'espèce, suivant qu'ils germent dans l'air ou dans l'eau. Tout cela se comprend admirablement avec nos formules symboliques de tout à l'heure, sans qu'on soit obligé de faire appel à cette notion ridicule de caractères latents.

Un exemple familier emprunté à la chimie élémentaire, fera saisir la différence des deux interprétations.

Le soufre, corps simple bien connu, est susceptible de cristalliser dans deux formes absolument distinctes suivant les conditions. Ces deux formes s'excluent, puisqu'elles sont géométriquement différentes, et cependant, le soufre que nous avons fait cristalliser dans le système octaédrique, a conservé la propriété de cristalliser, dans de nouvelles conditions, dans le système prismatique. Direz-vous que le caractère prismatique est latent dans le soufre octaédrique? Ce serait purement absurde ! mais le soufre qui a cristallisé dans le système octaédrique *n'a pas varié ;* il est resté du soufre, c'est-à-dire qu'il redonnera des cristaux prismatiques quand nous le ferons fondre et refroidir dans des conditions convenables.

Le cristal de soufre présente des *caractères* obtenus, dans des conditions données de milieu, grâce aux *propriétés* du soufre qui les constitue.

De même, le *Polygonum amphibium natans* présente les caractères morphologiques de la forme aquatique de cette espèce, grâce aux propriétés qui constituent son patrimoine héréditaire. La morphologie, comme la cristallographie dans l'exemple précédent, nous fait connaître des *caractères* qui peuvent être polymorphes *pour des propriétés identiques*, dans des conditions différentes ; c'est-à-dire que la même particule vivante pourra, avec le même patrimoine héréditaire, donner un rameau aérien, un rameau aquatique ou une racine, suivant les circonstances.

La notion de *patrimoine héréditaire* est une notion biologique, comme la notion de composition moléculaire est une notion chimique. Les morphologies résultantes, cristal de soufre ou forme de renouée nageante, sont des conséquences de ces propriétés dans des circonstances données. *La morphologie ne conduit pas d'emblée à des notions biologiques, comme la cristallographie ne conduit pas d'emblée à des notions chimiques ;* voilà ce que nous enseigne l'exemple du *polygonum amphibium,* si nous l'analysons scientifiquement.

Entre les conditions de vie aérienne et les conditions de vie immergée, il y a une discontinuité évidente. Il est donc tout naturel que, *sans correspondre à aucune variation dans le patrimoine héréditaire,* la forme aérienne et la forme immergée d'une même espèce amphibie soient absolument différentes. On ne voit même pas trop comment on pourrait tenter de réaliser un passage entre ces deux types de vie si distincts, à moins de considérer la vie dans le vase comme intermédiaire à la vie terrestre et à la vie aquatique ; et de fait, voici ce que dit de Vries à propos de la Renouée amphibie[1] : « On ne trouve point de formes intermédiaires (entre la forme *natans* et la forme *terrestre*) qui manquent peut-être complètement, quoique *dans les marais* les plantes terrestres présentent certaines variations importantes *qui les rapprochent du type aquatique.* »

Tout à fait parallèle au cas du *polygonum amphibium* est l'histoire des formes végétales alpines :

« Certaines espèces, dit de Vries[2], sont parti-
« culières à ces hautes altitudes, et beaucoup de
« plantes de plaines n'ont pas de types analogues
« sur les montagnes, mais un grand nombre
« d'espèces sont communes aux deux régions,
« et leurs différences sont d'autant plus frappan-
« tes........ *On trouve régulièrement des formes*
« *intermédiaires entre les types des régions bas-*
« *ses et ceux des stations élevées ;* on doit les ren-
« contrer toutes les fois que l'aire d'extension de
« l'espèce va de la plaine à la limite des neiges
« éternelles...... Sans expériences il est absolu-
« ment impossible de dire les véritables rela-

1. *Op. cit.*, p. 273.
2. *Op. cit.*, p. 276.

« tions de parenté qui unissent les formes des
« régions élevées à celles des régions basses...
« Nœgeli porta plus particulièrement son atten-
« tion sur les Epervières ou *Hieracium*. Sur les
« Alpes suisses, ces plantes sont très petites et
« montrent tous les caractères du type alpin pur.
« Des milliers de plantes distinctes, cultivées
« dans le jardin botanique de Munich, soit de
« semences, soit de rosettes, ont repris *de suite*
« la taille élevée des formes des plaines. »

Les expériences de Gaston Bonnier ont donné
des résultats absolument comparables ; de Vries
après les avoir brièvement rapportées conclut :[1]
« que le type alpin (chez les millefeuilles) dépend
du climat, et que chaque individu de l'espèce
possède la propriété de prendre les caractères
opposés. Les conditions externes déterminent
celui des deux caractères qui sera actif et celui
qui restera latent. »

J'ai à peine besoin de faire remarquer que,
sans faire appel à la notion invraisemblable de
caractères latents, mon interprétation de tout à
l'heure est aussi claire ici que pour le cas de la
Renouée amphibie. Seulement, alors que, entre
le fait d'être immergé et le fait d'être aérien, il
n'y avait guère pour le végétal de possibilités
intermédiaires, il y a au contraire tous les passages entre les conditions climatériques de la station alpine et celles de la station de plaine,
« quand l'aire d'extension de l'espèce va de la
plaine à la limite des neiges éternelles ». Autre-

1. *Op. cit.*, p. 278.

ment dit, le facteur B varie *d'une manière conti-nue* de la vallée à la montagne, et c'est pour cela qu'on « trouve régulièrement des formes inter-médiaires entre les types des régions basses et ceux des stations élevées. »

Ainsi donc, comme conclusion de cette étude des *variations brusques* dans les cas d'adaptation double, nous sommes amenés à dire que, préci-sément dans ces cas, *il n'y pas de variation du tout*. La variation apparente, ou morphologique, ne correspond pas à une modification du patri-moine héréditaire, mais à une influence *actuelle* du facteur B.

De même nous ne devons pas dire que l'hom-me courbé sous le poids d'un fardeau a subi une variation; il est courbé sous l'influence actuelle du fardeau, mais, le fardeau rejeté, il se redresse. Nous aurons au contraire à constater tout à l'heure que, dans certains cas, *à la longue et très lentement*, une variation vraie résulte de l'influence prolongée d'un facteur externe, de telle manière que cette variation peut survivre à la disparition de la cause qui l'a produite.

Mais c'est là du Lamarckisme !

Continuons pour le moment à nous occuper des soi-disant variations brusques.

*
* *

Dans les cas que nous venons d'étudier, chez la Renouée amphibie, par exemple, le dimorphis-me était dû à une variation dans le facteur B, à une cause extérieure à l'être vivant et *non trans-*

portable avec lui ; l'observation la plus simple prouvait au contraire qu'aucune modification n'en résultait pour le patrimoine héréditaire, puisque, en transplantant le type aquatique dans de la terre non submergée, on voyait immédiatement sortir, des bourgeons axillaires, le type terrestre le plus pur.

Voici maintenant des cas dont de Vries ne fait pas état, mais qui n'en sont pas pour cela moins instructifs, et dans lesquels une variation brusque, *transportable avec l'individu*, n'est néanmoins encore qu'une variation morphologique ou apparente et n'engage en rien l'avenir de la lignée. Je veux parler de la reproduction des Fougères par spores.

Une spore de fougère, qui germe sur un sol portant des Fougères feuillées normales, dans des conditions, par conséquent, où la forme 'Fougère feuillée est *possible*, donne naissance à un *Prothalle* qui ressemble à une algue et non à une fougère. Ici donc, le facteur B n'est pas en cause, et c'est dans la spore même qu'est le facteur du dimorphisme. Mais ce facteur est temporaire puisque, après une fécondation réalisée dans le prothalle, la forme Fougère renaît, identique à celle dont provenait la spore initiale. C'est que, en rapport avec les phénomènes sexuels, il y a deux états d'équilibre d'une substance vivante restant, à tous autres égards, semblable à elle-même[1]. Ces deux états d'équilibre se manifes-

1. J'ai longuement exposé cette question dans mon *Traité de biologie*, chap. v et surtout § 42.

tent jusque dans les phénomènes cellulaires les plus intimes, puisque dans les karyokinèses de la forme prothalle, il ne se manifeste que n chromosomes, alors que, dans la forme Fougère feuillée il s'en manifeste $2n$.

Voilà, au point de vue morphologique, une variation brusque dans toute la force du terme, car il est difficile d'imaginer deux objets plus dissemblables que le prothalle et la Fougère feuillée. Un naturaliste qui les rencontrerait séparément sans connaître leurs relations de parenté, serait tenté de les classer dans deux embranchements différents. Et cependant, le patrimoine héréditaire est le même dans les deux formes, à un facteur près, qui est en rapport avec les phénomènes sexuels, et est par conséquent d'ordre colloïde ou physique.

Ainsi donc, dans le dimorphisme de la génération alternante des Fougères, comme dans le dimorphisme de la Renouée amphibie, la variation brusque est purement morphologique ou apparente comme celle qui sépare le soufre prismatique du soufre octaédrique, mais dans l'un des cas, le dimorphisme est dû en entier à un facteur étranger à l'être, dans l'autre cas, il est dû à un facteur que l'être transporte avec lui provisoirement. Supposez que, dans ce dernier cas, le facteur provisoire puisse devenir définitif, et vous aurez les mutations de de Vries[1] ; mais n'anticipons pas.

Il ne manque pas, dans la nature, d'exemples

1. Et encore, sont-elles toutes définitives?

de variations brusques comparables aux deux types que nous venons d'étudier.

Le dimorphisme saisonnier des pucerons et d'autres animaux chez lesquels les générations peuvent être agames ou sexuelles; la métamorphose des chenilles en papillons dont les œufs reproduisent des chenilles, et tant d'autres phénomènes analogues prouvent que des variations morphologiques brusques peuvent n'avoir aucun retentissement sur l'avenir de la lignée, et, par conséquent, ne correspondent pas à des variations véritables. Mais, à mon avis, l'exemple le plus intéressant est fourni par la différenciation histologique qui donne, dans un être vivant, des tissus si dissemblables quoiqu'ayant le même patrimoine héréditaire. Les dissemblances de ces tissus sont-elles dues à des facteurs internes ou à des facteurs d'ordre topographique, c'est-à-dire externes par rapport à l'élément histologique considéré? Nous ne le savons pas encore, et il se peut que ces deux sortes de facteurs entrent en jeu; il paraît aussi, que quelques-uns, au moins, de ces facteurs d'équilibre doivent être considérés comme définitifs dans les conditions actuelles de la vie, car beaucoup de tissus meurent avec la forme qu'ils ont acquise, sans avoir été l'objet d'un remaniement reproducteur qui leur ferait peut-être perdre leur morphologie passagère. Quoi qu'il en soit, le nombre considérable des formes possibles pour les éléments histologiques d'un être donné, formes qui sont séparées les unes des autres par des discontinuités évidentes, permet de ne pas s'étonner outre mesure de l'apparition, à une échelle plus élevée, de types morphologiques discontinus de l'individu total des plantes ou des animaux.

Je reviendrai plus tard sur cette comparaison, mais je tiens à faire immédiatement une observation qui me paraît présenter un grand intérèt.

D'une part, les mutations de de Vries apparaissent au moment de cette discontinuité dans la lignée vivante qu'est le phénomène de la maturation sexuelle suivie de la fécondation. D'autre part, Blaringhem, produisant des mutations expérimentales par des traumatismes raisonnés, a remarqué que ces traumatismes produisaient aussi des modifications dans le sexe des individus blessés. De là à penser que les mutations et les phénomènes sexuels sont de même ordre, il n'y a qu'un pas. Or tout ce que nous savons des phénomènes sexuels[1] nous induit à croire que ces phénomènes sont sous la dépendance d'états colloïdes ou physiques. Et nous arrivons, par conséquent, à nous demander si les variations brusques dans lesquelles de Vries a cru voir les seules variations possibles de l'espèce, ne sont pas des variations apparentes ou morphologiques laissant intact le patrimoine héréditaire à un facteur physique près. Pour l'affirmer il faudrait voir se transformer les unes dans les autres les formes diverses obtenues par mutation d'une même espèce ; mais, même si de telles transformations ne sont pas constatées, on ne sera pas en droit d'affirmer que la variation observée est plus

1. V. *Traité de biologie, op. cit.*

profonde et ne correspond pas uniquement à un polymorphisme comparable à celui des corps chimiques définis qui ont plusieurs formes d'équilibre cristallin.

*
* *

Revenons aux deux cas différents que nous avons étudiés tout à l'heure, le cas d'un dimorphisme possible sous l'influence de la variation d'un facteur externe B (*Renouée amphibie*), et celui du dimorphisme alternant des Fougères agames et sexuées. Dans le premier cas, nous avons dû nous convaincre de l'existence d'un dimorphisme évident, sans rapport avec aucune variation vraie dans le patrimoine héréditaire, mais la comparaison de ces cas avec d'autres cas analogues très connus dans la nature nous permet de faire un pas de plus dans l'histoire de la transformation des êtres. La Renouée amphibie prend deux formes distinctes dans des conditions distinctes d'existence; elle est aquatique dans l'eau et terrestre sur terre. Or, il existe, dans d'autres genres, des espèces définitivement aquatiques et d'autres qui sont définitivement terrestres ; il serait pourtant difficile de croire, par exemple, que les renoncules aquatiques et les renoncules aériennes, si semblables à tant d'égards, ne dérivent pas d'un ancêtre commun. Il est possible, qu'à une certaine époque de la lignée dont dérivent ces types aujourd'hui différents, leurs ancêtres communs aient joui de la propriété d'être amphibie comme la Renouée actuelle. A ce mo-

ment-là, une transplantation de la station terrestre à la station immergée produisait une variation brusque, morphologique ou apparente. Mais,
parmi les descendants de ces ancêtres communs,
quelques-uns ont été sans cesse immergés pendant de longues générations, d'autres, au contraire, ont été toujours terrestres ; dans ces deux
lignées il s'est produit séparément des *variations
adaptatives lentes* du patrimoine héréditaire, de
telle manière, qu'au bout d'un certain temps,
chacune des formes a été *fixée*, par l'impossibilité
pour ses représentants de vivre dans des conditions nouvelles. Il s'est produit une forme immergée distincte de la forme aérienne correspondante,
et chacune de ces formes a aujourd'hui un patrimoine héréditaire différent; *la variation brusque
apparente est devenue*, PETIT A PETIT, *une variation vraie par adaptation ou habitude.*

Cette interprétation est d'autant plus vraisemblable que nous trouvons outre les renoncules
définitivement aquatiques et les renoncules définitivement terrestres, d'autres types qui ont encore conservé le caractère amphibie, et chez
lesquels la même plante porte des feuilles aquatiques sous l'eau et des feuilles aériennes hors de
l'eau. Celles-là proviennent probablement d'une
lignée dont les individus ont vécu sur les bords
des fleuves ou des étangs, soumis à des alternatives d'immersion et de sécheresse qui ont empêché la fixation définitive de l'un des deux types
extrêmes.

Ainsi ce cas de variation brusque par adaptation double, dont de Vries fait état contre le

Lamarckisme, nous apparaît au contraire comme l'un des plus beaux exemples de variation lente par acclimatation progressive.

Il est vrai qu'ici l'expérimentation est difficile, sinon impossible.

Pendant combien de générations faudrait-il entretenir l'immersion constante des lignées d'une Renouée amphibie pour réaliser une espèce *natans* définitive? Peut-être cela excéderait-il la durée d'une ou de plusieurs vies humaines, et les amateurs d'expériences faciles y renonceraient sûrement. Peut-être aussi n'existe-t-il pas, pour des descendants de la Renouée actuelle, une forme d'équilibre exclusivement adaptée à la vie aquatique! On peut bien constater *après coup*, que, dans un genre donné, il s'est formé deux types définitivement différents, mais on ne peut jamais affirmer d'avance que, pour un être donné, il apparaîtra fatalement des formes définitives adaptées à des conditions choisies arbitrairement par la fantaisie d'un jardinier.

Une expérience négative n'a donc aucune valeur, même si elle est poursuivie pendant un temps très long.

Mais il faut bien dire que, si de Vries, imbu des idées de Darwin et de Weismann sur les unités spécifiques, a pu croire que les *adaptations doubles* donnaient un appui à sa théorie des mutations, les observations fondamentales qu'il rapporte, et sur lesquelles il base son système, les variations des Œnothères, sont des cas de variation *transportable* avec les graines des individus considérés, et non de variation brusque sous l'influence du milieu. Elles sont donc, à un certain point de vue au moins, plus comparables à la variation qui nous fait passer de la fougère au prothalle par le simple phénomène de la reproduction agame. Je disais tout à l'heure que le dimorphisme fougère-prothalle est dû à un facteur *temporaire* transportable avec la spore, mais qu'une fécondation fait ensuite disparaître. Et je me basais sur cette considération pour voir dans la formation du prothalle une variation apparente et non une variation vraie ou définitive. Me voici amené à la question la plus fondamentale, mais aussi, il faut bien le dire, la plus difficile à exposer et à comprendre, de toute la Biologie.

En réalité, si l'on parle un langage approprié à l'étude des questions biologiques générales, on peut comparer et traiter en même temps les deux phénomènes de variation brusque que nous venons d'étudier, quelque différentes que paraissent les conditions du phénomène dans le cas de la Renouée amphibie et du prothalle de fougère. Pour la Renouée amphibie, le *facteur* auquel nous sommes en droit d'attribuer la variation morphologique constatée est extérieur à la plante ; il est compris dans le terme B de la formule vitale symbolique $(A \times B)$. Pour le prothalle de la fougère, le facteur de variation morphologique est intérieur à la plante et transportable avec elle ; il est donc compris dans le terme A. En d'autres termes, il fait partie intégrante des propriétés de A, et nous le considérerions comme représentant une acquisition définitive, si nous

ne savions qu'un phénomène non vital, la fécondation, fera disparaître ce facteur morphogène
dans la descendance de la plante étudiée. Un
botaniste qui aurait vu naître d'une fougère un
prothalle, et qui aurait vu mourir ce prothalle
sans qu'une fécondation se fût produite à son
intérieur, devrait croire qu'il a assisté à une
transformation définitive de l'espèce fougère;
malheureusement, cette transformation définitive ne serait telle que grâce à la mort de la
lignée, car la lignée prothalle ne peut se continuer que par le phénomène *fécondation* qui
détruit précisément le facteur morphogène de
l'état prothalle.

C'est donc parce que nous connaissons les
conditions dans lesquelles disparaît le facteur
prothalle, que nous devons considérer ce facteur
comme temporaire; autrement nous devrions le
déclarer définitif, puisqu'il est transportable avec
la plante, et dire que nous avons assisté à l'acquisition brusque d'une propriété nouvelle dans
une lignée vivante. En d'autres termes, *notre
croyance en l'acquisition brusque d'une propriété
morphogène nouvelle résulte de notre ignorance
des procédés par lesquels nous pourrions la faire
disparaître sans tuer la lignée;* et c'est pour cela
que nous sommes bien plus embarrassés pour
apprécier la valeur exacte d'une variation morphologique, quand elle dépend d'un facteur du
terme A, que quand elle dépend d'un facteur du
terme B; car il nous est bien plus difficile de
modifier expérimentalement les conditions intrinsèques de A que les conditions ambiantes B.

Le cas du prothalle est exceptionnel[1], car la nature veut bien faire pour nous l'expérience *fécondation* qui détruit la propriété morphogène du prothalle. Si les prothalles avaient pu se multiplier indéfiniment par boutures dans des conditions où il ne se serait produit à leur intérieur aucune maturation sexuelle, nous aurions été absolument désarmés vis-à-vis d'eux.

Ces remarques nous amènent à déclarer que notre ignorance est un des principaux agents de classification.

Nous avons l'habitude de dire qu'une propriété est définitivement acquise quand nous ne savons pas expérimentalement la faire disparaître, et quand la nature ne vient pas à notre aide pour faire elle-même l'expérience. Les cas de la Renouée amphibie et du prothalle de fougère ont donc ceci de commun pour nous, malgré leur dissemblance fondamentale, que nous connaissons pour ces deux plantes les conditions dans lesquelles la propriété acquise disparaît; le prothalle redevient fougère par fécondation; la Renouée *terrestre* redevient *natans* par immersion.

Supposons maintenant que nous réussissions à faire des milliers de générations prothalle, se reproduisant par boutures dans des conditions où aucune maturation sexuelle n'interviendrait, et des milliers de générations de Renouée *natans* sans retour à la forme terrestre, peut-être l'adaptation Lamarckienne ferait-elle apparaître dans

---

1. Nous en trouvons un cas analogue dans la variété de lierre appelée *hedera helix arbcrea*. (V. l'appendice de cette deuxième leçon.)

leurs descendànts, l'impossibilité de maturation sexuelle pour le prothalle, l'impossibilité de vie terrestre pour la Renouée ; nous aurions ainsi obtenu petit à petit deux formes définitives nouvelles. Et, chose étrange, la variation *vraie* qui aurait conduit à ces formes nouvelles n'aurait pas été accompagnée de variation apparente, elle aurait été dirigée par la nécessité prolongée de se plier à une morphologie donnée dans des conditions données.

Ainsi le langage est entièrement différent suivant qu'on parle de la plante totale ou de son patrimoine héréditaire. La plante peut manifester une variation brusque (passage de la forme Renouée terrestre à la forme Renouée *natans*) sans que le patrimoine héréditaire en soit atteint ; au contraire, le patrimoine héréditaire peut subir une variation lente et définitive, dans une plante à laquelle des conditions ambiantes longtemps prolongées imposent sans cesse une même forme d'équilibre. Au point de vue de la formation des espèces, il est évident que la variation patrimoine héréditaire est plus importante que la variation morphologique dépendant de circonstances actuelles ; c'est pour cela que j'appelle la première variation vraie et la seconde variation apparente ; mais il ne faut pas oublier, ce que je disais tout à l'heure, que nous considérons une variation comme acquise ou définitive, quand nous *ignorons* la manière de la faire disparaître. Dans les expériences de de Vries sur l'Œnothera Lamarckiana, nous voyons apparaître brusquement un type morphologique nouveau, et nous sommes assurés que cette variation est due à un facteur interne transportable avec la plante. Ce facteur est-il temporaire ou définitif? Le botaniste hollandais n'a pas vu reparaître le type ancestral dans les cultures suivies qu'il a faites des individus obtenus par mutation. Voilà tout ce que nous pouvons affirmer.

Mais le mot expérience est-il bien applicable aux travaux de de Vries? Il a vu apparaître des mutations sans savoir pourquoi; elles ont apparu en petit nombre au moment des fécondations; c'est donc la nature qui a produit ces mutations sans que l'expérimentateur ait eu à jouer de rôle dans leur production; puis, les mutations ont été conservées à l'abri des fécondations croisées; voilà tout; il y a eu observation consciencieuse, mais non expérimentation proprement dite, puisque les résultats importants ont été obtenus sans l'intervention de la volonté du chercheur.

Ce que la nature a produit sans que nous sachions comment, il nous est difficile de le défaire; nous devons attendre que la nature intervienne encore sous nos yeux, fasse l'expérience pour nous, comme dans la fécondation qui détruit la mutation prothalle. Et si cette nouvelle expérience naturelle ne se fait pas, si une mutation se retrouve pendant un très grand nombre de générations successives, nous devons penser qu'il y aura de moins en moins de chances pour qu'elle disparaisse un jour par hasard, car elle aura pu se fixer profondément dans le patrimoine héréditaire, comme cela a eu lieu, par exemple, pour les Renoncules aquatiques dont les ancêtres étaient probablement amphibies.

Je ne saurais trop insister sur cette question tout à fait fondamentale. Je prends d'abord un exemple grossier qui fera mieux comprendre ce que je veux dire :

Voici une longue barre de fer flexible, droite sur un plan horizontal bien dressé[1]. Je la pousse vers le bord du plan de manière qu'une partie de la barre de fer se trouve sans appui à l'extérieur ; j'obtiens ainsi une variation morphologique immédiate, une mutation qui diffère seulement des mutations ordinaires par ma connaissance du rôle de la pesanteur dans la déformation réalisée ; la barre de fer, se trouvant en porte-à-faux, se courbe. Simple observateur, je me demande si la variation constatée est provisoire ou définitive, si elle est transportable avec la barre de fer, ou si elle dépend des conditions locales. Comme je connais le rôle de la pesanteur, je n'ai qu'à repousser la barre de fer sur le plateau horizontal pour constater que la variation était temporaire. Mais, *si j'ai attendu assez longtemps*, le pli est pris, et la barre de fer reste courbée ; c'est-à-dire que, sous l'influence de cette morphologie nouvelle, imposée par la pesanteur dans le cas du porte-à-faux, une variation s'est produite dans la structure intime de la barre de fer. La technique du forgeron est assez parfaite pour que je sache en-

---

1. Je parle de ces longues barres de fer que l'on transporte quotidiennement dans Paris pour en faire des fers de roues de voitures. Elles débordent ordinairement les camions qui les portent et se courbent à l'extérieur.

suite détruire cette variation morphologique transportable, et rendre à la barre de fer sa forme rectiligne, mais si j'étais réduit au rôle de simple observateur comme dans les mutations, je constaterais par exemple que cette barre de fer courbée, placée ensuite sur le côté, à l'endroit où elle était primitivement droite, reste indéfiniment courbée. Sauf dans le cas où, en dehors des ressources du forgeron, je retournerai cette barre sens dessus dessous pour faire détruire par la pesanteur ce que la pesanteur a fait, je constaterai que la courbure acquise persiste et joue un rôle dans toutes les morphologies ultérieures.

J'ai insisté dans plusieurs ouvrages sur « la question d'Echelle » dans l'étude de la nature. Ici, pour la barre de fer qui se plie sous l'influence de la pesanteur, je me trouve en présence de deux phénomènes :

D'abord un phénomène à l'échelle macroscopique des choses que je connais directement par mes yeux sans le secours d'instruments grossissants ; c'est la courbure de la barre de fer.

Ensuite, à une échelle bien plus petite et pour laquelle, même muni de tous les secours de la science moderne, je me trouve, en tant qu'observateur, dans des conditions d'infériorité manifeste : une variation dans la structure intime de la barre de fer. En regardant la barre de fer courbée, je ne sais pas si sa courbure est devenue définitive ; il me faut une expérience pour le deviner. Mais une fois cette expérience faite, je sais que la morphologie macroscopique imposée pendant assez longtemps à une barre de fer, a influé sur sa structure intime, et a rendu la courbure transportable.

J'emploierais exactement le même langage pour raconter l'histoire d'une Renoncule amphibie qui, à la longue, serait devenu aquatique, avec cette différence que je ne saurais pas ensuite faire perdre le caractère aquatique à la plante qui l'aurait acquis[1].

La question d'échelle domine toute la Biologie, et cela se comprend immédiatement dès qu'on a réfléchi à la nature des protoplasmas.

Les protaplasmas sont des colloïdes, et par conséquent sont susceptibles de modifications à deux échelles différentes : l'échelle colloïde qui est de l'ordre des phénomènes physiques, et l'échelle chimique qui correspond à des dimensions bien plus petites[2]. L'échelle colloïde est intermédiaire à l'échelle chimique et à l'échelle macroscopique des phénomènes que nous observons directement avec nos yeux. Mais ce qu'il y a de plus remarquable dans tout cela, c'est que, intermédiaire à l'échelle macroscopique et à l'échelle chimique, l'échelle colloïde établit en outre un lien entre ces deux échelles si dissemblables. D'une part l'état colloïde du protoplasma influe sur la morphologie de l'être ; d'autre part, ce même état colloïde *peut* influer à la longue sur l'état chimique de ses parties constitutives, et être influencé par lui.

L'état colloïde constitue *une étape* entre les va-

---

1. Mais la barre de fer redressée par le forgeron ne devient pas non plus *identique* à ce qu'elle était d'abord.

2. Voyez *Éléments de philosophie biologique*, Paris, F. Alcan, 1908.

riations macroscopiques et les variations chimiques. C'est vraisemblablement sur l'état colloïde des protoplasmas que retentissent directement les conditions ambiantes ; or les changements morphologiques sont sous la dépendance des états colloïdes ; nous pouvons donc concevoir une variation apparente ou morphologique, comme conséquence d'une modification directe de l'état colloïde des protoplasmas sous l'influence immédiate des conditions ambiantes.

Par exemple, la Renouée amphibie a deux formes colloïdes possibles, l'une dans l'eau, l'autre dans l'air. Il en résulte deux états morphoiogiques de cette plante, l'une dans l'eau, l'autre dans l'air ; mais, dans ce cas de la Renouée amphibie, nous devons penser que ces deux états colloïdes restent liés aux conditions d'existence sans retentir immédiatement sur la nature chimique des éléments constituants du protoplasma. Peut-être, à la longue, un accord pourrait-il se faire, qui fixerait alors l'état colloïde et le rendrait inapte à se modifier de nouveau, lorsqu'on changerait les conditions extérieures de vie de la plante ; alors nous dirions qu'il y a eu véritablement une variation acquise.

L'état colloïde, intermédiaire aux deux états macroscopiques et chimiques, doit se tenir en équilibre avec ces deux états *et subit des contraintes d'en haut comme d'en bas.*

Quelle que soit la part d'hypothèse qui subsiste encore dans ces considérations sur l'état colloïde des protoplasmas, nous pouvons provisoirement donner une idée de ce que peuvent vouloir dire les mots *variation temporaire* opposés aux mots *variation définitive*.

Une variation morphologique totale peut provenir directement des conditions extérieures (homme courbé sous un fardeau) ou indirectement par la modification que ces conditions extérieures imposent à l'état colloïde du protoplasma (formes *natans* et *terrestre* de la Renouée amphibie). Il y a des relations de cause à effet entre ces deux variations morphologique et colloïde, et la disparition du facteur externe peut entraîner immédiatement la disparition de la variation morphologique correspondante (homme qui rejette son fardeau, Renouée *natans* cultivée à l'air libre). Ce sont là des phénomènes *physiques*, réversibles, qui disparaissent quand la cause modificatrice a disparu : *sublata causa, tollitur effectus.*

Mais, à la longue, une variation colloïde (qu'elle soit produite directement par le milieu, ou indirectement, comme conséquence de la morphologie imposée à l'être dans des conditions extérieures données), peut retentir sur la constitution chimique de ses parties constitutives et être, par là même, fixée d'une manière beaucoup plus stable, *indépendamment des conditions extérieures qui l'avaient préalablement déterminée.*

Alors, une variation dans ces conditions extérieures n'entraîne plus la disparition des caractères déterminés jadis par ces conditions. Ces caractères sont fixés, comme la forme courbée dans notre barre de fer de tout à l'heure. Nous avons véritablement affaire à ce qui mérite le nom de caractères acquis.

En termes plus concis, nous dirons que les variations qui retentissent uniquement sur l'état colloïde sont des variations physiques, réversibles, et non définitives ; et que, au contraire, celles qui vont jusqu'à modifier les propriétés *chimiques* du patrimoine héréditaire, sont toujours transportables, indépendantes des variations ambiantes ultérieures, et aussi définitives qu'il est possible de l'imaginer. Nous emploierons donc les mots *physique* et *chimique*, comme synonymes de provisoire et définitif[1]. Ce sera une manière de parler commode et qui, jusqu'à nouvel ordre, peut être considérée comme correcte.

Alors, une variation brusque, comme celle qui nous fait passer de la fougère au prothalle, sera considérée comme une variation temporaire (indépendamment de ce que nous savons de la possibilité de la faire disparaître par une fécondation) parce que nous comprenons que l'état prothalle diffère seulement au point de vue *physique* de l'état fougère feuillée. Et l'un des problèmes qui se poseront à nous à propos des mutations de de Vries sera de nous demander si ces mutations correspondent à des transformations physiques causées par la fécondation, sans modification dans les éléments chimiques du patrimoine héréditaire, ou si au contraire elles représentent des variations profondes, qu'il serait illusoire de vouloir faire disparaître par une action physique capable d'influencer les variations réversibles.

1. Quoique la variation chimique puisse être réversible au-dessus de la température de dissociation. (V. *Elém. de phil. biologique, op. cit.*)

APPENDICE A LA DEUXIÈME LEÇON

Je puis comparer au cas de la mutation (Fougère-prothalle) une autre variation qui est comme elle en rapport avec les phénomènes sexuels, et dont de Vries fait état dans son livre ; il s'agit du Lierre commun, et d'un fait que tout le monde a remarqué. Je cite de Vries : « On a parfois ins-
« crit, sous des noms d'espèces, des parties diffé-
« rentes de la même plante. La forme grimpante
« du Figuier en est un exemple...... Le Lierre pré-
« sente des faits analogues ; les tiges grimpantes
« ne portent jamais de fleurs, mais commencent
« toujours par produire des branches dressées et
« libres couvertes de fleurs et connues des horti-
« culteurs sous le nom de variété *Hedera Helix*
« *arborea*. Il est évident que cette classification
« est presque aussi justifiée que celle qui distin-
« gue les deux variétés de la Renouée amphi-
« bie[1]. »
De Vries pourrait ajouter que le phénomène sexuel a toujours fait disparaître, au moins jusqu'à présent, le caractère *arborea* du lierre dressé.

1. *Op. cit.*, p. 275.

Les graines, provenant des fleurs qui ont été produites sur les rameaux dressés du lierre, donnent en germant le lierre rampant normal. Cela rapproche le cas du lierre de celui du prothalle de fougère. Le rapprochement peut même être poussé plus loin. Il suffit pour cela de réfléchir à la nature de ce qu'on appelle ordinairement les feuilles florales[1]. Ces feuilles, développées sur le haut des tiges au voisinage des fleurs doivent leur forme spéciale à l'influence du parasite sexuel contenu dans les fleurs ; disons tout de suite : à l'influence des prothalles contenus dans les fleurs et dont les uns subiront l'évolution dans le sens masculin, les autres dans le sens féminin. Toute personne un peu instruite des questions de botanique sait que l'on est arrivé à assimiler aux prothalles des cryptogames vasculaires les parties des tissus de la plante phanérogame dans lesquelles apparaissent l'ovule et l'anthérozoïde ; on n'ignore pas davantage que les *caractères sexuels secondaires* des animaux sont dus à l'influence morphogène du parasite sexuel, influence morphogène comparable à celle d'une ponte d'insecte produisant une galle. Ceci posé on comprend aisément la nature de la forme dressée du lierre ; c'est la partie de la plante dans laquelle, pour des raisons que nous ignorons mais qui sont inhérentes vraisemblablement à la nature colloïde de son protoplasma, il apparaît des prothalles floraux. Ces prothalles, résultant de con-

---

1. J'ai développé ces considérations dans un ouvrage paru il y a huit ans : *L'Unité dans l'être vivant*, p. 211 et sq.

ditions locales, influent en retour sur la morphologie des feuilles voisines, de sorte que les rameaux dressés doivent leur aspect particulier, soit directement à l'état *prothalligène* de leur protoplasma, soit à l'influence morphogène des prothalles parasites développés à son intérieur. Et il est démontré par l'expérience de bouturage, que cet état prothalligène est transportable avec toutes ses conséquences. Mais le phénomène de fécondation fait disparaître à la fois le prothalle et l'état prothalligène; il réalise une graine d'où sort un lierre *jeune* qui a la forme du lierre rampant. Reste à savoir seulement si, chez des lierres provenus par boutures de la forme *arborea* pendant des milliers de générations, cet état morphologique particulier ne se fixerait pas, par adaptation Lamarckienne, indépendamment des phénomènes sexuels auxquels il est dù aujourd'hui.

TROISIÈME LEÇON

LA MUTATION PÉLORIÉE ET LES FLEURS STRIÉES

A la fin de la précédente leçon, nous avons
été conduits à envisager dans les êtres vivants
trois catégories de phénomènes se passant à trois
échelles différentes, l'échelle mécanique, l'échelle
colloïde et l'échelle chimique, les phénomènes
de ces trois échelles pouvant influer les uns sur
les autres, par suite des relations d'équilibre établies entre elles. Un phénomène mécanique
peut influencer l'état colloïde du protoplasma
correspondant (homme courbé longtemps sous
un fardeau et dont les tissus ont *pris le pli*), et
réciproquement une variation dans l'état colloïde
du protoplasma peut retentir sur l'état mécanique, sur la morphologie macroscopique de l'être
correspondant (bourgeon de Renouée amphibie, modifié au point de vue colloïde par l'eau
ambiante et donnant un rameau à morphologie
nageante, alors qu'il eût donné dans l'air un
rameau aérien). De même l'état colloïde peut
influencer la constitution chimique du patrimoine héréditaire (fixation d'un caractère acquis

dans l'hérédité d'une espèce) ou être influencé par lui (reproduction dans le fils du caractère acquis par le parent, dans des conditions autres que celles où ce caractère a été acquis). En conséquence, par l'intermédiaire de l'état colloïde ou protoplasmique, un lien de seconde main est établi entre les deux échelles mécanique et chimique, qui semblaient d'abord si éloignées par leurs dimensions. L'existence de cet état colloïde intermédiaire est l'une des particularités les plus importantes des êtres vivants. On peut le représenter par la formule :

$$\text{Echelle chimique} \rightleftarrows \text{Echelle colloïde} \rightleftarrows \text{Echelle mécanique.}$$

Lorsque nous nous occuperons de variations, nous aurons donc plusieurs possibilités à envisager.

1° L'échelle mécanique est influencée seule, ou du moins sa variation ne retentit pas d'une manière durable et *transportable* sur l'échelle colloïde (homme courbé un instant sous le poids d'un fardeau ; barre de fer courbée un instant par une situation en porte-à-faux).

2° L'influence mécanique est assez durable pour que son retentissement sur l'échelle colloïde se traduise par un effet transportable.

3° Cette influence est encore plus profonde et dure assez longtemps pour que la chimie même du patrimoine héréditaire en soit définitivement influencée (caractère définitivement acquis).

On conçoit quelles autres possibilités se présenteront à notre esprit quand nous imaginerons que l'action extérieure atteint directement, non plus l'échelle mécanique, mais l'échelle colloïde . ou l'échelle chimique.

D'une manière générale nous sommes amenés, par le caractère réversible des phénomènes physiques, à penser que la variation chimique seule est réellement durable, et que la variation physique cesse dès que disparaît la cause qui l'a déterminée. Encore les phénomènes colloïdes occupent-ils une place à part parmi les phénomènes physiques, car ils sont transportables pendant un temps plus ou moins long. Ils établissent donc une transition entre la physique et la chimie. Et d'ailleurs, depuis la découverte des phénomènes de dissociation, on sait que la transportabilité n'est absolue pour les corps de la chimie qu'au dessous d'une certaine température ; au-dessus de cette température l'existence des composés chimiques est le résultat d'un équilibre dont un facteur seul est transporté avec eux. On ne peut donc plus donner de signification absolue au mot chimique considéré comme opposé au mot physique ; dans l'étude de la vie, nous aurons à établir une gradation de la transportabilité ; une particularité pourra être *transportable* avec un individu sans être *transmissible* à ses descendants ; nous dirons souvent que la modification correspondante est colloïde dans ce cas, tandis que nous la considérerons comme chimique quand elle sera héréditaire ; mais ce ne sera là qu'une manière de parler commode et qui ne devra pas être prise toujours au pied de la lettre. Seuls les mots *transportable* et *transmissible* auront une signification indiscutable ; les autres mots ne serviront qu'à soulager la mémoire en donnant une interprétation vraisemblable des faits.

La comparaison que j'ai faite précédemment avec une barre de fer m'amène à formuler encore une remarque.

On dit couramment que les phénomènes physiques sont réversibles, et cela n'est pas toujours vrai. Si je laisse ma barre de fer en porte-à-faux pendant plusieurs années, elle se courbera dans le plan vertical et prendra un pli qui lui donnera la forme nouvelle et transportable d'une courbe plane. Si je pose cette courbe plane sur un plan horizontal, elle ne sera soumise à aucune contrainte et conservera indéfiniment la forme acquise de courbe plane. Si, au lieu de la mettre au repos sur le plan, je la fais tourner de 180° autour de sa partie restée droite, de manière que la pesanteur agisse désormais en sens inverse sur la partie située en porte-à-faux, je pourrai, dans une première approximation, espérer que la pesanteur détruira petit à petit ce que la pesanteur a fait. La variation de structure déterminée dans la substance même du fer (à une échelle que je peux comparer sans danger à l'échelle colloïde ; il y a même là en réalité plus qu'une simple comparaison), la variation déterminée, dis-je, par une traction dans un sens, pourra être corrigée par une autre variation en sens inverse. Encore ne faudrait-il pas croire là à une réversibilité parfaite. Une barre de fer qui a été pliée et redressée n'est pas identique à la même barre de fer avant sa flexion. Contentons-nous cependant de cette approximation assez grossière : elle suffira pour donner toute sa valeur à notre remarque.

Après avoir laissé courber ma barre de fer par une station prolongée en porte-à-faux, je ramène la courbe plane résultante et je la laisse reposer en entier sur le plan : elle a subi de ce fait une rotation de 90° par rapport à sa position primitive. Cela étant, je la maintiens dans cette même orientation et je la repousse de nouveau en porte-à-faux où je la laisse une fois encore plusieurs années. Elle est sollicitée par la pesanteur dans une direction perpendiculaire au plan de sa déformation primitive. Mais de cette nouvelle traction elle ne subit plus maintenant une déformation plane : elle devient une *courbe gauche* ; quelque chose comme un commencement de spire de tire-bouchon, et cela pour avoir subi deux fois de suite deux tractions dans des sens perpendiculaires.

Je suppose maintenant que je veuille, comme tout à l'heure dans le cas de ma courbe plane, redresser ma barre de fer tordue en lui faisant subir successivement des actions physiques inverses des deux actions qu'elle a subies précédemment. *Je n'y arriverai jamais!* L'action qui tout à l'heure redressait ma courbe plane, se produisant maintenant sur une courbe gauche, créera dans cette courbe gauche une courbure de plus au lieu de la redresser. Le tire-bouchon s'accentuera !

Ainsi, deux variations, dont chacune séparément était à peu près réversible, c'est-à-dire que chacune d'elles pouvait être détruite par une cause agissant en sens inverse de celle qui l'avait produite, *cessent d'être réversibles quand elles sont superposées.* La présence de la seconde empêche la première de disparaître, quand se produisent des événements dont cette première, considérée seule, eût subi l'effet destructeur. Et au contraire, ces événements, loin de faire disparaître une ancienne variation, en créent une nouvelle qui se superpose aux deux premières. *Et la complexité augmente.*

Je rappelle à ce propos un exemple que j'ai déjà employé souvent, et qui est, dans le monde vivant, l'équivalent de l'histoire de la barre de fer se transformant en tire-bouchon. Les appendices des crustacés se composent de plusieurs séries d'articles susceptibles de s'adapter à des rôles différents. Je considère par exemple une patte d'un de ces animaux, patte qui provient déjà d'une longue évolution, mais qui comprend, au moment où je l'étudie, une partie natatoire lamelleuse et étalée, à côté d'une partie plus résistante pouvant servir à marcher sur le fond. Ce crustacé, tantôt nageant, tantôt marchant, entretient par ces fonctionnements variés les diverses parties de ses appendices.

Je suppose maintenant que le sol soit soulevé dans la région où il habite, et qu'il se trouve brusquement habitant d'une île. Il mourra peut-être, et alors ne nous intéressera plus.

Je suppose qu'il survive.

Il marchera et ne nagera plus.

Si, le lendemain, après avoir beaucoup marché il pouvait rentrer dans la mer, il recommencerait à nager comme par le passé. Supposons qu'il soit dans l'impossibilité de regagner le milieu liquide ; il deviendra petit à petit un marcheur. Les descendants marcheront aussi et ne nageront pas. Si bien que, au bout d'un temps assez long, ils auront subi, entre autres variations, une atrophie de la partie nageuse de leurs appendices, et un développement de leur partie ambulatoire ; la partie nageuse finira par devenir ridiculement petite, *rudimentaire*, comme on dit, à moins que le crustacé n'ait eu occasion de l'employer à autre chose, auquel cas elle aura pris un tout autre caractère.

Tout cela est du Lamarckisme.

Voici maintenant que, par suite de nouveaux mouvements du sol, les lointains descendants du crustacé primitif, alors qu'ils ont des appendices réduits à une importante partie ambulatoire et à une partie nageuse rudimentaire, se trouvent ramenés à vivre dans la mer. S'ils se noient, ils ne sont pas intéressants ; s'ils survivent, ils marcheront sur le fond avec leurs pattes, mais ils pourront avoir besoin de nager ; et alors, avec quoi nageront-ils ? Evidemment pas avec l'appareil rudimentaire ancien qui n'est plus utilisable ; ils nageront avec les outils qu'ils ont à leur disposition, c'est-à-dire avec leurs pattes locomotrices, qui, s'adaptant à cette nouvelle fonction, pourront s'aplatir en forme de rames comme on le voit chez certains crabes. Et ainsi, le retour aux anciennes conditions d'existence ne rendra pas aux crustacés étudiés la forme de leurs grands parents nageurs. La suppression de la cause de variation (transplantation hors de l'eau) ne fera pas disparaître la variation acquise (atrophie des parties nageuses et développement des parties ambulatoires), mais produira une variation nouvelle qui se superposera aux précédentes (aplatissement des pattes ambulatoires développées par la vie terrestre).

En d'autres termes, *l'évolution ne sera pas rétrograde*[1].

L'exemple de la barre de fer devenant tirebouchon nous a conduits à une des plus hautes vérités de la Biologie. Nous comprenons que la superposition de divers caractères rende indélébile chacun d'eux.

⁎
⁎ ⁎

Toutes ces remarques préliminaires faites, je dois entrer enfin dans le vif de la question des mutations de de Vries. Je me reporterai exclusivement à son livre traduit en français, *Espèces et Variétés*, et je me bornerai à tirer mes arguments des exemples qu'il a lui-même choisis.

Mais j'éprouve dès le début une grande difficulté, tenant à ce que l'auteur hollandais entremêle toutes ses narrations de considérations

1. Cet exemple de l'adaptation secondaire n'entraînant pas d'évolution rétrograde a une application intéressante dans l'histoire de la psychologie humaine; je renvoie cette application à l'appendice de la présente leçon.

métaphysiques sur la notion d'espèce et de variété, considérations auxquelles il ne donne un semblant de clarté que grâce à l'emploi du langage Weismannien. J'ai dit précédemment ce que je pense de ce langage ; il permet d'exprimer, sous une forme précise et claire, les erreurs les plus monstrueuses, en leur communiquant un air de vérité qui séduit bien des lecteurs. Je renverrai à une leçon ultérieure l'étude du mot *espèce* et des dangers qu'a présentés l'emploi de ce mot pour la question du transformisme. Je me borne pour le moment aux faits recueillis par de Vries et aux *lois* qu'il en tire dans son chapitre intitulé : « Cultures pédigrées expérimentales. »

Je commence par cette mutation bizarre que l'on appelle *Pélorie* et que de Vries a étudiée particulièrement sur le Linaire vulgaire. La *Pélorie* se rencontre chez un grand nombre de plantes dont la fleur est normalement symétrique par rapport à un plan (linaire, muflier, digitale, sauge, etc.), au lieu d'être symétrique par rapport à un axe, comme les fleurs dites régulières qui se composent de la répétition d'un nombre constant de parties semblables. Ce nombre constant est *cinq* chez les Solanées, les Boraginées, etc., familles voisines, sauf le caractère de symétrie, des Scrofularinées, Labiées, etc., qui ont la symétrie bilatérale. Une fleur *péloriée* de linaire est une fleur anormale, symétrique par rapport à un axe et présentant, par exemple, cinq éperons équidistants, tandis que la fleur ordinaire de l'espèce a un éperon unique dans le plan unique de symétrie. On trouve quelquefois dans la nature quelques fleurs péloriées sur des plantes portant en outre un grand nombre de fleurs normales.

Dé Vries a vu dans ce cas de *Pélorie* un exemple très net de variation brusque. Il s'est donc proposé d'obtenir des plantes ayant uniquement des fleurs péloriées.

La chose a été difficile à cause des conditions particulières dans lesquelles se fait la fécondation chez la linaire. L'élément femelle d'une fleur ne peut pas être fécondé par l'élément mâle de n'importe quelle autre fleur ; pour qu'une fécondation réussisse il faut que les éléments des deux sexes qui interviennent dans cette fécondation appartiennent à des types *physiologiques* qui se conviennent. (De Vries appelle *physiologiques* ces types différents parce qu'ils n'ont pas de manifestation morphologique apparente. On ne sait pas, en voyant deux linaires, si elles sont interfécondables ou non. Cette question est très intéressante, plus intéressante même que celle de la mutation, mais je ne puis m'en occuper ici). En particulier, les fleurs péloriées sont très difficilement fécondables. Cependant, dans des conditions qu'il serait trop long de rappeler, de Vries est arrivé en 1894 à obtenir à côté d'un grand nombre de plantes normales et de 11 spécimens portant de une à trois fleurs péloriées, une plante entièrement péloriée, c'est-à-dire qui ne portait que des fleurs à symétrie axiale :

« Toutes étaient péloriées sans exception. Les autres plantes furent complètement détruites. Je

ne conservai pour l'hiver que la plante péloriée
en prenant soin d'isoler complètement ses racines... L'année suivante, j'eus la preuve du succès de l'opération, puisque ma plante fleurit
abondamment pour la seconde fois et resta
fidèle au type de l'année précédente en ne produisant que des fleurs péloriées. Nous avions
donc la première mutation expérimentale qui
consiste en la naissance d'une race péloriée.
Elle était accompagnée de deux faits bien précis.
L'ascendance était connue au-delà d'une période
de 4 générations ; les ancêtres avaient vécu en-
tourés des soins et des conditions ordinaires d'un
jardin d'expériences ; ils avaient été isolés des
autres linaires, et fécondés librement par les
abeilles et parfois par moi-même. Cette ascendance était tout à fait stable en ce qui concerne
la pélorie, et restait fidèle au type sauvage qu'on
trouve partout dans ma région ; elle ne montrait,
à aucun point de vue, des tendances à produire
une nouvelle variété. La mutation se fit brusquement par un saut soudain des plantes à pélorie
rare au type exclusivement pélorié. Aucun degré
intermédiaire ne fut observé. Les parents eux-
mêmes avaient produit des milliers de fleurs pendant deux étés, fleurs qu'on examinait presque
chaque jour, dans l'espoir de trouver quelque
pélorie et de récolter leurs graines à part. On ne
trouva qu'une seule fleur péloriée ; s'il y en avait
eu davantage, par exemple un pourcentage un
peu élevé, il aurait été permis de regarder cette
trouvaille comme une étape intermédiaire prépa-
rant un changement imminent ; mais il n'en fut

rien, il n'y eut pas de préparation visible à la variation brusque [1]. »

Le cas de la linaire péloriée est, à mon avis, particulièrement intéressant, en ce qu'il porte sur des considérations de symétrie que l'on retrouve en dehors du monde vivant, et qui sont même des phénomènes de l'ordre le plus général. Puisqu'il s'agit de symétrie, il est tout naturel que nous pensions immédiatement aux cristaux ; j'ai déjà, dans une leçon précédente, comparé les deux formes de la Renouée amphibie aux deux formes cristallines du soufre.

Entre le soufre octaédrique et le soufre prismatique il existe, au point de vue morphologique, une discontinuité qui mérite le nom d'abîme. Et cependant c'est toujours du soufre qui cristallise ! Et il peut passer à volonté, sous l'influence de manipulations très simples, de la forme octaédrique à la forme prismatique ou *vice versa*. En d'autres termes, la forme octaédrique et la forme prismatique ne représentent pas des propriétés différentes du soufre, mais le résultat d'une *histoire* différente, d'une série de phénomènes différents auxquels a été soumis, dans deux cas différents, un soufre identique à lui-même.

De même la Renouée nageante et la Renouée terrestre représentaient les aboutissants de deux *histoires*, de deux séries de réactions auxquelles avait été soumis un patrimoine héréditaire parfaitement unique.

1. De Vries. *Op. cit.*, p. 298.

Pour le cas de la linaire péloriée, je trouve une comparaison équivalente en cristallographie. La pélorie correspondrait à une de ces associations de cristaux dont quelques-unes portent le nom de *Macles*, et qui présentent, en tant qu'association, un degré de symétrie plus élevé que celui des cristaux élémentaires composants. Il suffit de différences absolument minimes pour que des portions d'une même substance donnent, qui des cristaux isolés, qui des associations à symétrie supérieure.

De même, dans les protoplasmas de linaire il peut y avoir des variations d'ordre colloïde, extrêmement légères peut-être, et qui, en tout cas, respectent le patrimoine héréditaire ; il doit même y avoir toujours de ces variations d'ordre colloïde, et il est probable que deux fleurs quelconques ont des protoplasmas plus ou moins différents les uns des autres au point de vue physique, puisque, si voisines qu'elles soient l'une de l'autre, ces deux fleurs ont des *histoires* différentes. Seulement, le plus souvent, ces différences colloïdes ne se traduisent pas par des différences morphologiques, du moins quant à la symétrie. Il y a uniquement, entre les fleurs, des différences quantitatives, c'est-à-dire que chacune d'elles contient uniquement les mêmes éléments que les autres, avec des coefficients plus ou moins divergents. En d'autres termes, toutes les fleurs d'une linaire normale ont des *caractères individuels*, quoique bâties sur le même plan de symétrie.

De même, si l'on fait cristalliser une substance quelconque, on voit que tous les cristaux présentent des caractères communs, mais sont différents néanmoins par leurs dimensions, d'une manière générale, par leurs coefficients quantitatifs.

Un cristal, comme un individu, est une histoire !

Et si une variation détermine, à côté de cristaux isolés, la formation d'une association ayant une symétrie plus élevée, cela ne prouvera pas que les différences sont plus grandes entre la substance constitutive de cette association et celle d'un cristal isolé, qu'entre les substances constitutives de deux cristaux isolés quelconques.

Entre la fleur de linaire normale et la fleur de linaire péloriée, il n'y a donc peut-être pas non plus de différences colloïdes plus considérables que celles qui séparent fatalement deux fleurs normales quelconques, par suite de nécessités historiques.

Quand on constate, comme cela a lieu chez les linaires sauvages, l'apparition, de loin en loin, d'une fleur péloriée isolée, au milieu de milliers de fleurs normales, cela prouve que les variations individuelles de l'état colloïde des protoplasmas de cette espèce, cotoient sans cesse, et dépassent rarement la *marche d'escalier*[1] qui sépare la forme péloriée de la forme bilatérale ; mais il n'y a aucune raison pour que la variation col-

---

1. L'expression est d'Alfred Giard (conférence faite à l'exposition de Saint-Louis).

loïde qui dépasse cette marche d'escalier soit plus considérable que les variations individuelles qui ne l'atteignent pas.

Ici donc, comme pour le cas de la Renouée amphibie, nous avons affaire à une variation *apparente*; cette variation remarquable ne correspond pas plus que les variations individuelles ordinaires, à une variation brusque dans le patrimoine héréditaire. Une variation qui, au point de vue morphologique, apparaît pour l'observateur non prévenu comme nettement qualitative, peut être simplement quantitative comme celles qui, constamment, se produisent d'un individu à l'autre, et passent inaperçues. Voilà le danger de la morphologie quand on lui attribue une valeur absolue, et qu'on oublie son caractère historique.

Cependant, dans certains cas, surtout au moment d'une fécondation produisant un nouvel être[1], la « marche d'escalier » peut être franchie d'une manière assez considérable pour que, ensuite, pendant un temps plus ou moins long, les variations individuelles qui résultent de l'histoire de chaque fleur ne la franchissent pas en sens inverse. Alors, on a une plante « entièrement péloriée », dont toutes les fleurs ont une symétrie d'ordre plus élevé que la plante normale. Cette mutation est *définitive*, dit de Vries, parce que les rares plantes péloriées qu'il a cultivées n'ont pas donné de fleurs à symétrie bilatérale. Mais les plantes normales pouvaient être

---

1. Discontinuité fatale (v. plus haut, p. 15).

cultivées en bien plus grand nombre sans donner, non plus, une seule fleur péloriée. Et le fait que quelques-unes d'entre elles donnent de temps en temps, une fleur à symétrie supérieure, prouve au contraire à mon avis que le caractère pélorié dépend d'une variation colloïde dont la dimension ne dépasse pas celle des variations ordinaires entre deux fleurs quelconques.

D'ailleurs, si les fécondations deviennent possibles dans la race péloriée obtenue, et si, grâce à une sélection sexuelle constante, cette race se conserve pure, cela ne prouvera rien de plus que ce que nous venons de dire précédemment. J'ai fait remarquer, dans les considérations préliminaires, qu'un caractère colloïde peut avoir un degré de transportabilité plus ou moins considérable ; j'ai exposé aussi :

D'une part, qu'un état colloïde conservé longtemps peut retentir à la longue sur les propriétés chimiques de ses éléments constituants et devenir ainsi définitivement fixé dans le patrimoine héréditaire ;

D'autre part, qu'une variation d'ordre colloïde peut être détruite par un phénomène inverse, si ce phénomène inverse se produit bientôt, mais que ce retour à l'état initial devient difficile ou même impossible, si une autre variation a eu le temps de se greffer sur la première.

Il n'est donc pas impossible, quel que soit le peu de valeur de la variation initiale par rapport aux variations quotidiennes de l'espèce, que cette variation devienne le point de départ d'une lignée qui conserve indéfiniment le caractère nouveau.

Nous connaissons, dans le monde cristallographique, à côté de substances qui donnent des associations cristallines fortuites au milieu de nombreux cristaux isolés, d'autres substances qui donnent normalement et toujours des *macles*. De même, dans le monde végétal, à côté de plantes dont les fleurs ont une symétrie bilatérale, nous trouvons d'autres plantes dont la fleur, à symétrie rayonnée, ressemble à une *macle* des premières.

Telle est par exemple l'impression que nous éprouvons quand nous comparons une *ancolie* à un *pied d'alouette*.

L'analogie des capsules de ces deux plantes prouve qu'elles sont très voisines, et qu'elles ont vraisemblablement un ancêtre commun plus ou moins éloigné. Des divergences se sont produites plus ou moins vite entre les descendants de ces ancêtres communs, dont les uns ont évolué dans le sens *pied d'alouette*, les autres dans le sens *ancolie*. Et il s'est trouvé que dans les descendants *ancolie*, le type pélorié est devenu la règle, tandis que les fleurs normales des pieds d'alouette sont à symétrie bilatérale.

Cet exemple me paraît commode pour exprimer ce que je pense de la valeur réelle de la mutation péloriée.

Je suppose que nous ayons sous les yeux un pied d'alouette et une ancolie, mais sans en voir les fleurs ; nous constaterions néanmoins des différences entre ces deux plantes ; nous les constaterions notamment dans la forme des feuilles, mais aussi dans le goût et l'odeur, c'est-à-dire dans des propriétés d'ordre chimique. Et cela suffirait à nous démontrer que nous avons affaire à des plantes différentes. Tandis que, entre un pied d'alouette ordinaire et un pied d'alouette ayant produit par hasard une fleur péloriée, nous ne trouverions aucune différence sensible du même ordre. En d'autres termes, le caractère pélorié peut être dû, dans le cas des linaires, à une variation infiniment petite du patrimoine héréditaire, tandis que de la linaire au muflier il y a une différence très grande, que cette linaire et ce muflier soient ou non péloriées.

La *mutation péloriée* (? ?) nous apparaît donc, dans les espèces qui en sont susceptibles, comme une possibilité d'ordre symétrique, se manifestant chaque fois que les petites variations individuelles, qui séparent fatalement tous les spécimens d'une même descendance, ont franchi la limite qui permet à la *macle* de s'organiser.

En résumé, si nous nous en tenons à la considération des patrimoines héréditaires, nous devons considérer :

Que des différences d'ordre fini existent fatalement, par suite même de la fécondation qui donne naissance à la graine, *entre tous les spécimens* d'une espèce donnée ayant des fleurs à symétrie bilatérale ;

Que, de plus, au cours du développement de la plante issue d'une graine, des différences d'ordre historique ou éducatif apparaissent entre les divers rameaux issus des bourgeons successifs de cette plante ; ces différences peuvent se

produire petit à petit sous l'influence des conditions variées de développement réalisées aux divers points d'un spécimen donné (irrigation par
la sève, aération, éclairement, etc.), ou se réaliser plus brusquement au cours des karyokinèses
successives qui, je l'ai montré ailleurs[1], sont
comparables à autant de fécondations partielles;

Qu'il y a donc, non seulement entre deux
plantes voisines, mais même entre les diverses
fleurs d'une même plante (formée, nous l'avons
vu, d'un grand nombre d'individus[2]) des différences finies;

Mais que ces différences finies ne sont pas
manifestées morphologiquement dans les fleurs,
du moins d'une manière facilement appréciable,
tant qu'elles n'ont pas dépassé une certaine
ligne de démarcation, au-delà de laquelle une
macle ou *type pélorié* se produit :

Que, par conséquent, quoique très saillante
au point de vue morphologique, la *mutation péloriée* n'a pas plus d'importance au point de vue
patrimoine héréditaire que l'une quelconque des
mutations insensibles ou discontinuités normales
séparant l'une de l'autre les fleurs d'une même
plante ou les plantes d'une même espèce.

* * *

Quoi qu'on puisse penser au premier abord
de la signification des considérations précéden-

1. V. *Traité de biologie, op. cit.*, chap. IV.
2. V. *L'Unité dans l'être vivant, op. cit.*

tes, je ne m'y écarte pas autant qu'on pourrait le croire de l'interprétation de De Vries ; et même, je suis convaincu que, s'il n'employait pas le langage des particules représentatives, nous serions tout à fait d'accord. Je trouve une démonstration de ce fait d'apparence paradoxale dans les remarques de l'auteur hollandais sur ce qu'il appelle les *variétés instable* ou variétés *ever-sporting*. Il emploie ces mots, dit-il [1], « pour « les formes qui sont régulièrement propagées « par graines d'origine pure et non hybride, et « qui pourtant varient presque à chaque généra- « tion. Ce terme, ajoute-t-il, n'est pas nouveau, « mais les faits qu'il désigne sont pour la plu- « part nouveaux et doivent être examinés sous un « jour nouveau. Le sens en sera expliqué aussi- « tôt par l'exemple des fleurs striées... On sait « que la variété striée du Pied d'alouette de nos « jardins produit des fleurs unicolores, en plus « des fleurs striées. Ces deux sortes de fleurs « peuvent être portée par le même rameau ou « par des branches différentes ; il peut se faire « aussi que certaines plantes, issues de la même « plante mère, portent des fleurs d'une seule « couleur, alors que d'autres sont striées... Le « Pied d'alouette strié est une des variétés « horticoles les plus anciennes. Il a conservé « sa propriété de varier pendant des siècles, « et *on peut, par suite, à un certain point de* « *vue, le considérer comme tout à fait stable.* « Ses variations sont limitées dans un cycle

---

1. *Op. cit.*, p. 196.

« plutôt étroit, et ce cycle est aussi constant
« que les particularités de toute autre espèce
« ou variété stable. *Mais, dans ce cycle, il*
« *est toujours changeant, allant des stries fines*
« *aux raies larges et de la teinte bigarrée aux*
« *couleurs pures.* Ici, la variation est d'une cons-
« tance absolue, le caractère constant consiste en
« un éternel changement... Il faut montrer que ce
« nouveau type de forme est très commun. Il
« renferme la plupart des races horticoles soi-
« disant variables et, en plus, un grand nombre
« d'anomalies. Toute variété instable possède
« au moins deux types différents entre lesquels
« elle varie à tous les degrés, mais auxquels
« elle est absolument limitée. Les feuilles pana-
« chées fluctuent entre le vert et le blanc... Beau-
« coup de monstruosités telles que... les feuilles
« laciniées, les fleurs péloriées et d'autres, cons-
« tituent des variétés instables, qui reprodui-
« sent, chaque année et à chaque génération,
« leurs anomalies, changent autant qu'il est
« possible entre leurs limites, mais restent abso-
« lument dans ces limites aussi longtemps que
« la variété existe. »

« Ce doit être une très curieuse combinaison
« des unités spécifiques, ajoute De Vries [1], que
« celle qui détermine cet état de variabilité con-
« tinue ; la qualité pure de l'espèce doit être
« combinée avec la particularité de la variété de
« telle façon que l'une exclut l'autre ou la modi-
« fie à un certain point, quoique toutes deux ne

1. *Op. cit.*, p. 198.

« se développent jamais complètement sur la
« même partie de la plante. Une corolle ne peut
« être simultanément unicolore et striée... mais
« les organes voisins peuvent montrer les carac-
« tères opposés côte à côte. »

Je devais reproduire en entier ce long passage.
Evidemment, le lecteur qui aura bien voulu admettre les considérations que j'exposais dans les
pages précédentes ne sera pas satisfait de l'interprétation de de Vries qui fait intervenir ici ses
unités spécifiques. Mais si l'on veut bien se re-
porter à ce que j'ai dit tout à l'heure des variétés
péloriées, on trouvera que le même langage convient absolument à l'histoire des *variétés ever-
sporting*.

Entre tous les spécimens de pied d'alouette
strié, et même entre toutes les fleurs de chaque
spécimen, il existe des discontinuités finies provenant de raisons historiques. Dans les cas de la
pélorie de la linaire, ces discontinuités finies ne
se manifestaient pas morphologiquement, tant
qu'elles n'avaient pas franchi une limite unique
séparant la possibilité *macle* ou symétrie supérieure par association, de la nécessité *cristal
isolé* ou fleur à symétrie bilatérale. Toutes ces
discontinuités étaient donc insensibles à l'observateur, sauf celles qui franchissaient le seuil
unique de la pélorie. Au contraire, dans le cas
des fleurs striées, il y a, non plus un seuil unique,
mais une large bande qui conduit, par exemple
chez l'*antirrhinum majus luteum rubro-striatum*,
depuis le rouge pur jusqu'au jaune pur, « avec
tous les intermédiaires allant des stries les plus

étroites aux stries les plus larges et à raies plus
ou moins nombreuses [1] ». Toutes les variations
qui se manifestent par un changement de la stria-
tion de la fleur sont donc évidentes pour l'observateur morphologiste. Seules celles qui dépassent le jaune pur ou se tiennent en deçà du rouge
pur restent inappréciables à l'œil. Il n'y a donc
aucune différence fondamentale, au point de vue
patrimoine héréditaire entre les variations individuelles de la linaire et celles des fleurs striées.
La seule différence est dans la conséquence morphologique de ces variations. Dans le cas de la
pélorie, il n'y avait qu'une discontinuité apparente. Dans le cas des fleurs striées, il y en a
deux, mais qui donnent moins nettement l'impression de discontinuité. Si une variation due
à une fécondation, comme celle qui a produit
une linaire péloriée, passait largement, chez
l'*Antirrhinum*, au delà de l'état qui correspond
au jaune pur ou en deçà de celui qui correspond
au rouge pur, il en résulterait une plante dans
laquelle toutes les fleurs seraient jaunes dans le
premier cas, rouges dans le second, sans aucune
fleur striée, parce que l'échelle des variations
historiques dans le développement de la plante,
n'arriverait pas à franchir la limite jaune pur ou
rouge pur en sens inverse. Donc, si l'on considère le mot *strié* comme ayant une valeur absolue, on devrait considérer dans le cas actuel la
possibilité de deux mutations au lieu d'une,
celles qui franchiraient, d'un côté ou de l'autre,

---

1. De Vries, *op. cit.*, p. 199.

les limites de la bande correspondant aux striations.

Dans la réalité, d'après les expériences de de
Vries sur *Antirrhinum majus rubro-striatum*,
le type jaune absolument pur n'est jamais dépassé et même peut-être jamais atteint[1], tandis
que le type rouge pur s'obtient aisément dans
tous les semis ; seulement, la limite du rouge pur
n'est pas assez fortement dépassée pour que, ensuite, les variations historiques ne reviennent
jamais au type strié ; on constate cependant,
dans les pourcentages que donne de Vries, que
chaque individu occupe une position variable par
rapport à la limite strié-rouge, ce qui se comprend
aisément d'après ce que nous avons dit précédemment. Mais pour un auteur imbu des idées
Weismanniennes, « il n'est pas inutile, dit de
Vries[2], de s'arrêter un moment sur la propriété
« que possèdent les individus à fleurs rouges de
« reproduire le type strié dans leur descendance.
« *Il est évident*, ajoute-t-il, *que cette qualité est
« restée latente pendant toute la vie.* Darwin a
« déjà montré que si un caractère manque dans
« la première génération et réapparaît dans la
« seconde, il faut admettre que cette qualité est
« présente quoique latente, dans la première gé-
« nération. »

On évite ce langage bizarre en se gardant de
confondre les *propriétés* transportables dans le
patrimoine héréditaire et les *caractères* qui résul-

1. *Op. cit.*, p. 199.
2. *Op. cit.*, pp. 204-205.

tent de l'évolution historique d'une plante pourvue de propriétés données. Je trouve inutile
d'insister à nouveau sur le danger du langage
des particules représentatives.

*

De toutes les observations que nous venons de
passer en revue, nous devons retenir deux choses vraiment importantes : d'abord le fait que,
dans certaines mutations comme la pélorie, un
même type de variation dite brusque se manifeste dans un très grand nombre d'espèces à
fleurs bilatérales ; ensuite l'importance considérable qu'accorde de Vries à la possibilité ou à
l'impossibilité du retour à la forme ancestrale
dans les descendants purs d'une plante ayant
subi une mutation.

Occupons-nous du premier de ces faits. Pour un
très grand nombre d'espèces à symétrie bilatérale,
le type pélorié ou à symétrie axiale se manifeste de
temps en temps, par hasard, sur un petit nombre
d'individus. C'est donc que, au point de vue de
la symétrie, il y a deux possibilités morphologiques pour ces espèces, la possibilité bilatérale
et la possibilité péloriée. Nous avons comparé
ces deux possibilités à deux cas correspondants
dans la cristallographie, le cas *cristal isolé* et le
cas *association de cristaux à symétrie supérieure*.
Il est vraisemblable que, dans le cas biologique
comme dans le cas chimique, une série de variations individuelles intervient sans cesse, mais
que seules se manifestent morphologiquement

les variations dont les coefficients dépassent une certaine limite, la *marche d'escalier* de Giard. On doit donc dire que les espèces à possibilité péloriée sont des espèces *dimorphes ;* elles ont deux formes d'équilibre possible, et il ne faut pas parler là de *variation.* Seulement, au lieu d'un dimorphisme correspondant à des facteurs du milieu extérieur comme chez la Renouée amphibie, les plantes péloriées ont un dimorphisme correspondant à un facteur transportable avec elles-mêmes. Et toutes nos considérations nous ont fait penser que ce facteur est simplement le fait pour un coefficient quantitatif déterminé, d'avoir franchi une certaine limite. Les variations qui franchissent cette limite ne sont pas plus importantes que les autres ; si donc on convient de considérer les autres comme se succédant avec continuité [1], il n'y a aucune raison de considérer celles-là comme discontinues. Mais une discontinuité morphologique importante se manifeste pour l'une de ces variations à l'exclusion des autres ; il n'y a donc pas parallélisme entre le point de vue morphologique et le point de vue patrimoine héréditaire.

Le taximètre de nos fiacres nous montre une particularité analogue. Si nous attachons uniquement notre attention au chiffre des francs, nous constatons que ce chiffre est invariable pendant longtemps et change brusquement d'une

---

1. Je dis « on convient », car là où il y a des différences finies le mot continuité n'a plus de valeur absolue. On considère comme continues les variations inférieures à une certaine quantité donnée.

unité, pendant que le chiffre des centimes varie par petits sauts de 10 centimes. La variation est la même de 1,25 à 1,35 que de 1,95 à 2,05. Et cependant l'une s'accompagne d'un changement du chiffre des francs, l'autre pas.

Au contraire des cas de la pélorie, l'histoire des fleurs striées nous fait assister nettement à un parallélisme rigoureux établi dans l'intervalle de deux limites données, entre le point de vue morphologique et le point de vue patrimoine héréditaire. Du rouge au jaune, la moindre variation du patrimoine héréditaire se manifeste par une variation correspondante dans les proportions de stries rouges zébrant le jaune. Mais au delà du rouge et en deçà du jaune, il ne se manifeste plus rien de morphologique.

La nature même du caractère morphologique considéré fait comprendre ces différences. Un cristal est simple ou associé à d'autres cristaux; il n'y a pas d'intermédiaire : (c'est la marche d'escalier). Au contraire, des striations peuvent varier en abondance depuis le jaune pur, jusqu'au rouge pur.

Retenons simplement le fait que, dans le cas de la mutation péloriée qui est, au point de vue morphologique, franchement discontinue, nous constatons seulement un *dimorphisme spécifique* qui ne mérite pas, au point de vue patrimoine héréditaire, le nom de variation[1]. Nous aurons à revenir sur ces considérations à propos du *poly-*

---

1. D'autant que chez toutes les fleurs à symétrie bilatérale, c'est le même phénomène de pélorie qui apparaît.

morphisme auquel correspondent les mutations proprement dites de de Vries.

La seconde question est celle de la possibilité ou de l'impossibilité, pour la plante qui a subi une mutation, de revenir par elle-même ou dans ses descendants, au type ancestral. Cette question de la stabilité des variétés obtenues a toujours présenté un grand intérêt pour le naturaliste classificateur. C'est pour cela que de Vries attache une si grande importance à la possibilité d'obtenir des linaires péloriées *interfécondables*, pour voir si le caractère pélorié serait définitif et se conserverait dans les descendants de ces pures unions péloriées. En réalité, derrière cette question de la stabilité ou de l'instabilité des variations brusques, se cachent plusieurs problèmes différents :

D'abord, et ceci est le point de vue le plus important pour ceux que préoccupent les questions vraiment générales de la physique et de la chimie, il y a derrière cette question de stabilité ou d'instabilité des variétés, la question de la stabilité plus ou moins grande d'un équilibre. Nous assistons quotidiennement à des transformations chimiques qui se font naturellement dans un sens et jamais en sens inverse. Une barre de fer abandonnée à elle-même dans une atmosphère humide se couvre de rouille, et cela ne nous étonne pas ; tandis que nous serions très étonnés de voir une barre de fer rouillé, reprendre par elle-même l'aspect neuf en restituant à l'ambiance les corps qu'elle lui a empruntés pour se rouiller. C'est donc que, dans les conditions *ordi-*

naires de notre milieu, la forme *fer rouillé* est plus stable que la forme *fer neuf*. A côté de ce cas très typique, nous voyons au contraire d'autres cas où, suivant les variations des conditions atmosphériques, tel phénomène se produit tantôt dans un sens, tantôt en sens inverse. Cela a lieu par exemple pour tous les phénomènes météorologiques d'ordre physique : production et évaporation de la rosée, etc...

Même dans le cas des transformations chimiques qui semblent irréversibles, nous savons souvent revenir à l'état primitif des choses par une intervention énergique. L'une des conditions de la possibilité de ces *retours* est la connaissance des causes qui ont produit le changement à détruire. Notre ignorance des conditions d'une transformation est une des conditions de la stabilité indéfinie de cette transformation.

Voici un exemple où il sera seulement question d'ignorance et aucunement de stabilité.

Je considère un cadenas à lettres, dans lequel plusieurs anneaux formant un cylindre peuvent tourner séparément. Je suppose que, dans l'état où se trouve le cadenas au moment de l'observation initiale, il puisse s'ouvrir. Je tourne successivement les divers anneaux, l'un de 10°, l'autre de 25°, l'autre de 75°, etc... on ne pourra plus ouvrir le cadenas. Un étranger, ignorant les mouvements que j'ai exécutés, ne pourra plus, à moins d'un hasard invraisemblable, ramener les anneaux à la position primitive ; tandis que moi qui connais les variations produites, je n'aurai qu'à exécuter les mêmes en sens inverses pour revenir à l'état primitif et ouvrir le cadenas. Là donc, suivant que nous nous trouverons ou non dans le cas d'ignorance, nous considérerons la transformation comme définitive ou comme passagère.

Et par conséquent, quand nous voyons qu'une variété obtenue *par hasard* persiste dans la nature, nous ne devons pas nous hâter d'affirmer que cette variété est plus stable qu'une autre, mais seulement que le hasard n'a pas défait ce que le hasard avait fait. Si d'ailleurs une nouvelle **variation** se superpose à la première, il devient de plus en plus **difficile**, sinon tout à fait impossible de revenir à l'**état initial**. Dans l'exemple de mon cadenas, si je n'ai **pas lu** le mot qui signifiait ouverture, et si quelqu'un, en mon absence, ajoute des rotations à celles que j'avais moi-même fait subir aux anneaux, je ne saurai plus revenir à la situation primitive. Or tout se passe au hasard dans la nature vivante, du moins au hasard *pour nous ignorants;* nous nous vantons de faire des expériences, mais nous ne tenons pas en nos mains les fils les plus importants, et, le plus souvent, même dans les expériences les mieux conduites, nous sommes réduits au rôle d'observateur passif. De Vries ne sait pas pourquoi sa linaire devient péloriée; c'est une des raisons qui lui feront croire à la stabilité de cette variété, s'il arrive un jour à la reproduire par graines sans retour atavique. Dans la vie d'un être vivant il intervient des facteurs en nombre infini, tant dans le milieu ambiant que dans l'être lui-même, *et ces facteurs changent sans* *cesse.* Une coïncidence entre tel état des facteurs internes et tel état des facteurs ambiants détermine, un certain jour, une variation (je parle des variations fortuites et non de celles qui résultent d'un fonctionnement habituel suivant le principe de Lamarck). Moi qui ne connais pas les éléments de cette coïncidence, j'assiste en spectateur impuissant à la transformation réalisée et je ne sais ensuite, ni la reproduire à mon gré, ni faire disparaître celles qui se sont produites naturellement.

Une mutation qui se produit sous mes yeux, c'est une serrure dont je n'ai pas la clef.

Je ne puis donc tirer aucune conclusion philosophique du fait qu'une mutation se conserve. Si, par hasard, un jour, la mutation inverse se produit devant moi, je dirai gravement que c'est un cas d'atavisme, mais je ne serai pas plus avancé. Au point de vue de la formation des espèces, la conservation d'une mutation pendant un nombre plus ou moins grand de générations a un intérêt beaucoup plus grand qu'au point de vue philosophique pur, parce que cette mutation longtemps conservée a pu devenir définitive, soit par une variation lente du patrimoine héréditaire, soit parce que d'autres variations se sont greffées sur la première et l'on rendue ainsi plus difficile à détruire.

Je suppose que de Vries réussisse, dans ses variétés péloriées, à obtenir deux types interfécondables; alors, sur des milliers de graines péloriées semées, il pourra voir apparaître peut-être, comme une rareté, une fleur à symétric bilatérale, ou même, une plante n'ayant que des fleurs à un seul éperon ; il s'efforcera de produire à partir du type pélorié, une race bilatérale pure. Peut-être aussi le type pélorié se reproduira-t-il indéfiniment sans retour au type primitif, et alors on pourra penser que ce type est plus stable que le précédent. Mais il ne faudra jamais affirmer cela que sous bénéfice d'inventaire ; notre ignorance est un grand facteur de classification.

J'étudierai, dans la prochaine leçon les mutations obtenues par de Vries chez l'*Œnothera Lamarckiana*. Plusieurs de ces mutations semblent définitives, c'est-à-dire que, dans les semis du botaniste Hollandais, les descendants de certains types obtenus par mutation sont restés fidèles à ce type, au moins jusqu'à maintenant. Mais il y a un certain nombre de mutations, autres que celles des Œnothères, et qui ont donné de temps en temps des retours au type ancestral. Je cite seulement un cas emprunté au livre de de Vries[1], et je le choisis parce que vous pouvez en voir un exemple dans le jardin du Luxembourg. « Il y a un groupe important de cas de retour par bourgeons qui n'est probablement pas dû à la nature hybride, ni à l'instabilité de la variété, mais qui doit être considéré comme de l'atavisme pur (?). Il s'agit des variations de bourgeons d'un grand nombre de nos variétés d'arbres et d'arbustes qui sont cultivés pour leur feuillage et propagés par greffe ; cette

1. *Op. cit.*, pp. 112-113.

méthode a probablement fourni presque toujours les nombreux échantillons de la même variété en partant d'un seul individu primitif aberrant... Portons notre attention sur les variétés d'arbres à feuilles découpées comme le Cytise à feuilles de chêne, la vigne à feuilles de persil et le bouleau à feuilles de fougère. Ici, le bord des feuilles est profondément échancré et divisé en nombreux segments ; parfois, le bord de la feuille est seul modifié, mais ailleurs la division peut aller plus loin et atteindre presque la nervure médiane... L'anomalie peut même entraîner l'absence presque complète du tissu chlorophyllien et de la plus grande partie des nervures secondaires, comme dans le hêtre à feuilles laciniées ou *fagus sylvatica pectinata*. Les variétés de cette sorte sont souvent aptes à retourner par bourgeons à la forme commune. Le hêtre à feuilles laciniées n'y retourne parfois qu'en partie, et les branches présentent souvent, sur le même rameau, des formes différentes de feuilles laciniées ou analogues à celles de la fougère, du chêne ou d'autres plantes. Ce fait est simplement dû à la grande variabilité du degré de la découpure : il faut le considérer comme une fluctuation entre des extrêmes assez écartés qui semblent même renfermer la feuille du hêtre commun. »

Dans le hêtre lacinié du Luxembourg, situé près de la rue du Luxembourg, il y a au contraire une assez grande uniformité du type lacinié et un rameau, à hauteur d'homme, sortant d'une branche entièrement laciniée, a repris brusquement le caractère du hêtre commun. Ce n'est pas là évidemment une fluctuation, mais un retour au type ancestral par destruction de la mutation. Nous ne savons pas à quoi était due la mutation laciniée; nous ne savons pas davantage à quoi est dû le retour au type ancien. La nature a fait sous nos yeux deux expériences en sens inverse ; contentons-nous de le constater et défions-nous des commentaires.

APPENDICE A LA TROISIÈME LEÇON

A propos de l'adaptation d'un crabe terrestre
à la vie marine de ses ancêtres, nous avons constaté que, se trouvant placé de nouveau dans des
conditions depuis longtemps inconnues à sa
lignée, le crabe n'a plus à sa disposition les outils qui, dans ces conditions mêmes, avaient servi
à ses aïeux. Il en a *d'autres*, adapté à d'autres
circonstances, et c'est de ceux-là qu'il se sert fatalement pour essayer de vivre dans le milieu nouveau où il est transporté : Il n'y a pas retour à
la vie ancestrale, mais acquisition nouvelle de
caractères nouveaux ; il n'y a pas évolution rétrograde.

L'histoire de l'homme, plus intéressante pour
nous que celle du crabe, présente bien des cas
analogues, d'adaptation à des circonstances nouvelles au moyen d'outils qui étaient employés à
d'autres fonctions. Et ceci est vrai dans le domaine psychologique et moral, comme dans le
domaine morphologique. Voici, par exemple,
quelques lignes d'un ouvrage d'Anatole France à

propos de ce qui est nécessaire à la fondation d'une religion nouvelle[1] :

Il faut « d'abord une idée générale d'une extrême simplicité, une idée sociale. En second lieu, une liturgie ancienne, depuis longtemps en usage, dans laquelle on introduit cette idée. Car il est à noter qu'un culte naissant emprunte toujours son mobilier sacré au culte régnant et que les nouvelles religions ne sont guère que des hérésies. » Ainsi, en Bretagne, le culte païen des pierres levées et des fontaines a été transporté sans trop de peine dans les cérémonies du culte chrétien. C'est l'histoire du crabe qui pour se mouvoir dans des conditions nouvelles fait usage des appendices locomoteurs qui lui servaient dans les circonstances anciennes.,

Une autre remarque importante est à tirer de ces constatations. D'abord, on a de la peine à changer d'habitudes ; il faut un effort pénible pour modifier l'usage de ses outils familiers. C'est pour cela que l'homme est attaché à ses traditions et redoute les nouveautés tant intellectuelles que morales. Ce qui est plus remarquable encore c'est l'impossibilité de *l'adoption totale d'une idée neuve*. On ne peut s'en servir qu'au moyen d'outils adaptés à des idées préexistantes et différentes. En admettant que l'homme trouve aujourd'hui des vérités définitives, il n'en deviendra pas pour cela un animal purement scientifique, comme il eût été si

---

1. Discours prononcé à l'inauguration du monument Renan, à Tréguier, 1903.

la vérité s'était, dès le début de son évolution, imposée à son esprit. *Il n'y a pas d'évolution rétrograde*, et les siècles passés laissent en nous des outils adaptés aux erreurs successives qu'a adoptées tour à tour la lignée de nos ancêtres. Si donc, malgré les instruments d'erreur qui sont en nous, des hommes imbus de la méthode scientifique impersonnelle découvrent aujourd'hui des vérités indiscutables, l'humanité ne pourra s'en servir qu'au moyen des instruments d'erreur qu'elle possède dans son mécanisme. Et ce ne sera pas la vérité pure qui sera introduite dans le patrimoine de l'homme, mais bien une cote mal taillée, un compromis entre les erreurs anciennes et la vérité nouvelle.

Nos ancêtres se sont posé, dans leur ignorance, des questions qui n'avaient pas de réponse. La science moderne a montré l'inanité de ces questions; et c'est cependant, avant tout, la réponse à ces questions que les hommes réclament de la science. Ils crient à la banqueroute de la science parce que les savants effacent de leur programme certains problèmes insolubles. Et le règne des métaphysiciens durera éternellement.

QUATRIÈME LEÇON

LES ŒNOTHÈRES MUTANTES ET LA THÉORIE DES MUTATIONS PÉRIODIQUES

Dans un champ d'Hilversum, près d'Amsterdam, existe une station botanique importante contenant plusieurs milliers de spécimens d'Œnothera Lamarckiana. Des herborisations répétées dans cette station ont permis à de Vries de constater l'existence, à côté du type normal, d'un certain nombre de plantes ayant des caractères différents ; il a poussé son observation plus loin et a transplanté dans son jardin les jeunes plants à allure étrange ; il a en outre fait des semis considérables de graines récoltées « sur des plantes non différenciées de la station sauvage[1] ». Il a obtenu d'abord un petit nombre de plantes modifiées, mais ce nombre s'est accru quand les procédés de culture ont été perfectionnés et ont empêché la mort de jeunes plants délicats avant leur floraison. Je n'insiste pas davantage sur les procédés employés ; je constate seulement les résultats obtenus définitivement par le bota-

1. De Vries. *Op. cit.*, p. 331.

niste hollandais, et dont il fait état dans son livre. Il cite une douzaine de types nouveaux que j'énumère rapidement.

1° *O. lœvifolia*, ou variété à feuilles lisses ;

2° *O. brevistylis* ou variété à court style et à ovaire moins complètement infère que dans les autres types ;

3° *O. nanella*, variété naine, beaucoup plus petite que O. Lamarckiana, quoiqu'ayant des fleurs à peu près aussi grandes ;

4° *O. Gigas*, variété géante, beaucoup plus robuste que le type souche ;

5° *O. rubrinervis*, plus grêle que O. Lamarckiana et s'en distinguant par des nervures rouges ;

6° *O. albida*, variété blanchâtre, espèce très faible et à aspect maladif ;

7° *O. oblonga*, variété également faible et ayant peu de chances de se maintenir à l'état sauvage ;

8° et 9° *O. semilata* et *O. leptocarpa* qui, dit l'auteur, ne méritent pas d'être décrites avec détail, quoiqu'étant aussi distinctes que les précédentes ;

10° *O. lata*, plante basse à feuillage épais, dont les pétales ne s'étalent que partiellement et qui ne donne jamais que des fleurs femelles ;

11° *O. scintillans*, variété brillante dont les feuilles d'un vert sombre ont une surface lisse qui brille au soleil ;

12° *O. Elliptica*, à feuilles et à pétales elliptiques.

De Vries distingue dans ces 12 types des variétés régressives et des espèces élémentaires ; je ne m'occuperai pas ici de cette classification qui ne me paraît pas répondre à une réalité effective. Le seul point sur lequel je veuille maintenant attirer votre attention est celui de la stabilité ou de l'instabilité des types obtenus.

Pour *O. Lata,* la question ne se pose pas ; elle n'a donné jusqu'à présent que des fleurs femelles ; il est donc impossible d'en obtenir des graines pures et de savoir si ces graines pures donneraient des descendants du même type. Si on la féconde avec du pollen d'*O. Lamarckiana,* elle donne des descendants dont un quart environ sont du type *Lata.* Laissons-la donc de côté pour le moment.

L'*O. Scintillans* présente une particularité intéressante ; fécondée avec son propre pollen, alors qu'on emploie toutes les précautions pour empêcher les fécondations croisées, elle donne une descendance très variable ; dans certains cas, il y a environ un tiers de *scintillans* et deux tiers de *Lamarckiana ;* dans d'autres cas, c'est la proportion inverse. Outre ces deux types qui sont en grande quantité, il y a un nombre moins considérable de spécimens ayant les formes *oblonga, lata* et *nanella ;* et ceci se reproduit à toutes les générations que l'on réalise avec des *O. scintillans* fécondées purement.

L'*O. elliptica,* moins facile à étudier que la précédente, a donné des résultats analogues lorsqu'on l'a reproduite par autofécondation.

Au contraire, les neuf premiers types cités, surtout les sept premiers qui ont été plus complètement suivis, reproduisent toujours leur type propre lorsqu'ils se reproduisent par auto-fécondation. Ils ne reproduisent jamais l'*O. Lamarckiana* ordinaire, mais sont aussi capables de mutations que la plante dont ils dérivent ; les mutations que fournissent les descendances des neuf types en question sont toujours comprises dans les 12 types précédemment cités.

Toutes ces remarques placent la variation *mutation* dans un cadre bien spécial.

Ce sont toujours *les mêmes mutations* qui apparaissent. De Vries en décrit 12, mais il est possible qu'il y en ait un plus grand nombre, si l'on tient compte des plantes mal armées pour la vie, et qui ne se conservent pas jusqu'à la floraison et la reproduction. Mettons, si vous voulez, qu'il y en a une trentaine ou même davantage ; il y en aurait une centaine que les déductions à en tirer seraient les mêmes, étant donné que, dans les mutations qui se produisent sous nos yeux, ce sont toujours les mêmes types, *exclusivement les mêmes types,* qui apparaissent au hasard des fécondations. Qu'il y ait cent formes possibles ou deux seulement, le raisonnement est identique. Seulement, au lieu d'employer le mot *dimorphisme,* nous emploierons le mot *polymorphisme.* Le nombre deux n'a rien de fatidique, et un nombre *fini* quelconque prête aux mêmes considérations. Répétons donc ce que nous avons dit précédemment et dans les mêmes termes :

Entre deux fleurs d'un même plant d'Œnothère, comme entre deux plants d'Œnothère distincts, il y a des discontinuités fatales, pour des raisons historiques. Les différences entre deux fleurs d'un même plant ne se traduisent jamais à nous par des variations morphologiques sensibles ; ces fleurs ne sont sûrement pas *identiques*, mais nous les considérons comme *semblables* parce que jamais, entre deux d'entre elles, il ne se manifeste une discontinuité de forme comparable à celle qui sépare la linaire péloriée de la linaire à symétrie bilatérale. Cependant, au moment où se produit le phénomène de la fécondation, les différences qui existent sûrement entre deux fleurs, et qui existent de même entre deux ovules et entre deux grains de pollen quelconques, déterminent certainement des différences entre les œufs qui résultent des diverses fécondations et, par suite, entre les graines qui dérivent de ces œufs. Il faut en outre ajouter que, la fécondation étant une opération distincte pour chaque graine, les hasards qui président à l'accointement de l'élément mâle et de l'élément femelle sont différents dans chaque cas ; de là une nouvelle source de variations.

Toutes les graines obtenues sont donc différentes, et séparées les unes des autres par des discontinuités finies ; mais cela n'empêche pas que la majorité des graines d'*O. Lamarckiana* donnent des plantes qui, quoique non identiques, nous paraissent semblables entre elles et semblables au type ancestral. Quelques-unes de ces graines, cependant, produisent des spécimens franchement différents du type primitif. Il a une douzaine de formes possibles pour ces spécimens différents qui peuvent être au nombre de deux ou trois pour cent graines semées. La variation brusque ainsi constatée peut être due, soit à ce que les différences quantitatives réalisées dans les patrimoines héréditaires des œufs ont dépassé la *marche d'escalier* séparant deux formes différentes, soit à ce que les particularités de l'accointement de l'élément mâle et de l'élément femelle ont produit un mécanisme colloïde différent du mécanisme colloïde normal de l'*O. Lamarckiana*.

Dans ce second cas, on doit penser qu'une fécondation nouvelle pourra défaire ce qu'une fécondation a fait, de nouveaux hasards se produisant à chaque génération dans les relations qui s'établissent d'élément mâle à élément femelle. Peut-être donc faut-il ranger dans ce second cas les deux variations appelées par de Vries *O. Scintillans* et *O. Elliptica* dont les graines peuvent reproduire jusqu'à deux tiers d'*O. Lamarckiana* ordinaire.

Au contraire, pour les neuf premières variations de l'énumération de tout à l'heure, le type obtenu résiste aux fécondations ultérieures et ne doit vraisemblablement pas être dû à des hasards dans le mécanisme fécondateur. Nous nous trouvons donc ici en présence de formes qui se montrent *stables* PAR RAPPORT AU PHÉNOMÈNE FÉCONDATION. Cela veut-il dire que les nouvelles formes sont absolument stables et ne pourront jamais, quelque traitement qu'on leur fasse subir, revenir au type *O. Lamarckiana* ? Le facteur ignorance intervient ici et s'impose à nous avec une désastreuse évidence. Nous n'expérimentons pas, nous observons les résultats des expériences qu'exécute sous nos yeux la puissante Nature ; or comme la Nature refait constamment sous nos yeux l'expérience *fécondation*, nous voyons se faire et se défaire ce qui a rapport aux conditions même de la fécondation. Ainsi la mutation fougère-prothalle, dont je parlais dans l'avant-dernière leçon, disparaît chaque fois que l'anthérozoïde vient compléter l'ovule ; et si la nature n'avait pas fait pour nous cette expérience très délicate, nous aurions été impuissants à constater que la variation prothalle est due à un facteur *temporaire*.

Quand nous assistons à une variation que la nature laisse ensuite définitive sous nos yeux, nous pouvons nous demander :

1° Si cette variation correspond seulement à un phénomène que nous ignorons, si, en d'autres termes, nous nous trouvons vis-à-vis d'elle dans la position de celui qui a perdu la clef de sa serrure. Dans ce cas, nous devons penser que la nature qui, dans certaines conditions, a déterminé la mutation, peut, dans d'autres conditions, la faire disparaître. Mais il n'est pas sûr que ces conditions nouvelles se retrouveront jamais. Je tire d'un jeu de cartes, sept cartes au hasard ; elles forment un assemblage déterminé ; je les remets dans le jeu et je tire ensuite, toujours au hasard, des milliers et des milliers de fois, un groupe de sept cartes. Il se peut que je ne retrouve jamais les sept cartes primitives. Et pourtant, je sais que cela n'est pas impossible. Je ne devrai donc pas tirer de conclusion d'une expérience négative ; si j'observe une fois encore les sept mêmes cartes dans un groupe, je pourrai affirmer qu'il n'y avait aucune impossibilité au retour de cet assemblage ; si je ne l'observe pas, je n'en conclurai rien, si ce n'est que *je ne sais pas !*

2° Nous pouvons nous demander aussi si cette variation est de celles *qui ne peuvent pas* être détruites par un phénomène inverse. Presque **toutes les actions** chimiques sont dans ce cas. Voici, par exemple, **un morceau de** bois enduit de phosphore, une allumette chimique : **je** craque mon allumette, et elle brûle en donnant **des** corps gazeux ou solides tout différents. J'aurai beau ensuite laisser ensemble indéfiniment tous les gaz de la combustion et les cendres soigneusement recueillies, je ne verrai jamais se reformer l'allumette primitive. Cet exemple très grossier suffit à nous rappeler qu'il y a dans la nature des phénomènes capables de se produire dans un sens et jamais en sens inverse, ou du moins très difficilement. Un chimiste saurait extraire le phosphore des gaz recueillis ; le reste des gaz et les cendres, étant employés à l'alimentation d'un sapin, du bois pourrait renaître des produits de la combustion. Mais tout cela est très difficile, tandis que la combustion de l'allumette se faisait très simplement. Ces considérations nous mettent en présence de cette constatation générale que, *dans des conditions données,* les phénomènes naturels se produisent dans un sens donné. C'est la loi à laquelle on donne en physique le nom de *Principe de Carnot*. Par exemple l'eau descend toujours les pentes et ne les remonte pas, du moins par le même chemin ; ce qui n'empêche pas d'ailleurs l'évaporation au niveau de la mer de ramener, par une voie détournée, une éternelle provision de neige au haut des Alpes. On peut exprimer ce fait en disant que l'eau liquide a une tendance naturelle à descendre à la surface de la Terre. Si les mutations provenant d'*O. Lamarckiana* ne donnent jamais de retour à la forme primitive, on pourra dire aussi que l'*O. Lamarckiana* a une tendance à se transformer dans le type *O. Gigas*, par exemple, ou, si l'on veut, que le type *O. Gigas* est plus *stable* que le type *O. Lamarckiana*. Cela ne voudra pas dire qu'il y a impossibilité absolue du retour, mais que, dans les conditions actuelles, nous constatons le passage dans un sens, et jamais le passage en sens inverse.

Avec une telle interprétation, les facteurs naturels étant seuls en jeu, la formation des 9 premiers types de mutation de l'*O. Lamarckiana* représenterait vraiment un phénomène d'évolution ; vous savez d'ailleurs que l'on a donné le nom de *Principe d'évolution* au principe de Carnot.

Les observations de de Vries l'ont conduit à affirmer que jamais aucun plant d'*O. Lamarckiana* ne se retrouve dans la descendance des neuf premiers types étudiés tout à l'heure, mais que ces types sont néanmoins capables de subir de nouvelles mutations, c'est-à-dire de se transformer les uns dans les autres, car leurs mutations ne donnent pas de types nouveaux. Tout au plus peut-on constater quelquefois le mélange du caractère *nanisme* avec les autres caractères des 9 types considérés.

Si ce fait est définitivement établi, cela donnera à la forme *O. Lamarckiana* une place à part à côté des neuf formes définitives qui en dérivent par mutation. On devra en effet en conclure que l'état protoplasmique caractéristique d'*O. Lamarckiana* est moins stable, dans les conditions de nos cultures actuelles, que l'état protoplasmique des neuf mutations qu'elle peut produire, puisque, *dans ces cultures*, la mutation se produit toujours à partir d'*O. Lamarckiana* et jamais en sens inverse. Mais l'emploi de ce mot stable peut produire une équivoque dangereuse. Il ne faudrait pas confondre ce caractère de stabilité relative des états protoplasmiques avec la vitalité des plantes correspondantes dans les conditions considérées. Si sur cent graines, l'*O. Lamarckiana* donne trois mutations irréversibles, elle produit 97 spécimens de son type normal ; ce type normal n'a donc pas de chances de disparaître. Il faudrait, pour qu'il fût menacé dans son existence que les types irréversibles produits par ses mutations fussent, dans le même sol, plus vigoureux et plus aptes à se multiplier. Or cela ne paraît pas être le cas dans le champ d'Hiversum, puisque malgré la mutabilité incontestable de l'espèce, c'est toujours le type *Lamarckiana* qui est la règle, les autres étant l'exception et même l'exception rarissime. Il se pourrait d'ailleurs que, dans d'autres pays, dans des sols présentant d'autres conditions de vie, le type *Gigas* l'emportàt sur le type *Lamarckiana* et finît par le supplanter au bout d'un certain nombre de générations, même si tous les *Gigas* de la station provenaient d'un seul ancêtre obtenu une première fois par mutation. Il ne manque pas d'exemples d'une plante introduite dans un pays et faisant disparaître les plantes indigènes analogues, malgré leur nombre initial, malgré les croisements, etc...

Donc le mot *stabilité* n'a aucun rapport, dans le sens où nous le prenons ici, avec la vitalité de la plante. Les formes *albida* et *oblonga* sont à peine viables, et cependant, dans l'hypothèse où nous nous plaçons actuellement, leur état protoplasmique est plus stable que celui d'*O. Lamarckiana*, qui peut les produire et qu'elles ne reproduisent jamais.

Quoi qu'il en soit de toutes ces considérations, on ne connaît pas aujourd'hui de station botanique où l'une des formes des Œnothères résultant des mutations de de Vries ait supplanté la *Lamarckiana* ou même se présente en nombre considérable au milieu des types normaux. Je reviendrai tout à l'heure sur ce point à propos des *Draba* actuels et de la théorie de la mutabilité périodique.

3° Puisque nous passons en revue les hypothèses que peut suggérer l'observation des mutations irréversibles, il y en a encore une que l'on peut envisager quoiqu'elle n'ait pas énormément de valeur dans le cas actuel. Au lieu de penser que la mutation est irréversible parce qu'il y a peu de chances que le hasard défasse ce qu'il a fait, ou encore qu'elle est irréversible parce que le nouvel état protoplasmique est plus stable que l'ancien, on peut se demander si l'irréversibilité n'est pas due à ce que la plante résultant de la mutation a perdu quelque chose que possédait le parent, et qu'elle ne peut pas reproduire par ses propres moyens. Le cas se produirait par exemple, si, parmi les fluctuations qui atteignent fatalement les patrimoines héréditaires au cours des fécondations successives, le coefficient de l'une des substances chimiques constitutives arrivait à être zéro[1] ; ou encore si certaines particularités de l'espèce considérée étaient dues à un microbe symbiotique qui manquerait dans le descendant ayant subi la mutation. J'étudierai ces hypothèses à propos des expériences d'hérédité mendélienne ; elles ne paraissent pas avoir grande importance dans le cas particulier des Œnothères, puisque les diverses mutations obtenues peuvent se reproduire *les unes les autres*.

** **

J'arrive maintenant à l'interprétation que donne de Vries de ses observations très consciencieuses. Naturellement, il attribue à sa découverte une importance extrême ; il croit avoir renouvelé la question du transformisme ; l'aphorisme inscrit au verso du titre de son livre le

1. V. *Traité de biologie, op. cit.*

prouve suffisamment ; le botaniste hollandais a
introduit la méthode expérimentale là où Lamarck
et Darwin n'avaient trouvé qu'un champ d'observation et de spéculations philosophiques. A chaque
instant, dans le livre *Espèces et Variétés* revient
l'affirmation que les variations lentes jouent un
rôle insignifiant dans la formation des espèces,
et que seules les *mutations* ont une valeur. Mais
comment se fait-il que ces mutations aient été
si peu observées ? C'est qu'elles ne se produisent
pas toujours. Une lignée vivante se compose de
longues périodes de *constance absolue*, périodes
que séparent, à certains moments, des périodes
de mutabilité. La plupart des espèces que nous
connaissons sont aujourd'hui dans des périodes
de constance ; c'est pour cela que l'observation
ordinaire fait croire à la fixité de l'espèce. Quelques-unes, heureusement, sont à des périodes de
mutabilité ; l'*O. Lamarckiana* est de celles-là.
Combien de temps durent ces périodes de mutabilité ? On ne peut encore le savoir. De Vries
pense même que l'*O. Lamarckiana* n'avait pas
attendu ses observations pour devenir mutante, et
affirme en conséquence qu'elle l'était depuis plus
de dix-sept ans quand il a écrit son livre. Puis la
mutabilité cesse ; les plantes ayant subi la mutation redeviennent d'une *constance absolue* pendant de longues générations, jusqu'à ce que re-
commence une nouvelle période de mutabilité, et
ainsi de suite.

C'est, on le voit, l'ancienne théorie des cataclysmes, avec cette différence que, dans l'hypothèse de de Vries, les cataclysmes sont intérieurs.

à la plante. Ces cataclysmes deviennent subitement possibles, on ne sait pourquoi, puisque, l'auteur l'affirme à plusieurs reprises, la lignée n'a subi aucune variation, *a été d'une constance absolue* depuis la dernière mutation. Ceux qui croient qu'il n'y a pas d'effet sans causes peuvent se demander alors, pourquoi la seconde période de mutation ne suit pas immédiatement la première, puisque les plantes de la génération qui vient de subir une mutation, *ne diffèrent aucunement* de celles qui, des centaines de générations après, seront capables de *muter* de nouveau. L'auteur eût, à la rigueur, pu donner plus de vraisemblance à son système en admettant que la seconde période de mutation se trouve préparée petit à petit par des variations lentes et insensibles se produisant entre deux périodes successives de mutabilité, mais c'eût été accorder malgré tout un rôle à la variation lente dans la formation des espèces, et cela eût diminué la beauté du nouveau système transformiste.

A mon avis, l'hypothèse de la mutabilité périodique ne repose sur aucune observation. C'est gratuitement que de Vries suppose une période actuelle de mutabilité chez l'*Œnothera Lamarckiana*, car il n'a pas vu commencer cette période, et il ne la voit pas finir. De même, il n'y a aucune raison de penser que la linaire a actuellement une propension plus spéciale à la Pélorisation. Sans faire aucune hypothèse, contentons-nous de constater que la linaire actuelle a deux formes d'équilibre possible, séparées par des discontinuités morphologiques, la forme à fleurs bilatérales et la forme à fleurs péloriées. Nous avons été amenés précédemment, par des raisonnements faciles, à croire que la discontinuité morphologique qui sépare la symétrie axiale de la symétrie bilatérale ne correspond pas à une discontinuité spécialement étendue dans le patrimoine héréditaire ; il y a des discontinuités certaines, pour des raisons historiques, entre toutes les fleurs d'une plante et entre toutes les plantes d'une espèce. L'existence de deux formes d'équilibre nous amène à attribuer morphologiquement une importance exagérée à quelques-unes de ces discontinuités, qui ne sont pas plus considérables que les autres.

Voilà tout, pour la linaire péloriée.

Au lieu d'un simple dimorphisme, c'est un polymorphisme ayant une douzaine de possibilités que nous rencontrons chez *O. Lamarckiana*[1]. Il faut avouer d'ailleurs que les 12 formes possibles de cette espèce sont beaucoup moins distinctes que les deux formes de la linaire. N'importe quel promeneur n'ayant jamais fait de botanique sera frappé de la linaire péloriée comme d'une monstruosité très remarquable ; il faut au contraire des observateurs très consciencieux pour séparer les 12 types de de Vries. Quoi qu'il en soit, les observations du botaniste hollandais permettent uniquement d'affirmer ceci : La plante connue sous le nom d'*O. Lamarckiana* a 12 types morphologiques possibles et peut-être davantage. Nous connaissons d'ail-

---

1. Treize en comptant le type *Lamarckiana*.

leurs d'autres espèces, les *Draba verna*, par exemple, qui en ont beaucoup plus, mais ce qu'il y a de spécial chez *O. Lamarckiana*, c'est qu'en semant une graine recueillie purement dans le type normal, *on ne sait pas d'avance quel type on récoltera*. Au contraire, chez les *Draba*, chaque type paraît absolument fixé et se reproduit semblable à lui-même quand les graines sont pures. C'est pour cela que de Vries considère les *Draba* comme ayant passé autrefois par une période de mutabilité aujourd'hui terminée, tandis que, chez les *O. Lamarckiana*, la mutabilité est toujours ouverte.

Voilà, semble-t-il, un argument en faveur de la théorie des mutations périodiques. Cet argument ne résiste pas à un examen sérieux. Les mutations que nous observons aujourd'hui sur *O. Lamarckiana* n'ont aucune chance de faire jamais disparaître ce type remarquable. Il se trouve en effet que, du moins dans les conditions naturelles réalisées actuellement autour des *O. Lamarckiana*, la forme instable protoplasmiquement, celle qui est susceptible de donner par mutation deux ou trois pour cent des 12 autres types, et aussi la plus viable et la plus vigoureuse. De sorte que, même sans invoquer le croisement, on comprend la persistance indéfinie de ce type à état colloïde instable mais à grande vitalité. A mon avis, la conclusion à tirer des observations de de Vries et que, tant qu'il y aura des *O. Lamarckiana*, il y aura des chances de voir apparaître de temps à autre des *Gigas*, des *elliptica*, etc., et que, pour le moment, la disparition des *O. Lamarckiana* ne semble guère probable, du moins par suite de la lutte pour l'existence entre ce type et ses mutations.

Supposons au contraire que le type *Lamarckiana*, instable au point de vue protoplasmique en ce sens que les *Gigas* qui en proviennent de temps en temps n'y font jamais retour, soit en même temps moins viable que quelques-uns des types qui en dérivent par mutations. Il est de toute évidence que, dans ces conditions, nous ne connaîtrions plus le type *Lamarckiana*. Il aurait disparu dans la lutte pour l'existence et aurait été remplacé par les plus vigoureux des types résultant de ses mutations. Alors, sauf que les types *Gigas*, *rubrinervis*, etc., sont capables de *muter* eux aussi, le groupe *O. Lamarckiana* serait tout à fait comparable au groupe *Draba verna*.

Arrêtons-nous un instant à l'étude de ce dernier groupe :

« Cette petite crucifère, dit de Vries[1]... a de
« petites rosettes qui se développent en été et en
« hiver et forment de bonne heure, au prin-
« temps, de nombreuses tiges feuillées, puis
« fleuries. Elle est originaire de l'Europe cen-
« trale et de l'Asie occidentale ; elle peut être
« regardée comme l'une des plantes les plus
» communes, et se trouve partout en grande
« abondance sur les sols sablonneux. Jordan fut
« le premier qui montra son polymorphisme.
« *Les différences ne se révèlent pas dans une*

____

1. *Op. cit.*, pp. 30, sq.

« *étude rapide ; elles se trahissent lorsqu'on les*
« *soumet à un examen plus serré... Chaque type*
« *est constant et reste stable dans les générations*
« *successives.* Les anthères s'ouvrent dans les
« boutons floraux et pollinisent les stigmates
« avant l'ouverture des fleurs, ce qui assure
« l'auto-fécondation ; de plus les fleurs très peu
« visibles ne sont guère visitées par les insectes.
« On peut en cultiver de nombreuses espèces
« élémentaires dans le même jardin, elles restent
« pures comme lorsque l'isolement est parfait...
« En tout, Jordan a distingué plus de deux cents
« espèces de *Draba verna* trouvées en Europe et
« en Asie occidentale. Les recherches ultérieures
« ont ajouté de temps en temps de nouveaux types.
« La constance de ces espèces élémentaires
« est prouvée... par l'uniformité de chaque type
« dans son propre domaine. Chaque domaine
« est si vaste que la plupart des stations sont
« pour ainsi dire isolées l'une de l'autre et qu'il
« doit en être ainsi depuis quelques siècles. *Si*
« *les types se modifiaient lentement, ces localités*
« *montreraient souvent mais naturellement pas*
« *toujours, de légères différences, et on devrait*
« *trouver des formes intermédiaires sur les li-*
« *mites géographiques des espèces voisines.* On
« n'en a cependant signalé aucune. Il faut donc
« regarder ces espèces élémentaires comme des
« types anciens et constants. »

Outre les *Draba verna*, de Vries étudie aussi
les violettes, mais, il le fait remarquer[1] : « Les

1. *Op. cit.*, p. 33.

« Violettes et les Draba sont des cas extrêmes de
« la variabilité systématique. On ne trouve pas
« souvent un aussi grand nombre d'espèces élé-
« mentaires dans une même espèce linnéenne.
« Mais les nombres n'ont qu'une importance
« secondaire et le fait que les espèces systémati-
« ques sont en général composées de plusieurs
« sous-espèces indépendantes et constantes est
« presque toujours vrai. »

Ainsi donc le polymorphisme serait la règle,
l'uniformité morphologique étant une véritable
exception. Voilà une remarque dont nous tirerons parti en temps opportun.

Retenons, pour le moment, que les divers
types de *Draba verna* semblent aujourd'hui constants, et se reproduisent fidèlement par semis.
Cela prouve que ces types sont également stables
et aussi que nous avons perdu la clef de leurs
variations. Dans l'idée de de Vries, ces types
proviennent d'une période ancienne de mutation,
période qui est terminée depuis assez longtemps,
et qui a laissé place à une période de constance
absolue, jusqu'à ce que s'ouvre une nouvelle période de changements brusques ou cataclysmes
spécifiques. Il est possible qu'un nouveau type
de *draba* ne se produise plus aujourd'hui ; cela
prouverait que toutes les possibilités d'équilibre
morphologique de cette espèce ont été réalisées
par les hasards passés. Cependant de Vries dit
lui-même que, après la découverte des 200 espèces élémentaires de Jordan, « les recherches ultérieures ont ajouté de temps en temps de nouveaux types ». Ces nouveaux types ont-ils été

nouvellement produits ou simplement nouvellement découverts ? Cela peut avoir de l'importance pour ceux qui croient à la mutabilité
périodique, mais non pour les autres. La seule
constatation importante pour nous est qu'il y a
un grand nombre de types de Draba, et que beaucoup d'entre eux, peut-être tous, ont été réalisés
par les hasards naturels. Rappelons-nous que le
grand chimiste Fischer, faisant la synthèse des
sucres, a prévu pour l'un d'eux 24 isomères et
les a réalisés presque tous, mais non tous ; ceux
qui restent sont peut-être beaucoup plus difficiles
à produire.

La constatation du polymorphisme des espèces
végétales a-t-elle un grand intérêt au point de
vue de la formation des espèces ? Voilà ce que
nous devons nous demander maintenant, Rappelons-nous d'abord que, entre les divers types de
Draba « les différences ne se révèlent pas dans
une étude rapide ; elles ne se trahissent que lorsqu'on les soumet à un examen plus serré[1] ».
En d'autres termes, sans nous demander encore
si le mot espèce peut avoir une signification
précise, nous devons constater que le botaniste
ordinaire qui recueille dans une herborisation
un plant de *Draba verna* voit d'abord que c'est
un *draba verna* et n'est aucunement tenté de le
confondre avec une autre espèce connue de
Crucifères. En d'autres termes, les sauts brusques que constatent Jordan, etc..., et enfin
de Vries entre ces divers types, n'ont pas une

1. De Vries. *Op. cit.*, p. 31.

amplitude énorme. Il y a plus de deux cents types, soit, mais ces types ne s'écartent guère d'un type moyen qui est le type auquel le botaniste herborisateur reconnaît l'espèce *Draba verna*. Si donc ce sont les mutations seules qui peuvent nous faire comprendre les différences existant actuellement entre les radis, les giroflées et les draba, il faut avouer que les exemples connus de mutations ne nous mettent jamais en présence d'un saut comparable à ceux qui séparent ces espèces les unes des autres.

A mon avis, la discontinuité indéniable qui sépare les divers types de *Draba*, les divers types d'*Œnothera Lamarckiana*, etc. indique seulement que la morphologie peut présenter des discontinuités, là où le patrimoine héréditaire n'en présente peut-être pas de particulièrement remarquables. Il y a d'ailleurs toutes les étapes dans les valeurs de ces discontinuités morphologiques, lorsque l'on passe d'une espèce donnée à une autre espèce. Par exemple : « Les Epervières (ou *Hieracium*) forment un genre où l'on sait que la délimitation des espèces est presque impossible. Des milliers de formes peuvent être cultivées côte à côte dans les jardins botaniques ; elles y montrent des différences légères, mais certaines, qui restent fidèles par semis. Les descriptions données autrefois étaient si délicates et si compliquées, que les plus habiles auteurs qui ont étudié ce genre, Fries et Naegeli, n'ont pu, dit-on, reconnaître les espèces aux diagnoses données par l'un ou par l'autre. Doit-on y voir seulement des différences individuelles ou des espèces élémentaires ? La discussion dépendra naturellement de la conduite des cultures pédigrées [1]. »

Voilà un cas intéressant et qui nous rapproche de celui qui nous préoccupe le plus, celui de l'espèce humaine. Entre deux hommes, pris au hasard, il existe des différences *finies* qui font que nous pouvons toujours les reconnaître ; nous les appelons différences individuelles, mais elles sont *finies* et *beaucoup plus considérables* que celles qui séparent les espèces Jordaniennes du *Draba*. Ce ne sont pas des espèces élémentaires au sens de de Vries, puisqu' « elles ne sont pas fidèles par semis », mais cela tient à une particularité importante de notre espèce. Il faut un homme et une femme pour faire un enfant ; et comme l'homme et la femme sont fatalement différents, toutes nos reproductions sont croisées. Au contraire, les *Hieracium* sont presque toujours parthénogénétiques ; les *draba* se fécondent elles-mêmes avant l'ouverture même de la fleur. De sorte que les types se conservent par semis.

En réalité, si nous voulons tirer de toutes ces considérations une conclusion scientifique, nous devons dire que, suivant les espèces, la variabilité morphologique est plus ou moins comparable à la variabilité réelle ou variabilité du patrimoine héréditaire. Nous avons déjà eu précédemment un exemple typique de cette différence de parallélisme entre les variations réelles

1. De Vries. *Op. cit.*, p. 39.

et les variations morphologiques. Pour la linaire, les variations individuelles étaient toutes insensibles, sauf celles qui franchissaient la limite de l'équilibre sous forme de macle pélorienne. Il y avait donc une seule différence possible au point de vue morphologique, en regard de milliers de différences individuelles; j'entends qu'il n'y avait qu'une différence morphologique *marquante;* les autres passaient inaperçues. Au contraire, chez *O. Lamarckiana,* il y a une douzaine au moins de types morphologiques distincts. Chez *Draba verna,* il y en a plus de deux cents. Chez les *Hieracium* on les compte par milliers; enfin, chez un grand nombre d'autres espèces, il n'y a que des différences individuelles, ce qui nous ramène à l'autre extrémité du cercle, avant même la linaire qui présente une discontinuité morphologique, tandis que tant d'autres plantes n'en présentent pas. Ainsi donc, les discontinuités morphologiques, lorsqu'elles sont marquantes, ne font que masquer pour nous les discontinuités individuelles qui sont fatales. Cette étude comparée des divers cas de variation nous conduit seulement à cette conclusion que, suivant les cas, les variations morphologiques *que nous remarquons,* sont un témoin plus ou moins fidèle des variations que subit le protoplasma des êtres étudiés. La variation *brusque* est souvent un trompe-l'œil. Avant de terminer cette leçon, je veux encore vous faire une remarque qui aura son intérêt dans l'étude de l'espèce. Il s'agit du polymorphisme des chiens.

Aucune espèce animale ne présente un nombre

aussi considérable de types vraiment distincts, vraiment séparés par des discontinuités frappantes. Entre un dogue de Bordeaux, un lévrier russe et un King-Charles, il y a des différences de taille et de forme tellement considérables qu'un observateur non prévenu ne pourrait songer à les classer dans une même espèce. Placez, un loup ou un renard parmi une quantité de chiens, vous n'aurez *a priori* aucune raison pour considérer comme plus importantes les discontinuités qui séparent ces deux animaux sauvages des animaux domestiques, que celles qui séparent les animaux domestiques entre eux. Cependant, nous ne considérons pas que le polymorphisme de l'espèce chien soit la promesse de variations *spécifiques* prochaines. Peut-être un polymorphisme aussi remarquable tient-il à la longue existence domestiquée de cette espèce, car, grâce aux soins éclairés de l'homme, des types qui n'avaient aucune chance de survie par eux-mêmes ont été conservés depuis qu'ils ont apparu. Mais il est bien certain aussi que d'autres espèces également domestiques, comme le chat, manifestent un polymorphisme beaucoup moins frappant. C'est donc que l'espèce chien possède un plus grand nombre de types morphologiques.

Nous considérons instinctivement tous les chiens comme constituant une seule espèce, malgré leurs différences très développées, et cette opinion est en rapport avec celle que semblent professer les chiens eux-mêmes. Si vous mettez en présence d'un chien quelconque un autre chien

d'un type que le premier n'a jamais vu, vous
verrez les deux animaux se faire les politesses
habituelles avant de se battre, tandis que n'importe quel chien, mis en présence d'un loup,
s'enfuira ou sautera dessus immédiatement, suivant son degré de bravoure. Cette différence dans
les attitudes est-elle due à une connaissance
approfondie de tous les caractères morphologiques de l'espèce chien ? C'est peu vraisemblable. Il me paraît probable, au contraire, étant
donnée la finesse d'odorat commune à tous les
chiens, que le caractère *odeur* est plus important, dans une première approximation, que le
caractère forme. Un chien à qui on présente un
de ses congénères *sent* d'abord que c'est un chien ;
il prend ensuite, toujours avec son nez, des renseignements plus précis sur ses qualités personnelles, et le résultat de cette inquisition détermine
la bonne entente ou la bataille. A mon avis, cette
observation montre l'importance de la question
chimique dans la limitation des espèces, et nous
invite à nous défier des caractères morphologiques qui varient sans correspondre à des variations chimiques.

C'est un jalon posé dans la question extrème-
ment délicate de la définition de l'espèce ; nous,
hommes, qui sommes des *visuels*, nous avons
une tendance à attacher à la morphologie une
importance capitale ; les chiens, qui ont un odorat
supérieur, font passer la chimie avant la morphologie ; nous aurons à nous demander quel est le
point de vue le plus intéressant.

Une dernière remarque à propos de ces poly-

morphismes. Je ne vois pas la possibilité d'attribuer aux mutations une signification quelconque
comme variation spécifique, mais celles qui se
sont produites une fois et se sont montrées définitives en lignée pure, jouent néanmoins leur
rôle dans l'histoire générale des variations. Si,
pour telle ou telle raison, une variation vraie
apparaît dans une lignée, et mérite le nom de
changement d'espèce, il est bien certain que le
type préexistant de la lignée considérée laissera
une trace et une trace considérable dans l'espèce
nouvelle. Si, par exemple, une lignée de chiens
soumise à des conditions nouvelles d'existence
donne un jour une espèce nouvelle différente de
l'espèce chien, l'espèce nouvelle obtenue sera
différente suivant que la lignée considérée sera
une lignée de danois ou une lignée de barbets.
De même pour les Œnothères ou les Draba. Il y
a deux cents types de draba de par le monde. Si
d'un de ces types il dérive un jour une espèce
nouvelle dans un pays quelconque, cette espèce
sera vraisemblablement différente de celle qui
fut provenue d'un autre type, dans les mêmes
conditions. Ainsi les mutations, ou, si vous pré-
férez, les cas de polymorphisme spécifique, joue-
ront un rôle dans la *variété* des résultats obtenus au cours de l'évolution ; mais on ne peut
attribuer aux mutations elles-mêmes la valeur
d'un changement d'espèce. D'ailleurs, toutes ces
considérations sont bien caduques, puisque nous
raisonnons sur le mot espèce sans avoir défini
ce mot ; pour beaucoup de gens, l'espèce est une
entité et l'on peut en parler d'après la seule

notion instinctive que l'on en a. Pour d'autres, la définition de l'espèce doit être le résultat de conventions librement consenties. Nous allons comparer ces deux manières de voir dans la prochaine leçon.

CINQUIÈME LEÇON

C'est pour une raison historique que le mot
espèce jouit, encore de nos jours, d'un prestige
si considérable. On a cru autrefois que toutes les
espèces actuelles avaient été créées séparément;
la théorie transformiste a affirmé le contraire,
mais cela n'empêche pas les transformistes les
plus convaincus de discuter gravement la question de savoir si un groupe donné d'animaux ou
de végétaux *mérite le nom d'espèce* ou doit être
considéré comme formant seulement une *variété.*

En d'autres termes, la croyance en la valeur
absolue du mot espèce a théoriquement disparu,
mais s'est pratiquement conservée puisque, sans
avoir tenté de donner une nouvelle définition,
conventionnelle cette fois, de ce mot, on discute
l'opportunité de l'appliquer à certains groupes à
l'exclusion de certains autres.

Au fond de tous ces débats, il est facile de
distinguer une cause profonde de mésentente
éternelle. Les naturalistes veulent appliquer un
langage précis à la narration de choses qui, envi-

sagées d'une manière brutale, ne prêtent pas à la précision ; en d'autres termes, ils veulent appliquer à des corps *différents* une même dénomination, impliquant *identité* des objets désignés. Les sciences exactes sont bâties sur des *égalités ;* c'est en cela qu'elles sont exactes. Or nous avons pris aujourd'hui l'habitude des sciences exactes, et nous voulons conserver, malgré cette habitude nouvelle, un langage suranné qui donne une apparence d'égalité à des choses notoirement inégales. L'*espèce* est, comme la variété, le genre ou la famille, un groupement de spécimens *différents* les uns des autres. Seule une observation hâtive permet de croire à l'identité des individus d'un groupe, si restreint qu'il soit. Mais s'il y a *inégalité* et non *égalité*, les groupes dans lesquels on range les individus prennent immédiatement un aspect conventionnel. Il faudra décider, avant de commencer la classification, jusqu'à quel degré d'inégalité on ira pour le groupe espèce, par exemple, jusqu'à quel autre degré d'inégalité pour le groupe *genre*, etc... Alors, tous les groupements des classificateurs seront conventionnels, car il n'y a aucune raison de considérer telle élasticité dans la définition d'un groupe comme répondant plus que telle autre à une réalité. Les groupements artificiels auront simplement désormais un intérêt de catalogue ; on le considérera comme des tiroirs provisoires dans lesquels il est possible de classer tous les individus actuellement vivants.

Il n'est pas interdit d'avoir aujourd'hui des visées plus hautes et de chercher à donner au langage des naturalistes une précision analogue à celle du langage des physiciens. Mais où trouver des égalités là où nous ne voyons que des individus différents ? C'est cette question que je vais essayer de résoudre ici.

Un individu, c'est une histoire ; je ne saurais trop insister sur cette formule. Il est donc impossible que deux individus soient égaux, car même avec des points de départ supposés identiques, ils auront subi des évolutions différentes, ne pouvant occuper la même place dans le monde. Ils auront fatalement été soumis à des conditions extérieures différentes ; ils seront différents. De plus, sauf pour le cas des vrais jumeaux, deux individus sont toujours différents aussi dans leur origine, dans leur point de départ, du moins dans les espèces à reproduction sexuelle, car chacun d'eux provient d'un acte spécial, d'une fécondation qui produit toujours quelque chose de nouveau, d'unique au monde.

Tout cela ne nous rassure guère sur le succès probable de notre essai de précision.

De plus, chaque individu peut être envisagé à trois échelles différentes, l'échelle mécanique ou macroscopique, l'échelle colloïde ou protoplasmique, et l'échelle chimique ou atomique. A chacune de ces trois échelles, il est en relation directe avec l'ambiance, c'est-à-dire que l'ambiance peut l'influencer par des phénomènes de l'échelle mécanique, par des phénomènes de l'échelle colloïde et par des phénomènes de l'échelle chimique. Au point de vue des rapports avec l'extérieur, aucune de ces trois échelles ne semble donc plus importante que les autres ; il n'y a aucune raison de choisir l'une plutôt que l'autre pour donner une description de l'individu. Et nous savons que ces trois échelles sont liées, dans l'être vivant, par des relations très importantes : les phénomènes qui se produisent à l'échelle mécanique retentissent sur l'échelle colloïde, de là sur l'échelle chimique et réciproquement. Dans l'*histoire* qui conduit à la formation d'un individu adulte, il y a donc des événements aux trois échelles considérées, sans qu'on ait *a priori* aucun droit d'attribuer à telle ou telle catégorie d'entre eux une importance exceptionnelle. En d'autres termes, à un moment donné de son existence, un être **A** est en rapport avec le milieu *par sa forme* (échelle mécanique), par l'état colloïde de ses différents points (échelle protoplasmique) et par son état chimique (échelle atomique). La formule (A$\times$B) qui représente l'ensemble du fonctionnement individuel au moment considéré comprend des interactions, aux trois échelles à la fois, entre l'individu et le milieu. Où trouver dans ce chaos quelque chose de constant ? Au point de vue de la *transportabilité*, il semble qu'il y ait égalité entre les trois échelles, car l'individu transporte avec lui sa forme aussi bien que ses états colloïdes et ses propriétés chimiques. Et cependant, pour la forme, nous sommes évidemment victimes d'une illusion, et cette illusion tient à une habitude invétérée source de bien des erreurs. Nous *reconnaissons* un ami, aussi bien s'il est debout que s'il est assis, s'il marche que s'il est immobile, s'il rit que si sa physionomie est sombre. Et pourtant, il est bien certain que, au point de vue géométrique, les différences les plus considérables existent entre ces divers états. Nous effectuons, en observant un homme, un travail mental qui nous permet de reconnaître ce qu'il transporte avec lui de morphologique, au milieu de tout ce qui change en lui au même point de vue ; et ce sont précisément ces changements, dont nous faisons instinctivement abstraction, qui représentent le fonctionnement à l'échelle mécanique. Mais nous avons l'idée très ancrée, que l'individu est une *entité*; nous lui donnons un nom, et nous déclarons qu'il reste *lui*, même quand il subit de profondes modifications; c'est de là que vient notre travail mental inconscient, qui nous permet de reconnaître des égalités, ou au moins des similitudes là où un observateur non prévenu ne verrait que des différences.

Nous sommes faits de telle manière que certains caractères, dont nous ne saurions donner une définition précise, nous frappent plus que tous les autres. Nous reconnaissons souvent, à vingt ans, un jeune homme, que nous avions vu à l'âge de dix ans, sans savoir dire à quoi nous le reconnaissons. Et cependant, de dix ans à vingt ans, *tout* a changé dans cet individu. Il faut pourtant qu'il y ait quelque chose de conservé en lui, puisque nous le reconnaissons ! Ce quelque chose de conservé, nous ne saurions le mettre en évidence par des mesures effectuées à l'échelle mécanique ; tous les nombres auraient changé et aussi tous leurs rapports. Un homme n'est pas un enfant grandi dans lequel on aurait multiplié toutes les dimensions par un même coefficient. Défions-nous donc des conclusions que nous pouvons tirer d'une observation dont nous ne connaissons pas le mécanisme. L'habitude que nous avons de vivre parmi les hommes nous a donné un sens spécial, un instinct particulier qui nous permet quelquefois de les reconnaître après une longue séparation, mais la valeur absolue de cet instinct nous paraîtra bien amoindrie si nous l'appliquons à des cas qui ne nous sont pas familiers ; transportés dans un pays nègre, nous ne remarquons même pas, pendant les premiers jours, les différences individuelles des habitants. Il faut bien en convenir, les *traits* auxquels nous reconnaissons un être après l'avoir quitté longtemps, ne sont pas susceptibles d'une définition morphologique. Les animistes d'autrefois auraient dit que nous reconnaissons l'*âme* d'un homme, par exemple, à l'expression de ses yeux ou à celle de son sourire, à travers les modifications de son enveloppe charnelle. Aujourd'hui nous penserons plutôt que notre *sens des physionomies* nous fait découvrir, malgré les différences certaines de l'échelle mécanique, des ressemblances plus profondes, manifestées à une échelle inférieure, colloïde ou chimique[1].

Les propriétés à l'échelle colloïde sont-elles donc plus constantes que celles de l'échelle mécanique ? La différence des tissus d'un individu nous

---

1. Pourquoi ne ferions-nous pas, avec le secours de nos yeux, une analyse que les chiens font aisément avec le secours de leur nez ?

fait croire le contraire, mais le fait que les tissus si différents qu'ils soient entre eux, sont les mêmes chez tous les êtres d'une même espèce, nous amène cependant à penser que, variables sans nul doute, les états colloïdes sont néanmoins limités dans leur variation. Ou, du moins que leurs variations les conduisent à se grouper autour d'un certain nombre de types en dehors desquels il n'est pas pour eux de forme possible d'équilibre. Nous sommes amenés à penser que les états colloïdes d'un protoplasma d'espèce donnée, sont sujets à un *polymorphisme* du même ordre que les Œnothères de Lamarck. Mais ces états colloïdes caractérisant les variétés tissus, tirent une importance beaucoup plus grande, du fait qu'ils se retrouvent les mêmes chez tous les types vivants d'un groupe très considérable, chez tous les *vertébrés* par exemple. Notre manière ordinaire d'observer nous trompe, d'ailleurs, pour les états colloïdes comme pour les déformations de l'échelle mécanique.

Nous *reconnaissons* un muscle, qu'il soit contracté ou relâché. Et cependant, dans ces deux positions, il n'a ni la même géométrie, ni le même état colloïde. Là encore notre observation s'additionne, malgré nous, d'une interprétation. Qu'elles soient sous la dépendance des variations de l'échelle mécanique (changement effectué dans les muscles par une variation dans l'attitude des corps) ou des variations directes à l'échelle colloïde (modification des tissus par des influences électriques ou sonores), les transformations des tissus ne nous empêchent pas de les reconnaître, et nous leur attribuons le même nom dans leurs avatars successifs.

Il faut avouer d'ailleurs que, en dehors de l'emploi du microscope (et il est évident que les observations microscopiques nous donnent des renseignements bien imparfaits), nous ne sommes pas prévenus le moins du monde des variations de l'échelle colloïde. Reste donc l'échelle chimique ou atomique.

Si nous nous bornons aux possibilités humaines, nous ne voyons pas non plus qu'une étude chimique directe nous soit bien facile ; cependant, au moins chez quelques-uns d'entre nous, le sens du goût et celui de l'odorat sont assez déliés pour nous permettre des diagnostics vraiment précis. Les maîtres de chais de Bordeaux savent distinguer, à la dégustation, l'année et le cru d'un vin. Notre odorat nous permet quelquefois de découvrir des corps que notre vue ne nous avait pas signalés. Chez d'autres espèces animales, les sens chimiques sont beaucoup plus développés. La fourmi, le chien, semblent posséder des sens chimiques infiniment supérieurs aux nôtres. J'ai connu un chien qui, rencontrant, sans l'avoir jamais vu, le frère de son maître, s'est mis à le suivre comme un ami. Il avait deviné que cet individu était de la famille, et cependant les ressemblances morphologiques entre les deux frères étaient très peu accentuées ; c'étaient les ressemblances d'ordre chimique qui avaient impressionné l'odorat du chien. On rapporte que le chien d'Ulysse, mourant sur son fumier, marqua en remuant la queue qu'il reconnaissait son maître après vingt ans. Il serait imprudent de faire état d'une observation aussi légendaire, d'autant que les chiens vivant vingt ans sont rares. Mais il est fréquent qu'un chien reconnaisse son maître à travers une porte, même après une absence prolongée, et il est certain que l'odorat n'a rien à voir, directement au moins, avec la morphologie.

Serait-ce donc que nous allons trouver, à l'échelle chimique, une constance dont aucun exemple ne se manifeste aux échelles colloïde et mécanique? La définition même de la vie tendrait à le faire croire. Après avoir cherché, dans tous les phénomènes vitaux, une caractéristique de la vie, j'ai dû m'arrêter au phénomène d'assimilation[1]. Or ce phénomène s'exprime en langage chimique. Il consiste dans la fabrication, par un corps vivant donné, de substances identiques à ses propres substances constitutives. Il est indépendant de toute considération morphologique. Si l'assimilation se produisait rigoureusement toujours, la question serait tranchée ; un individu donné serait toujours, depuis sa naissance jusqu'à son état adulte, identique à lui-même au point de vue de ses substances chimiques; on pourrait définir l'individu chimiquement sans se préoccuper de l'histoire de cet individu, des événements qu'il a traversés.

Il est évident d'ailleurs, que l'histoire individuelle étant spéciale à chaque individu, on ne pourra trouver quelque chose de commun à tous

1. *Théorie nouvelle de la vie*, Paris, F. Alcan, 1896.

les individus d'un groupe, si on ne cherche d'abord dans chacun de ces individus, une particularité indépendante de son évolution historique. Et cela élimine d'emblée la morphologie comme caractère spécifique pouvant donner lieu à des égalités. Notre impuissance chimique nous y ramènera cependant, mais comme à une chose secondaire, comme à un réactif caractéristique de la composition chimique inconnue des protoplasmas.

Supposons pour un moment que l'assimilation soit un phénomène rigoureux. Nous avons, comme point de départ d'un individu, un œuf, c'est-à-dire une masse de substance vivante, de *protoplasma* ayant un état colloïde donné et une structure chimique donnée. Le développement de cet œuf peut s'envisager au point de vue chimique, au point de vue colloïde et au point de vue mécanique. Au premier point de vue, nous ne voyons par hypothèse aucune variation individuelle ; les substances chimiques constitutives se reproduisent, par assimilation, identiques à elles-mêmes ; elles représentent le *patrimoine héréditaire* commun à tout l'individu. Mais l'observation la plus élémentaire prouve que des différences colloïdes se manifestent aux divers points du corps, sous l'influence des rapports divers avec l'ambiance et des rapports des éléments cellulaires entre eux ; ce sont les différences histologiques ou topographiques. Reste-t-il cependant, dans tous les tissus différenciés, un caractère colloïde commun provenant d'une particularité colloïde de l'œuf ? Certains faits tendent à nous le suggérer. Mais alors, le patrimoine héréditaire commun à toutes les parties de l'individu ne se réduit pas à la constitution chimique, et comprend en outre *ceux des caractères de l'échelle colloïde qui se conservent au cours de l'évolution individuelle*. Par exemple, pour le prothalle de fougère, les phénomènes bien connus de la génération alternante prouvent l'identité du patrimoine chimique de ce prothalle et de la fougère feuillée, mais il y a, dans toutes les cellules du prothalle, un caractère colloïde propre qui se traduit par la formation de n chromosomes au lieu de $2n$; ce caractère colloïde se maintient, à partir de la spore, dans toutes les cellules du prothalle. Un phénomène de fécondation le fait évanouir, et restitue l'état de fougère feuillée à $2n$ chromosomes. Cette simple remarque nous fait envisager la possibilité de la conservation d'un caractère colloïde bien déterminé, à travers tous les avatars que subit le protoplasma depuis l'œuf jusqu'aux divers tissus de l'individu. Le caractère colloïde ayant un retentissement fatal sur la morphologie générale, nous sommes conduits à envisager la possibilité de plusieurs types d'équilibre morphologique chez des plantes ayant cependant, rigoureusement, le même patrimoine héréditaire chimique. L'exemple fougère prothalle est une preuve suffisante de cette possibilité ; mais cet exemple est en rapport avec les phénomènes sexuels puisqu'une fécondation détruit la particularité *prothalligène*. Nous pouvons penser que d'autres particularités colloïdes sont susceptibles de se conserver au cours de la division cellulaire, et, n'étant pas en rapport direct avec la sexualité, ne se détruisent pas au moment de l'acte fécondateur. A plus forte raison ces particularités sont-elles capables de se transmettre aux descendants quand la reproduction est parthénogénétique comme chez les *Hieracium.*

Ces quelques considérations nous mettent sur la voie d'un premier polymorphisme spécifique, dans lequel, plusieurs individus ayant même patrimoine héréditaire chimique, mais des états colloïdes différents, auraient des morphologies nettement différentes. Ce cas biologique serait comparable au cas où une substance chimique nettement définie a plusieurs états cristallins possibles ; encore le phénomène biologique serait-il plus profond que le phénomène chimique, car la particularité colloïde serait transportable à travers toutes sortes de conditions de milieu qui, pour le phénomène chimique, feraient changer la forme cristalline acquise une première fois[1]. Si donc nous attachons une importance particulière au patrimoine chimique dans la définition de l'espèce, nous déclarerons que, malgré les différences morphologiques constatées, il n'y a pas de *variation vraie* dans les cas considérés. Nous le déclarerons même si nous ne savons pas faire disparaître les différences morphologiques nées sous nos yeux par suite d'un hasard colloïde. Et, si l'assimilation rigoureuse était la

---

1. N'oublions pas l'importance du facteur ignorance dans nos considérations sur la fixité des variations.

règle, nous ne pourrions pas constater d'autres variations que celles qui seraient dues à ce polymorphisme particulier[1]. Il y aurait des espèces polymorphes, mais cela ne les empêcherait pas d'être constantes. Le transformisme n'existerait pas ; la question d'espèce ne présenterait aucune difficulté.

L'assimilation n'est pas rigoureuse ; elle est *fonctionnelle ;* voilà la source de toutes les variations vraies et de l'évolution des espèces. Mais si elle n'est pas rigoureuse, *elle est néanmoins très approchée,* de sorte que l'évolution est lente et que les variations sont insensibles. Reste à savoir si, malgré le caractère approché de la loi d'assimilation, il y a encore des *égalités* possibles, des identités rigoureuses permettant de définir une espèce *pendant un certain temps.* Nous allons nous en rendre compte en étudiant la nature des variations possibles sous l'influence de l'assimilation fonctionnelle.

*
* *

Une première manière de comprendre ce que c'est que l'assimilation fonctionnelle nous est suggérée par la croyance des physiologistes qui, sur la foi de Claude Bernard, pensent que le fonctionnement d'un organe s'accompagne de destruction. Les partisans de cette théorie, et ils sont légion, décomposent artificiellement le

---

1. C'est dans cette catégorie que me paraissent devoir se ranger les mutations de De Vries.

corps vivant en plusieurs parties distinctes, et admettent que chacune de ces parties passe par des alternatives de repos et de fonctionnement, c'est-à-dire d'activité propre. Ils admettent *a priori* que l'activité vitale d'un organe détruit cet organe en l'usant, et que, ensuite, pendant les périodes de repos, c'est-à-dire pendant les périodes où l'organe ne manifeste plus son activité vitale, il se fait une reconstitution des parties disparues, compensant et au-delà les pertes dues au fonctionnement. La construction d'un être vivant est donc seulement gênée, retardée, par son activité vitale, et est le résultat de phénomènes qui prennent place entre les périodes de fonctionnement. J'ai fait remarquer depuis bien des années [1] combien il est illogique d'attribuer la formation de l'individu à tout ce qui chez lui n'est pas vital, et, retournant l'affirmation des physiologistes, j'ai émis l'idée que les périodes d'activité vitale sont constructives, les périodes de repos correspondant au contraire à des phénomènes de destruction substantielle. Or cela a une importance considérable, car, s'il n'y a qu'une manière d'assimiler, il y en a une infinité de se détruire. L'assimilation est la seule réaction chimique qui conserve la structure du corps agissant; toutes les autres réactions, non vitales celles-là, détruisent les agents qui y entrent en jeu. On doit donc penser que, dans ces phénomènes de destruction par le repos, il peut se passer n'importe quoi. L'assimilation propre-

---

1. *Théorie nouvelle de la vie*, F. Alcan, 1896.

ment dite étant rigoureuse, les destructions qui s'y ajoutent sont quelconques ; le résultat est une variation certaine. Mais, ceci est important pour nous au point de vue où nous nous plaçons aujourd'hui :

La variation résultante est quantitative.

Si un protoplasma *a* un patrimoine héréditaire formé de *n* substances chimiques avec chacune son coefficient, l'assimilation rigoureuse multiplie les substances chimiques en conservant à leur ensemble les mêmes coefficients de proportionnalité. Au contraire, la destruction faisant disparaître aveuglément, tantôt l'une tantôt l'autre de ces substances constitutives, modifie la proportionnalité des coefficients, change le caractère *quantitatif* du patrimoine héréditaire. Mais, au moins pour quelque temps, tant que les destructions n'ont pas été trop entières, le caractère *qualitatif* de ce patrimoine n'est pas modifié, c'est-à-dire, que ce sont toujours les *mêmes* substances vivantes qui se trouvent, quoiqu'en proportions autres, dans le protoplasma d'un être donné. Voilà donc quelque chose qui reste constant au cours de la vie individuelle, la composition qualitative du patrimoine héréditaire. Nous tirerons parti de cette remarque pour la définition de l'espèce. Mais auparavant, il est préférable de donner à la loi d'assimilation fonctionnelle une forme moins factice.

Suivant en cela les errements des physiologistes, nous avons décomposé artificiellement le corps en parties différentes, et l'histoire de chaque partie en périodes successives dites de repos et de fonctionnement. En réalité ce n'est là qu'un procédé tout théorique d'analyse ; nous n'avons ordinairement aucun droit de séparer les unes des autres des parties entre lesquelles existent des connexions, des corrélations très précises ; d'autre part, sauf dans des cas très spéciaux comme celui de l'activité musculaire, nous ne savons pas définir, pour un organe donné, ce que nous appelons repos et ce que nous appelons fonctionnement. Evidemment, la formule de la destruction fonctionnelle de Claude Bernard est venue principalement de la considération des activités faciles à définir, comme celles des muscles ou des glandes. Mais si l'on veut employer un langage vraiment scientifique, un langage dans lequel les mots aient un sens précis, on doit renoncer à ces deux procédés artificiels d'analyse, celui qui consiste à décomposer le corps en organes séparés, et celui qui consiste à décomposer l'histoire de chaque organe en périodes de repos et périodes de fonctionnement. Pour l'observateur dépourvu d'idées préconçues, l'être vivant forme un tout indivisible, et ses fonctionnements ou activités vitales successives sont des fonctionnements de *tout le mécanisme*. La vie individuelle est donc une série de fonctionnements distincts, dont chacun résulte de l'état actuel du corps, de l'état actuel du milieu, et des relations actuelles entre le corps et le milieu.

Cette série de fonctionnements est ininterrompue. Je la représente par les formules symboliques $(A_1 \times B_1)$, $(A_2 \times B_2)$, etc. Et la loi d'assimilation fonctionnelle revient à cette vérité évidente que la forme A_2 dérive de A_1 par le fonctionnement $(A_1 \times B_1)$. J'écris cette vérité sous la forme symbolique suivante :

$$A_1 + (A_1 \times B_1) = A_2 ;$$
$$A_2 + (A_2 \times B_2) = A_3 ;$$
$$A_3 + (A_3 \times B_3) = A_4 ; \ldots$$
$$\ldots \ldots$$
$$A_{n-1} + (A_{n-1} \times B_{n-1}) = A_n.$$

Parmi toutes ces formes successives A_1, A_2, A_3 .... A_n, du corps individuel, considérons-en une au hasard, A_2, par exemple. Voici alors en quoi la loi d'assimilation fonctionnelle diffère de la loi d'assimilation rigoureuse : si l'assimilation était rigoureuse, le corps A_2, fabriquant dans toutes ses parties des substances identiques aux siennes, grossirait simplement en restant semblable à lui-même, *et quel que fût le milieu correspondant* B_2. Avec l'assimilation fonctionnelle au contraire, c'est *en tant qu'organe* de la fonction $(A_2 \times B_2)$ que le corps A_2 assimile dans les conditions B_2. Dans d'autres conditions B'_2, le même corps A_2 assimilerait *en tant qu'organe* de la fonction différente $(A_2 \times B'_2)$, et le résultat serait différent. A un moment quelconque de son existence, le corps A ne porte jamais en lui-même son devenir. Ce qu'il fait et ce qu'il devient résultent non seulement de sa structure A, mais aussi des relations actuelles $(A \times B)$. Ainsi cette formule symbolique $(A \times B)$ définit à chaque instant un fonctionnement, et si l'on veut aussi, *l'organe* de ce fonctionnement. La vie est une succession de fonctionnements ; l'être est une succession d'organes temporairement définis par le fonctionnement correspondant.

Il suffit de réfléchir un instant pour comprendre que notre raisonnement analytique de tout à l'heure revient à notre raisonnement synthétique actuel. L'organe total $(A \times B)$ peut se décomposer artificiellement en parties, dont les unes, sous l'influence des relations avec B, sont, au moment considéré, en état d'activité vitale, et dont les autres, sous la même influence, sont, au même moment, à l'état de repos. On voit d'ailleurs aisément que, soit avec le raisonnement analytique, soit avec la formule synthétique, on est conduit à ce même résultat : la variation chimique, résultat des fonctionnements successifs, est, pour le patrimoine héréditaire, une variation *quantitative*.

* * *

Ceci posé, nous avons trouvé quelque chose de commun à tous les états successifs d'un même individu depuis l'œuf jusqu'à l'état adulte ; c'est la structure *qualitative* de son patrimoine héréditaire. Et, en dehors de cette structure qualitative, nous ne voyons rien qui nous permette de parler un langage rigoureux, le langage des *égalités*. Cela nous suggère donc une définition de l'espèce :

Nous appelons êtres de même espèce tous ceux qui ont, *qualitativement*, le même patrimoine héréditaire, en d'autres termes, tous ceux dont les protoplasmas sont composés des mêmes substances vivantes. Deux êtres seront au contraire d'espèce différente, si le patrimoine héréditaire de l'un comprend *au moins une substance* non représentée dans le patrimoine héréditaire de l'autre.

Voilà une définition précise et qui ne laisse prise à aucune équivoque puisqu'elle est basée *sur des égalités*. L'évolution spécifique consistera désormais en des variations *qualitatives* du patrimoine héréditaire ; mais tant que la description qualitative du patrimoine héréditaire n'aura pas varié, il ne faudra pas parler de changement d'espèce, quelles que soient d'ailleurs les modifications morphologiques observées. Il faudra voir ensuite ce que l'on entend par variété, par race, par type, etc. ; mais le mot *espèce* aura une signification très spéciale ; le groupement nommé *espèce* aura une situation privilégiée au milieu de tous les autres groupements. On pourra *convenir* du choix de groupements plus étendus, que l'on appellera *genres, familles, ordres, classes*, etc., mais il y aura dans le choix de ces groupements une part de convention qui n'existera plus dans celui du groupement espèce.

Je fais remarquer d'ailleurs que cette définition de l'espèce n'est pas spéciale à la Biologie ; elle est instinctivement adoptée pour les corps bruts. On dit que deux corps sont de même espèce s'ils ne présentent que des différences quantitatives. Je n'insiste pas ici sur ces considérations que j'ai développées ailleurs [1].

1. V. *L'Unité dans l'être vivant*, ch. IV, F. Alcan.

La définition de l'espèce par l'identité qualitative des patrimoines héréditaires répond aux exigences d'une bonne définition. Elle est faite *a priori* et ne préjuge pas des résultats possibles de l'observation relativement à la fixité ou à la variabilité de l'espèce; elle ne laisse prise à aucune ambiguité. Reste à savoir si, bonne au point de vue théorique, elle est satisfaisante dans la pratique.

En tout cas, si elle ne l'était pas pour le moment, à cause de l'insuffisance de nos notions relativement à la chimie des protoplasmas, nous pourrions toujours la conserver dans l'espoir de progrès ultérieurs en chimie. Déjà, maintenant, dans certains cas, nous pouvons constater que notre définition a une valeur indéniable. Un exemple entre mille : la ciguë de Socrate ou *Conium maculatum*, produit dans toutes ses parties, sous l'influence du fonctionnement de ses substances vivantes un alcaloïde vénéneux appelé *conicine*. Cet alcaloïde se produit en quantités très variables suivant les pays dans lesquels sont cultivés les échantillons de ciguës étudiées. Il y a donc, entre ces divers types d'une même espèce, une identité qualitative avec des différences quantitatives. Une autre remarque très importante se tire des ressemblances de goût et d'odeur entre plantes que leur morphologie a fait considérer comme voisines. Je reconnais une ombellifère à son goût, quelle qu'elle soit. Un enfant à qui j'enseignais la botanique s'étant étonné d'apprendre que le *panicaut*, malgré ses feuilles piquantes, n'est pas un chardon, je lui en fis sentir et goûter, et il trouva que cela rappelait la carotte; il ne fut plus surpris ensuite quand je lui montrai les raisons morphologiques qui font classer ce simili-chardon dans la famille des ombellifères. Si l'on classait les substances chimiques par leurs formes cristallines, on serait exposé à rapprocher souvent des corps ayant des propriétés très différentes. Et cependant, sauf les cas relativement rares de polymorphisme, la composition chimique d'une substance fixe sa forme d'équilibre cristallin. Cette simple remarque nous met en garde contre la notion de *voisinage*; deux corps peuvent être voisins à divers points de vue ; une similitude morphologique peut ne pas correspondre à une similitude chimique, mais il y a aussi des cas où une forme cristalline commune résulte de structures moléculaires analogues; tel est le cas des corps dits *isomorphes*. Encore faut-il remarquer que, si deux corps sont isomorphes, au point de pouvoir se substituer l'un à l'autre dans un même cristal, s'ils ont même structure moléculaire, ils peuvent contenir des éléments *différents* comme cela a lieu par exemple pour l'alun ordinaire et l'alun de chrome. En d'autres termes, ces deux corps, vraiment semblables en tant qu'aluns, sont nettement dissemblables au point de vue de leurs éléments constitutifs.

Lorsqu'il s'agit d'êtres vivants, le rapport de la forme à la composition chimique est indéniable. C'est ce que j'ai appelé le *Théorème morpho-biologique*[1]. Mais entre l'échelle chimique et

1. V. *Éléments de philosophie biologique.*

l'échelle macroscopique ou mécanique, il y a un intermédiaire qui est l'échelle colloïde ou protoplasmique. C'est, en fin de compte, l'état protoplasmique qui dirige la morphologie générale, et si deux corps, ayant des patrimoines héréditaires différents, ont néanmoins des états protoplasmiques analogues, ils peuvent présenter des rapports morphologiques frappants, comme tout à l'heure les substances isomorphes de composition chimique différente. Réciproquement, des êtres identiques chimiquement peuvent, sous des influences d'ordre colloïde, être absolument différents (fougère-prothalle). C'est donc seulement sous bénéfice d'inventaire qu'il faut conclure du voisinage morphologique au voisinage chimique ou de la différence morphologique à la différence chimique.

Cependant, il est bien certain que l'étude de la morphologie est, dans l'état actuel de la science, le plus sûr moyen que nous ayons d'être renseigné avec précision sur la composition chimique des corps vivants. Par exemple, ce qui, pour nous, définit l'espèce *navet*, c'est la valeur chimique de son patrimoine héréditaire; mais, en dehors des renseignements que peuvent nous fournir, au sujet de cette espèce, notre odorat et notre goût, il est bien évident que c'est ordinairement à sa forme que nous reconnaissons un navet.

Est-ce donc à dire que nous aurons fait inutilement ce long détour pour revenir à la définition de l'espèce par les similitudes morphologiques?

Il ne faudrait pas le croire.

Nous avons été conduits à considérer le *réactif morphogénique* comme le meilleur de ceux qui sont à notre disposition pour connaître les similitudes chimiques des patrimoines héréditaires, mais nous n'oublions pas cependant que la morphologie d'un adulte est le résultat *d'une histoire* et que, par conséquent, les différences entre deux morphologies peuvent tenir aux divergences d'éducation ou divergences historiques autant qu'aux différences chimiques des patrimoines héréditaires. Voici par exemple deux graines de navet, aussi identiques que possible, et qui, semées dans les mêmes conditions, nous eussent fourni deux navets très semblables. J'en sème une dans une terre riche et à l'abri, l'autre au contraire dans une terre pauvre et battue par le vent. J'obtiendrai deux plantes très différentes par leurs dimensions et par leur aspect général, de sorte que l'identité de patrimoine héréditaire sera masquée dans leurs morphologies respectives. J'aurai cependant un moyen de voir que les différences sont plus apparentes que réelles, car les graines de ces deux plantes, semées dans une même terre, donneront des échantillons analogues. Cependant, (sauf dans les cas de dimorphisme évolutif comme celui de la Renouée amphibie ou de la mutation Fougère-prothalle), je reconnaîtrai aisément l'espèce navet, en étudiant morphologiquement les deux plantes issues de graines semblables dans des milieux différents. Et cela se comprend aisément, car au cours d'une vie individuelle, les variations réalisées dans le développement morphologique d'un être, *se réduisent à des variations quantitatives.*

Voilà ce qui va nous sauver.

Pour reconnaître que deux êtres sont de même espèce, nous devons constater qu'il n'existe entre leurs patrimoines héréditaires que des différences quantitatives. D'autre part, les différences morphologiques réalisées au cours de leur développement sont aussi d'ordre quantitatif. Si donc, nous trouvons une identité qualitative, au point de vue morphologique, entre deux êtres donnés, nous conclurons de cette identité qualitative à celle des patrimoines héréditaires correspondants, et nous conclurons que les êtres étudiés sont de même espèce.

Il y a là un tour de passe-passe qu'il faut bien comprendre. Les différences quantitatives observées dans l'étude morphologique dépendent des conditions historiques du développement; elles peuvent être considérables pour des êtres provenant de graines identiques, elles peuvent être assez minimes dans certains cas; pour des êtres provenant de graines différentes. *Il ne faudra donc jamais conclure, de la grandeur des différences morphologiques à celle des divergences de patrimoine héréditaire;* il ne faudra pas conclure du voisinage morphologique au voisinage chimique réel; mais si les différences morphologiques sont uniquement quantitatives, nous en conclurons à l'identité qualitative des patrimoines héréditaires, et, par suite, à l'identité spécifique des deux êtres comparés. En revanche, de différences *qualitatives* dans la morphologie de deux êtres, nous ne pourrons pas conclure immédiatement à l'existence de différences spécifiques entre eux, car ces différences morphologiques peuvent être sous la dépendance d'un dimorphisme ou d'un polymorphisme d'ordre colloïde.

Laissant de côté ces possibilités de polymorphisme colloïde auxquelles nous reviendrons ultérieurement, nous sommes donc conduits à une règle pratique pour la définition morphologique de l'espèce.

Il faut faire le catalogue *complet* de toutes les particularités morphologiques mesurables d'un individu donné. Chacune de ces particularités aura une colonne à elle dans la feuille servant à établir le signalement de l'individu; on mettra dans ces colonnes le coefficient personnel correspondant. L'ensemble de tous les coefficients sera la fiche *ontométrique* de l'être étudié. Pour voir si un autre être mérite d'être placé dans la même espèce que le premier, il suffira de constater que l'on peut faire la description du second au moyen de chiffres placés dans les colonnes de l'état signalétique spécifique, et dans ces colonnes seulement.

Voilà une règle pratique [1] dont l'application présente sûrement de grandes difficultés, mais pas d'impossibilité. Il ne s'agit pas d'ailleurs de procédés permettant aux naturalistes classificateurs de délimiter convenablement leurs espèces; les classifications n'ont pas besoin d'être philosophi-

---

1. J'ai déjà donné cette règle il y a huit ans. V. *L'Unité dans l'être vivant, op. cit.*

ques; il suffit qu'elles présentent des catalogues de groupes conventionnels faciles à consulter. Au contraire, le but que nous poursuivons ici est de savoir si, au point de vue philosophique de l'étude du transformisme, il est possible de donner de l'espèce une définition absolue qui permette de parler avec précision de la théorie de la descendance. La définition précédente réalise cette condition. Elle ne préjuge en rien de la fixité ou de la variabilité de l'espèce; c'est une définition *a priori*; nous y avons été conduits d'abord au point de vue chimique; puis, comme le côté chimique des protoplasmas ne nous est pas abordable actuellement, nous avons, par une habileté qui n'a d'ailleurs présenté aucun caractère frauduleux, transporté notre définition dans le domaine morphologique, en faisant seulement remarquer que les *nombres* donnant le signalement morphologique n'auraient aucun rapport avec les nombres représentant les proportions chimiques du patrimoine héréditaire.

Je ne puis me défendre de rappeler une fois encore, pour excuser ce que l'étude présente peut avoir de fastidieux, quelles contradictions il y avait dans l'ancienne définition de l'espèce adoptée par les naturalistes. Ils définissaient l'espèce par la descendance, par la parenté; et ensuite, après avoir établi que les enfants sont, par définition, de l'espèce de leurs parents, ils établissaient le dogme transformiste qui prétend que les descendants sont d'une espèce *différente* de celle de leurs ascendants. La contradiction est évidente; mais les naturalistes nous ont habitués depuis longtemps à un langage peu précis.

On a défini aussi l'espèce par la *continuité* des types qui la constituent. Mais il est impossible d'établir jamais rigoureusement cette continuité, car les différences entre individus sont toujours finies. D'ailleurs, notre définition actuelle permet, si l'on veut, de croire à la continuité dans l'intérieur de l'espèce. Si en effet, nous avons deux individus définis par leur fiche signalétique, nous pouvons inscrire, dans chaque colonne, un nombre moyenne arithmétique des coefficients correspondants des deux premiers. Nous aurons défini ainsi un troisième individu *exactement intermédiaire* aux deux premiers; nous n'avons pas à nous demander si cet individu existe; ce qui nous importe c'est que, s'il existe, il est de la même espèce que les deux autres. Entre le deuxième individu et le troisième, nous pouvons, par le même procédé, établir un quatrième individu exactement intermédiaire, et ainsi de suite; l'espèce, définie comme nous l'avons fait, est donc théoriquement *continue* au sens mathématique du mot.

*
* *

Une fois donnée cette définition de l'espèce, la loi d'assimilation fonctionnelle va nous permettre de comprendre les variations. D'abord, ainsi que je le faisais remarquer précédemment, si la loi d'assimilation était rigoureuse, il n'y aurait jamais variation même quantitative du patri-

❦ 157 ❧

moine héréditaire. Toutes les variations quantitatives constatées dans la description morphologique d'une lignée seraient dues uniquement à des nécessités d'ordre historique, et ne seraient, en aucune manière, transmissibles aux descendants. Chacun aurait sa morphologie propre tenant à son histoire propre, mais avec un patrimoine héréditaire invariable et intégralement transmis. Or la loi d'assimilation n'est qu'approchée ; seule la loi d'assimilation fonctionnelle est rigoureuse. Donc, la variation du patrimoine héréditaire sera la loi générale, la fixité étant au contraire l'exception.

Mais il faut bien s'entendre sur les dimensions des variations possibles.

Les conditions dans lesquelles vivent les individus d'une même espèce diffèrent ordinairement fort peu les unes des autres. Quand les conditions deviennent trop différentes, les individus meurent et ne nous intéressent plus. Il y a un minimum de fixité dans les conditions naturelles permettant à la vie de continuer. Et ce minimum indispensable de fixité limite les variations possibles dans les lignées restant vivantes. C'est ce qui explique le paradoxe de l'apparente fixité de l'espèce et de sa variation effective. *La variation est lente.* Elle ne se remarque pas si l'on se reporte à un petit nombre de générations. Une comparaison permet de faire comprendre la possibilité de considérer l'espèce comme fixe ou comme variable suivant le point de vue. Dans les ouvrages de Géographie on donne une idée du relief d'un pays en dessinant une coupe verticale de toute la région. Si ce dessin était fait à l'échelle, le pays paraîtrait plat, car les distances horizontales sont immenses par rapport aux variations verticales. Aussi l'on a l'habitude de multiplier les hauteurs par un coefficient énorme, mille ou plus suivant les cas. Et cela accentue le relief. De même, si, pour étudier une espèce, on mesure les variations à une échelle de même ordre que celle des temps, on croit à sa fixité ; pour comprendre sa variabilité, il faut grossir démesurément l'échelle des variations par rapport à celle des temps.

La variation, étant due à l'assimilation fonctionnelle, est, par suite, immédiatement adaptative. Elle est nulle ou insignifiante quand les conditions ambiantes restent fixes pendant plusieurs générations ; elle devient importante pendant les périodes de transition au cours desquelles les êtres doivent *s'habituer* à un genre de vie nouveau. En tout cas, elles sont *quantitatives*. Mais il est certain que ces variations quantitatives sont plus ou moins profondes. Il y a retentissement du mécanisme macroscopique sur le mécanisme colloïde, et, souvent du mécanisme colloïde sur le mécanisme chimique. Seules auront des chances d'être transmises, les variations qui auront atteint le patrimoine héréditaire chimique. Encore se présentera-t-il une difficulté tenant à la reproduction sexuelle, mais nous réservons cette difficulté pour une étude ultérieure.

Pour le moment, nous devons nous préoccuper d'abord de l'étendue possible des variations. Si

la variation est uniquement quantitative, et si
la définition de l'espèce est qualitative, cela entraîne immédiatement l'impossibilité, pour une
variation, de *franchir les limites de l'espèce.* Or
nous sommes bien obligés de croire aujourd'hui,
que des plantes dérivant d'ancêtres communs
fabriquent des alcaloïdes différents, ont, en d'autres termes des patrimoines chimiques qualitativement différents. Si donc nous croyons au transformisme d'une part, et si, d'autre part, nous
avons confiance dans la rigueur des déductions
précédentes, nous devons être amenés à penser
que, dans certains cas, une transformation *quantitative* peut conduire à une variation *qualitative.*
S'il s'agissait de composés chimiques simples
comme ceux de la chimie inorganique, une telle
opinion serait déraisonnable; mais les substances
vivantes sont d'une complexité prodigieuse; de
plus, le retentissement des variations colloïdes
sur la composition chimique des éléments constitutifs du protoplasma, nous fait deviner que
ces éléments sont dans un état analogue à celui
des composés considérés au-dessus de la température de dissociation [1]. Nous concevons donc
que des mélanges de certains corps, dans des proportions données, puissent fournir des composés
définis plus complexes, variation qualitative résultant de variations uniquement quantitatives
d'abord. Cela s'impose à nous nécessairement et
diminue d'autant la valeur de notre définition de
l'espèce; en effet, cette définition est basée sur

1. V. *Éléments de philosophie biologique, op. cit.*

des qualités, mais sur des qualités de corps considérés dans des conditions telles que la ligne de démarcation (qualité-quantité) y est moins sensible que partout ailleurs; notre définition est chimique, mais se rapporte à des corps pour lesquels les réactions chimiques ont une allure physique manifeste[1]. Au fond tout cela provient de ce que la vie est un phénomène de la chimie-physique, et que, par conséquent, le langage purement chimique lui est difficilement applicable en toute rigueur.

En outre, il n'est pas question, dans l'histoire évolutive des espèces, de savoir si tel composé, qui s'est formé de l'agglomération en proportions définies de composés préexistants, est susceptible d'être détruit, mais s'il est effectivement détruit dans les réactions vitales ultérieures. Nous nous retrouvons en face du facteur ignorance si important en biologie. Nous ne savons pas expérimenter directement sur les protoplasmas; nous devons nous contenter des expériences que la nature fait sous nos yeux et considérer une substance comme définitive quand nous n'assistons pas à sa destruction. Nous trouverons cependant dans les expériences naturelles de fécondation quelques renseignements importants sur la valeur quantitative ou qualitative d'une variation. Parlons, pour le moment, de ces variations comme si nous savions en reconnaître la nature, et nous serons conduits à une définition *a priori* des variétés comprises dans l'intérieur d'une espèce.

1. V. *Science et conscience*, Paris, 1908.

Nous plaçant immédiatement au point de vue quantitatif, l'existence de variétés dans une espèce nous apparaît comme liée à une certaine proportionnalité des coefficients quantitatifs des patrimoines héréditaires. Par définition, toutes les substances constitutives des protoplasmas des individus d'une espèce donnée sont les mêmes ; mais les coefficients de ces substances dans les patrimoines héréditaires sont personnels. Si quelques-unes des proportions individuelles déterminent des caractères morphologiques particulièrement remarquables, on considère ces proportions spéciales comme définissant une variété, et les individus qui se groupent autour de ce type remarquable appartiendront à certe *variété quantitative*. Si, par suite de circonstances longtemps maintenues, la précision du caractère quantitatif de variété se fixe de plus en plus, un groupement quantitatif bien *défini* pourra donner l'impression d'un composé nouveau ; la variété sera devenue une espèce. Nous verrons d'ailleurs comment les réactions sexuelles nous révéleront ce passage de la variété à l'espèce définitive.

Mais il faut immédiatement signaler la prodigieuse cause d'erreur que sera pour nous le *polymorphisme spécifique*, lorsque nous voudrons tirer, de la seule considération des caractères morphologiques, des conclusions sur la valeur d'un groupe d'individus. Tout ce que nous venons de dire des variations quantitatives *observées sur la morphologie de l'individu total*, n'a d'importance que si nous comparons entre eux des êtres que ne sépare pas un dimorphisme colloïde constitutionnel. L'exemple de la Renouée amphibie est excellent pour fixer nos idées à ce sujet. Là, un dimorphisme très net tient uniquement aux conditions d'existence, et se manifeste sans que l'on puisse croire à aucune variation du patrimoine héréditaire, puisque, en passant de l'air à l'eau, un bourgeon axillaire passe toujours du type aérien au type aquatique. De même pour la mutation Fougère-prothalle, un dimorphisme colloïde très important ne correspond à aucune variation du patrimoine héréditaire. Voilà donc des cas où des individus *que ne sépare aucune différence méritant le nom de variation*, ne sont pourtant aucunement comparables au point de vue morphologique.

Un tel polymorphisme est de règle dans le règne végétal. Nous avons dit précédemment que, chez les plantes, l'individu proprement dit se réduit à un entre-nœud portant une feuille et un bourgeon axillaire; dans certains cas, la fleur mérite aussi le nom d'individu [1]. Or, chez la plupart des plantes herbacées, un polymorphisme très remarquable se manifeste depuis les feuilles radicales jusqu'aux feuilles florales et aux fleurs. Ce polymorphisme est dû à des variations colloïdes d'ordre topographique; si donc on veut comparer plusieurs plantes de la même espèce, on devra comparer entre elles les feuilles *correspondantes* et non des feuilles quelconques; c'est là une difficulté considérable pour l'applica-

----

1. V. *L'Unité dans l'être vivant, op. cit.* La définition de l'individu.

tion de la règle quantitative de définition de l'espèce. La même difficulté se rencontre d'ailleurs chez les animaux les plus individualisés, à cause des différences *tissus* qui se manifestent d'un point à l'autre du corps, et qui ne correspondent aucunement à des variations vraies.

A propos des mutations observées par de Vries sur les Œnothera Lamarckiana, nous restons quelquefois dans le doute; avons-nous affaire à des variations vraies ou à un simple polymorphisme colloïde? La question ne se pose même pas pour les deux dernières mutations, celles qu'il a appelées *O. Scintillans* et *O. Elliptica*. Ces deux types, résultats des hasards colloïdes d'une fécondation, sont, en grande proportion, détruits par la fécondation suivante. Là, sans nul doute, nous avons assisté à la formation de types morphologiques n'entraînant aucune modification des patrimoines héréditaires.

Il n'en est plus de même quand nous nous occupons des neuf premières mutations, *O. Gigas* par exemple, qui résistent à une fécondation ultérieure. Peut-être avons-nous seulement affaire à une variation colloïde qu'une fécondation a produite et que la fécondation suivante ne défait pas. Mais à côté des variations colloïdes qui, comme celle du prothalle de la fougère, n'influent aucunement sur le patrimoine chimique héréditaire [1], il y en a d'autres qui, *à la longue*, déterminent une transformation chimique définitive. Un facteur quelconque, qu'il soit exté-

1. Parce qu'elles ne durent pas assez longtemps.

rieur à l'être ou transportable avec lui, peut, s'il continue assez longtemps son action, imprimer son souvenir d'une manière indestructible dans le chimisme des substances protoplasmiques. Si donc les neuf mutations stables de de Vries sont dues à des particularités colloïdes réalisées par hasard, elles détermineront *à la longue* une variation vraie dans le patrimoine héréditaire. Et nous constatons justement que cès facteurs d'équilibre colloïde se conservent longtemps, soit simplement parce que le hasard ne défait pas ici ce qu'il a fait, soit parce que plusieurs variations, séparément réversibles, deviennent indestructibles quand elles sont superposées [1].

Enfin, les raisonnements que nous avons faits plus haut à propos de la linaire péloriée, nous ont amenés à croire que certaines variations colloïdes brusques ayant un retentissement morphologique considérable, peuvent être le résultat de variations chimiques quantitatives *lentes* qui, dans certaines conditions, franchissent la marche d'escalier ou discontinuité protoplasmique [2]. Le même phénomène pourrait être la cause des mutations de l'Œnothère; seulement, au lieu d'une seule discontinuité, au lieu d'un simple dimorphisme, il y aurait un polymorphisme à neuf ou dix types distincts, tous plus stables protoplasmiquement que l'*O. Lamarckiana*, mais généralement moins viables que le type normal.

1. V. plus haut. p. 69.
2. V. plus haut, p. 78.

Dans les deux hypothèses précédentes, soit que l'on ait affaire à une variation colloïde brusque déterminant petit à petit une variation vraie du patrimoine héréditaire par adaptation lamarckienne, soit qu'il s'agisse d'un polymorphisme colloïde résultant de variations quantitatives ayant franchi la marche d'escalier, *c'est toujours le phénomène de variation lente qui est le phénomène principal!* Les mutations ont l'aspect morphologique de variations brusques, mais le phénomène essentiel de la vie des êtres et de la formation des espèces est *l'assimilation fonctionnelle*, qui agit *lentement*, et est la définition même du mode lamarckien d'évolution.

SIXIÈME LEÇON
L'EXPÉRIENCE SEXUELLE

Les expériences de de Vries sont, à proprement parler, des observations bien faites et non des expériences proprement dites. Le savant hollandais s'est en effet toujours contenté de laisser agir la nature, et est intervenu seulement pour protéger de la destruction les plantes délicates ou pour empêcher les fécondations croisées. M. Blaringhem au contraire a fait de réelles expériences; non pas qu'il ait agi directement sur les états protoplasmiques des plantes étudiées; la méthode qui permettra ces actions directes est encore à découvrir; mais il a réalisé indirectement des mutations, en produisant artificiellement des traumatismes plus ou moins grossiers. Ces traumatismes ont retenti d'une manière obscure, mais indéniable, sur l'équilibre des cellules végétales; or, en même temps que des mutations proprement dites, le botaniste français a obtenu des changements très remarquables dans les manifestations sexuelles des plantes d'expérience. D'où la conclusion vraisemblable que, entre le facteur inconnu des mutations, et le facteur également inconnu de la détermination des sexes, il y a peut-être d'intéressants rapprochements à faire. Nous sommes donc conduits à essayer de nous rendre compte de la nature des facteurs sexuels; nous y sommes amenés aussi par les considérations brièvement énoncées à la fin de la dernière leçon et qui nous ont permis de penser que l'*expérience fécondation*, dont la nature est si peu avare, est capable de nous fournir un criterium des variations qualitatives opposées aux variations simplement quantitatives du patrimoine héréditaire. Je passerai brièvement en revue toutes les notions aujourd'hui acquises au sujet du sexe, car j'ai consacré à ces notions une étude très étendue dans d'autres ouvrages.

Le phénomène sexuel est beaucoup plus répandu dans la nature vivante, qu'on ne l'avait cru autrefois. La reproduction agame est possible sans doute, du moins pendant un certain temps, mais la découverte de la valeur sexuelle de la karyokinèse [1] a conduit à attribuer à la sexualité une place tout à fait prépondérante dans le processus vital élémentaire. La substance vivante est sexuée, même dans les cas où le sexe ne se manifeste pas grossièrement à nous par une séparation des deux sexes dans des éléments morphologiquement distincts. Le phénomène d'assimilation est un phénomène *bipolaire*, et le protoplasma vivant est comparable à une pile électrique dans laquelle le fonctionnement est

1. V. *Traité de biologie, op. cit.*, ch. IV, § 36.

subordonné à la présence de deux éléments antagonistes.

La *maturation sexuelle* est le phénomène qui localise dans un élément unique les *pôles* mâles par exemple, à l'exclusion des *pôles* femelles. Cette maturation est partielle ou totale suivant les cas. Elle est totale, quand il ne reste plus dans un élément génital ou *gamète* que des pôles d'un seul et même nom. Elle est partielle, quand il reste encore dans un élément génital, à coté d'une majorité de pôles d'un sexe, un petit nombre de pôles de sexe opposé ; dans ce dernier cas, les pôles de la minorité, opposés à un nombre égal de pôles de la majorité, peuvent encore constituer une petite quantité de substance vivante complète, capable de vivre par elle-même (parthénogenèse partielle des abeilles). Mais quand la maturation est totale, les éléments sexuels mâle ou femelle sont incapables d'assimilation ; rigoureusement parlant, ils sont *morts*, quelque paradoxale que puisse paraître cette affirmation quand il s'agit des éléments reproducteurs des espèces.

Les éléments mûrs sont antagonistes ; ils s'attirent et se complètent pour former un œuf qui est une substance vivante parfaite, point de départ d'un nouvel individu.

Une grande difficulté, sur laquelle on n'attire pas en général l'attention dans les ouvrages de biologie, git dans la définition de ce qu'on appelle élément mâle ou élément femelle d'une manière absolue. Un élément sexuel est antagoniste d'un autre élément sexuel qu'il attire et complète ; mais dans ce phénomène *réciproque*, lequel des deux éléments mérite le nom de mâle, lequel le nom de femelle ? On a l'habitude de ne pas s'arrêter à cette question qui a peut-être une grande importance. D'ailleurs, sans avoir sérieusement réfléchi à la question physique du sexe, les naturalistes ont, d'un commun accord, décidé que l'on distinguerait l'élément mâle à sa petitesse et à sa mobilité, l'élément femelle étant au contraire caractérisé pas sa grosseur et son immobilité. C'est là une convention *a priori* qui cache peut-être une erreur profonde, comme l'affirmation gratuite de Claude Bernard relativement à la destruction fonctionnelle. Mais elle est admise par tout le monde, et *on ne songe pas à la discuter*. J'ai essayé de montrer que cette convention dissimule une erreur évidente dans le cas des infusoires sénescents de Maupas[1]. Là certainement, on a pris pour des êtres hermaphrodites des individus unisexués. Et l'erreur est peut-être beaucoup plus générale qu'on ne le croit. Il faudrait se procurer un étalon de sexe mâle et un étalon de sexe femelle, comme on possède des étalons d'électricité positive et d'électricité négative. Jusque-là, ce sera par pure convention que l'on définira mâle ou femelle tel élément sexuel mûr; la seule chose qu'on puisse affirmer, c'est que deux éléments sont de sexe contraire, quand ils s'attirent et se complètent. Et l'on doit se trouver bien embarrassé devant des cas comme celui de la linaire dont je parlais précédemment[2] où un élé-

1. V. *Traité de biologie*, ch. IV, §§ 23, 24.
2. V. plus haut, p. 74.

ment *dit mâle* est incapable de féconder un élément *dit femelle* de la même espèce. Rigoureusement, on a le droit et le devoir de douter de la valeur de la convention *a priori* qui, basée sur des raisons d'ordre morphologique, a fait baptiser mâle et femelle deux éléments non complémentaires. Il est possible aussi que, pour une substance vivante complète donnée, il y ait plusieurs manières de se diviser en deux parties antagonistes ; alors il y aurait une certaine manière d'être mâle correspondant à une certaine manière d'être femelle, et à celle-là seulement. Dans tous les cas, une revision de la définition du sexe des gamètes s'impose, mais personne ne voudra l'admettre. On est trop habitué au langage actuel !

Supposons pour le moment cette difficulté résolue. Une question se pose immédiatement à nous. Pourquoi, en des points divers d'un même individu, pourquoi, dans deux individus différents, la maturation sexuelle se fait-elle dans deux sens différents ? C'est là la question de la détermination du sexe. Aucune réponse précise ne peut être donnée pour le moment à cette question importante. Un fait, cependant, est définitivement acquis. La maturation sexuelle, qu'elle se fasse dans le sens mâle ou dans le sens femelle, ne peut atteindre que des cellules ayant déjà subi une modification d'ordre colloïde, modification très remarquable et absolument générale chez tous les êtres supérieurs dans lesquels la vérification a pu être faite. Cette modification se traduit, pour l'observateur au microscope, par un changement dans le nombre des chromosomes ; le nombre est n au lieu de $2n$. Nous avons déjà constaté cette modification dans le prothalle de la fougère. Chez les plantes supérieures et chez les animaux, on doit considérer l'organe génital comme un prothalle parasite dans le corps ou *Soma* [1] La seule chose que nous sachions aujourd'hui est que tous les éléments susceptibles de maturation sexuelle diffèrent des autres éléments par leur état colloïde ; il est donc vraisemblable que ce sont aussi des raisons d'ordre colloïde qui rendent la maturation nécessaire ou impossible, et qui la dirigent dans le sens de tel ou tel sexe. C'est pour cela que les traumatismes de Blaringhem, déterminant à la fois des mutations et des changements dans la détermination du sexe, nous font penser que les mutations sont, elles aussi, des phénomènes d'ordre colloïde ; et cela nous permet de choisir entre les diverses hypothèses émises à la fin de la dernière leçon.

Les mutations de de Vries, au moins celles qu'il a constatées chez les Œnothères, sont, nous l'avons vu, le résultat d'une fécondation. Mais, dans une fécondation, phénomène complexe, on peut envisager les faits à deux échelles, l'échelle colloïde et l'échelle chimique. Et il est certain que les particularités qui se manifestent à l'une et à l'autre de ces deux échelles peuvent être également importantes pour l'évolution personnelle de l'être issu de la fécondation, puisque la transportabilité existe chez les colloïdes comme chez les substances de la chimie. L'influence directe-

---

1. V. *Traité de biologie, op. cit.*, ch. v.

ment morphogène des états colloïdes [1] nous expliquerait aisément les mutations occasionnées, chez deux ou trois pour cent des individus produits, par des hasards colloïdes au moment de la fécondation.

Il n'y a pas que des phénomènes colloïdes dans la fécondation; il y a aussi des phénomènes chimiques, et ce sont même les plus importants pour la formation du patrimoine héréditaire. L'idée que nous nous ferons de la nature de ces phénomènes chimiques influera beaucoup sur la manière dont nous comprendrons les résultats de l'amphimixie. Des raisonnements que j'ai exposés longuement ailleurs [2] m'ont amené à une hypothèse symétrique sur la nature du sexe. Cette hypothèse consiste simplement dans la généralisation de la notion du sexe jusqu'à l'échelle chimique elle-même. Elle revient à ceci, que chaque substance vivante, chimiquement définie, a deux sexes ou, si l'on préfère, deux pôles antagonistes et complémentaires. Ces deux pôles coexistent dans tout protoplasma capable de vivre. La maturation sexuelle *mâle*, par exemple, phénomène dont nous ignorons la nature et qui n'a pas de valeur morphologique, consisterait en une disparition, une fonte, de tous les pôles femelles, dans une cellule. Réciproquement, la maturation femelle résulterait de la disparition unilatérale des pôles mâles. Un *gamète* ou élément sexuel se composerait donc de substances unipolaires, tandis

1. V. *Éléments de philosophie biologique, op. cit.*
2. *Traité de biologie, op. cit.,* § 32.

qu'une cellule vivante se compose de substances bipolaires. Et les deux pôles étant essentiels à l'assimilation comme les deux pôles de la pile à la production du courant, la vie n'existerait pas chez les gamètes.

De même que la maturation s'est manifestée jusque dans les éléments ultimes, jusque dans les molécules des substances vivantes elles-mêmes, de même la fécondation serait également un processus chimique dans notre hypothèse symétrique sur la nature du sexe. Et nous pensons naturellement que, dans ce processus remarquable de la fécondation, les éléments complémentaires de même nature se féconderaient réciproquement en s'accolant chacun à chacun et reconstituant les molécules bipolaires initiales.

Tout ceci paraît inaccessible à nos investigations et semble ne pas pouvoir sortir du domaine des hypothèses invérifiables. Mais souvenons-nous que, pour notre notion chimique d'espèce, nous avons cru aussi à l'impossibilité de la faire entrer dans le domaine des choses pratiques, où un seul raisonnement lui a finalement donné droit de cité. Nous allons voir tout de suite que notre hypothèse symétrique sur la nature du sexe nous conduit à des conclusions vérifiables dans le domaine ordinaire de l'observation.

Supposons d'abord que, par un hasard vraiment extraordinaire (nous avons vu en effet que la variation est la règle, à cause du facteur historique de l'évolution), les deux gamètes qui s'unissent dans l'acte de la fécondation soient rigoureusement identiques au point de vue quantitatif, c'est-à-dire qu'ils proviennent, l'un de la maturation mâle, l'autre de la maturation femelle de deux cellules qualitativement et quantitativement identiques. Alors, à chaque pôle mâle correspondra un pôle femelle de la même substance; une cellule totale ou l'œuf se reconstituera dans l'acte de la fécondation, *identique* aux deux cellules qui ont fourni l'une l'élément mâle, l'autre l'élément femelle. La fécondation aura simplement reproduit une cellule ayant exactement le même patrimoine héréditaire que les deux cellules **devenues sexuelles**. **Au point** de vue du patrimoine héréditaire, tout se passera donc comme s'il y avait eu parthénogenèse, sans maturation, de l'une des cellules considérées.

Ce cas très simple et invraisemblable nous met sur la voie des cas plus normaux.

Supposons maintenant que nos deux gamètes proviennent de deux cellules de même espèce ayant, dans leurs patrimoines héréditaires, des différences quantitatives acquises au cours de l'évolution. Non seulement les patrimoines héréditaires sont plus ou moins différents, mais la grosseur absolue des cellules est également différente de l'une à l'autre. En conséquence, il y aura des nombres différents de pôles mâles et de pôles femelles de toutes les substances vivantes correspondantes dans les deux gamètes. Or, un pôle femelle peut compléter un pôle mâle et un seul. Si donc l'on écrit les nombres correspondants de pôles mâles et de pôles femelles des mêmes substances dans les deux gamètes, le nombre des molécules complètes résultant de la fécondation sera *le plus petit* de ces deux nombres correspondants. S'il y a pour la substance *a*, 583 pôles mâles et 591 pôles femelles, on verra se reconstituer uniquement 583 molécules complètes de la substance *a*, et les 8 pôles femelles supplémentaires resteront inemployés, ou, du moins, ne pourront servir que comme substance alimentaire. En d'autres termes, des deux nombres de demi-molécules correspondantes mâles ou femelles, le nombre qui représentera les molécules complètes issues de la fécondation *sera le plus petit*. C'est ce que j'ai appelé la *loi du plus petit coefficient*[1].

Encore une fois, cette loi n'est pas susceptible d'une vérification directe. Mais nous allons en tirer immédiatement des conséquences accessibles à l'observation.

D'abord, si l'élément mâle et l'élément femelle qui entrent dans une fécondation proviennent de cellules appartenant à la même espèce, il n'y aura entre cet élément mâle et cet élément femelle, au point de vue du patrimoine héréditaire, que des différences quantitatives. Quels que soient les coefficients adoptés dans la fécondation en vertu de la loi du plus petit coefficient, le résultat ou œuf ne présentera non plus, par rapport aux patrimoines héréditaires des deux cellules ayant produit les gamètes, que des différences quantitatives. En d'autres termes l'œuf sera de la même espèce que les deux parents de même

---

1. V. *Traité de biologie, op. cit.*, § 62.

espèce qui ont fourni les éléments de la fécondation.

Ceci était à prévoir, mais il y a encore une autre conclusion, et plus importante celle-là ! Voici un élément vivant A et un autre élément vivant B, appartenant tous deux à la même espèce, et ayant les patrimoines héréditaires a et b, entre lesquels il n'y a que des différences quantitatives. Je suppose que A soit atteint de la maturation mâle et B de la maturation femelle ; les coefficients de l'œuf produit par leur union seront les plus petits coefficients des patrimoines héréditaires a et b. Je suppose maintenant que A soit atteint de la maturation femelle et B de la maturation mâle, les coefficients de l'œuf résultant de la fécondation seront encore les plus petits coefficients des patrimoines héréditaires a et b, *c'est-à-dire les mêmes que la première fois !*

Voilà quelque chose d'appréciable et qui prête à une vérification directe. Etant donnés deux êtres de même espèce, le résultat de leur croisement sera le même, soit que le premier fournisse l'élément mâle et le second l'élément femelle, *soit que ce soit tout le contraire.*

J'ai tiré dans un autre ouvrage [1], bien d'autres conclusions vérifiables de mon hypothèse sexuelle symétrique ; je veux seulement insister ici sur la différence que cette hypothèse permet d'établir *expérimentalement* entre les fécondations croisées de *variétés* d'une même espèce et les

---

1. V. *Traité de biologie, op. cit.*, ch. VIII.

fécondations croisées d'*espèces* différentes ; et cela suffira à justifier l'importance que j'attribue à l'expérience sexuelle dans la question de la définition de l'espèce.

Deux variétés, avons-nous dit, ne diffèrent que quantitativement. De là la conséquence que nous venons d'établir, à savoir que le produit du croisement est le même, soit que la première variété ait fourni le mâle, soit qu'elle ait au contraire fourni la femelle. En d'autres termes, en observant le produit du croisement, nous n'avons aucun moyen de savoir quelle variété a fourni le père ou la mère ; nous voyons seulement le résultat du croisement de deux variétés.

Au contraire, si nous avons emprunté le mâle à une espèce et la femelle à une espèce différente, que devons-nous constater ? D'abord, quand nous faisons de ces croisements entre espèces, nous ne savons jamais *a priori* si le résultat sera viable. Comment compléter une demi-molécule *a* femelle avec une demi-molécule mâle appartenant à une espèce chimique différente ? Et, en fait, les croisements entre espèces différentes sont généralement impossibles. Supposons qu'un de ces croisements, entre espèces *voisines*, ait réussi. Les substances vivantes a, b, c, etc... de la première, doivent être assez peu différentes des substances vivantes a', b', c', etc..., de la seconde ; sans cela le croisement serait infécond. Je suppose que la première espèce ait fourni l'élément mâle, c'est-à-dire les demi-molécules mâles a_m, b_m, c_m, etc... la seconde l'élément femelle, c'est-à-dire les demi-molécules femelles

a'_f, b'_f, c'_f, etc... L'œuf résultant de la fécondation aura des molécules complètes, mais *panachées*, qui se représenteront par les formules $(a_m + a'_f)$, $(b_m + b'_f)$, $(c_m + c'_f)$, etc... Il se trouve, ce que nous ne pouvions pas deviner, que ces molécules panachées sont viables. Constatons-le sans nous demander pourquoi. Mais nous voyons immédiatement que, contrairement à ce qui se passait pour les unions croisées de variétés d'une même espèce, l'œuf croisé résultant de la fécondation *n'est pas le même, suivant que telle ou telle espèce a fourni le mâle et l'autre la femelle.* Il n'y a aucune raison pour que la molécule panachée $(a_m + a'_f)$ soit identique à la molécule panachée $(a_f + a'_m)$, dans laquelle c'est la seconde espèce qui a fourni l'élément mâle. Au contraire, il y a des raisons pour que ces molécules panachées soient distinctes. Et en effet, le *mulet* est différent du *bardot*.

J'ai déjà tiré cette conclusion de mon hypothèse sexuelle symétrique dans un ouvrage paru il y a neuf ans [1]. Or de Vries arrive à une conclusion analogue en employant un langage tout différent.

« J'essaierai de montrer, dit-il [2], que les espèces et les variétés se comportent d'une manière tout à fait différente dans les expériences de croisements, et que l'on peut espérer utiliser un jour les croisements pour établir sur des données

---

1. *La Sexualité*, 1899. V. aussi *Traité de biologie*, op. cit., ch. VIII, § 68.

2. *Op. cit.*, p. 157.

expérimentales, ce que l'on doit appeler espèce et ce que l'on doit appeler variété dans tout cas proposé... Il sera peut-être possible de déduire d'un petit nombre d'expériences des règles donnant une solution décisive dans beaucoup d'autres cas... Nous devons, d'une part, prendre les croisements entre espèces élémentaires de la même espèce systématique ou d'espèces systématiques très voisines et, d'autre part, nous limiter au croisement de variétés avec les espèces dont on suppose qu'elles sont dérivées par variation régressive. Les croisements de variétés de la même espèce constituent évidemment un cas dérivé et ne seront discutés qu'en second lieu. Quant aux croisements de variétés ayant des caractères positifs ou dégressifs, ils ont été si rares jusqu'ici que nous pouvons bien les négliger. »

Voilà posé le problème auquel nous avons été conduits précédemment ; mais son énoncé est écrit dans la langue des particules représentatives, ce qui créera pour nous une difficulté considérable. Nous allons pourtant essayer de voir jusqu'à quel point le parallélisme peut être établi entre les conclusions du botaniste hollandais et les nôtres.

« Une espèce élémentaire diffère, dit-il[1], de ses plus proches alliées par des changements progressifs, c'est-à-dire par l'acquisition de quelque caractère nouveau. Les espèces dérivées ont une unité de plus que leurs parentes ; toutes

1. *Op. cit.*, p. 158.

les autres qualités sont les mêmes chez les deux parents. Chaque fois qu'on unit par le croisement une espèce dérivée avec la forme parente, le résultat obtenu, en ce qui concerne les qualités communes, sera identique à celui d'une fécondation directe; on obtiendra donc une combinaison de chaque caractère du parent mâle avec le même caractère du parent femelle. Il peut y avoir de légères différences individuelles, mais *chaque unité spécifique se trouvera en opposition et s'unira avec la même unité spécifique du parent. Dans les rejetons les unités sont donc accouplées, et chaque couple consiste en deux unités équivalentes.* Pour chaque caractère, les unités de chaque couple particulier sont les mêmes et ne doivent montrer que de légères différences relatives au degré de développement du caractère. »

J'interromps ici ma citation pour faire une remarque. Dans les phénomènes de croisement, de Vries est amené à parler de ses *unités spécifiques* comme je parle des substances constitutives du patrimoine héréditaire. Il est donc vraisemblable que nos conclusions se présenteront avec une forme verbale analogue. Mais je m'empresse d'insister sur ce point que la similitude des expressions dissimule une antinomie totale de pensée. Quand je parle des substances constitutives du protoplasma, je ne fais aucune hypothèse; il est bien évident que les substances vivantes sont formées de quelque chose. Mais ces substances constitutives ne représentent pas les *caractères* de l'adulte; elles ont des *pro-*

priétés personnelles comme toutes les substances définies, et les caractères de l'adulte résultent de l'ensemble des phénomènes vitaux qui consistent dans des réactions de ces substances entre elles et avec le milieu. Chaque caractère de l'adulte résulte donc rigoureusement de toutes les propriétés de toutes les substances de l'œuf, et de toutes les réactions intervenues au cours du développement. Aussi bien, je ne sais pas ce qu'est un *caractère* considéré comme entité ; et quand H. de Vries parle d'un être qui a un caractère de moins qu'un autre, je trouve cela parfaitement incompréhensible[1]. Je reviens maintenant à ma citation :

« Nous pouvons maintenant appliquer cette
« notion à la combinaison sexuelle de deux espè-
« ces élémentaires distinctes, l'une étant dérivée
« de l'autre. Le caractère différentiel n'est pré-
« sent que dans l'un des deux parents et absent
« dans l'autre. Tandis que toutes les autres
« unités sont accouplées dans l'hybride, celle-là
« ne l'est pas ; elle ne rencontre pas de compagne
« et doit par suite rester dépareillée. L'hybride
« de ces deux espèces élémentaires est donc en
« quelque sorte *incomplet et anormal*. Dans la
« marche ordinaire des choses, tous les indivi-
« dus prennent leurs qualités à deux parents ;
« pour chaque caractère particulier, ils possèdent
« au moins deux unités accouplées travaillant
« simultanément et font que le descendant res-
« semble aux deux parents. Il n'y a aucune qua-

1. V., plus haut, p. 18.

« lité dépareillée dans le descendant normal ;
« c'est l'existence d'une unité non accouplée qui
« constitue le caractère essentiel des hybrides et
« cause en même temps les nombreuses dévia-
« tions aux règles ordinaires.

« Si nous passons maintenant aux variétés, il
« nous suffit aussi de comparer leurs caractères
« différentiels. Dans les types négatifs, la diffé-
« rence consiste en l'absence *apparente* de
« quelque qualité qui était active dans l'espèce...
« Les caractères présumés perdus ne le sont pas
« absolument, du moins d'une façon permanente ;
« ils montrent leur présence par quelques lé-
« gères indications de la qualité qu'ils représen-
« tent ou par des retours accidentels ; ils ne font
« pas défaut, ils ne sont que *latents*.

« Si nous établissons notre discussion concer-
« nant le processus du croisement sur cette
« conception, et si nous la limitons toujours à un
« seul caractère différentiel, nous arrivons à la
« conclusion que ce caractère est présént et actif
« dans l'espèce, mais présent et latent dans la
« variété. Il existe donc dans les deux parents
« et il trouve son compagnon dans le croisement
« tout comme les autres caractères. Leur union
« se fera comme s'ils étaient tous deux actifs ou
« tous deux latents, car ils sont essentiellement
« les mêmes et ne diffèrent que par le degré de
« leur activité. Nous pouvons en déduire que,
« dans le croisement de variétés, aucune unité
« spécifique ne reste dépareillée... En résumé,
« nous pouvons conclure que, dans la féconda-
« tion normale et le croisement entre variétés

« tous les caractères sont accouplés par paires,
« tandis que dans les croisements entre espèces
« élémentaires, les caractères différentiels ne le
« sont pas. Pour distinguer ces deux grands
« types de fécondation, nous emploierons le
« mot *bisexuel* pour l'un, *unisexuel* pour l'autre.
« Le terme *croisement bisexuel* implique l'idée
« d'une symétrie complète, toutes les unités
« ou caractères se combinant par paires. Les
« *croisements unisexuels* sont ceux dans les-
« quels une ou plusieurs unités restent dépa-
« reillées[1] ».

J'ai tenu à citer en entier ce long passage du livre de de Vries. Il n'est pas prudent de résumer la pensée d'un auteur que l'on ne comprend pas, ou du moins dont on ne considère pas les considérations comme légitimes. Je ferai immédiatement, au sujet de ce passage de l'auteur hollandais, une remarque d'ordre très général. Avec Claude Bernard, tous les partisans de la théorie des particules représentatives, parlent, comme de choses absolument indépendantes, des phénomènes vitaux et des phénomènes morphologiques. Quand ils s'occupent de forme, ils ne songent pas aux nécessités vitales, et réciproquement. J'ai toujours trouvé regrettable cette division factice des points de vue, car ce ne sont que des points de vue différents auxquels on se place successivement pour étudier une chose parfaitement *une*, l'histoire évolutive d'un être. On l'étudie en morphologiste ou en biologiste, et

1. De Vries, *op. cit.*, p. 160.

l'on n'essaie pas de faire concorder les résultats des deux études. Dans le cas actuel, je m'étonne que H. de Vries (comme tous les Weismanniens d'ailleurs) parle sans inquiétude de ces *caractères* qui, tantôt sont accouplés, tantôt ne le sont pas. Mes études biologiques m'ont conduit à penser que le phénomène vital est un phénomène bipolaire ; quand un *pôle* est démuni de son antagoniste, il est incapable de collaborer au phénomène vital ; il est donc, comme s'il n'était pas. La morphologie est une conséquence de la vie ; nous ne pouvons voir de manifestation morphologique là où il n'y a pas d'abord assimilation ; or les éléments sexuels mûrs sont incomplets et incapables d'assimilation. Si des *caractères* sont dépourvus de leur antagoniste complémentaire, comment se manifestent-ils ? J'ai assez longuement insisté ailleurs sur ce peu de logique du système weismannien, pour n'avoir pas besoin d'y revenir de nouveau. Voici d'ailleurs la conclusion de H. de Vries relativement à ses considérations sur les croisements unisexuels :

« Dans la plupart des cas, ce que nous savons actuellement des unités spécifiques est beaucoup trop incomplet pour que l'on puisse en faire une analyse précise, même en se limitant aux caractères distinctifs. Nous connaissons plus ou moins les caractères des parents, mais nous ne sommes pas préparés à les délimiter exactement[1]. Laissons donc là ces considérations théo-

----

1. Voilà un aveu bien grave pour un Weismannien.

riques et passons à la description de quelques exemples démonstratifs [1]. »

Il était inutile d'étaler un si grand appareil de déductions pour renoncer ensuite à s'en servir dans le contrôle des expériences. Pour les Weismanniens, le phénomène sexuel est en quelque sorte une complication surajoutée à la vie et destinée à introduire de la variété dans les descendances, tandis que, pour nous, le phénomène sexuel fait partie intégrante du phénomène vital lui-même ; le phénomène vital est bipolaire, et un pôle isolé ne saurait avoir d'intérêt biologique. Voici maintenant l'exemple « démonstratif » de de Vries :

« Un hybride de deux espèces américaines d'Œnothère fait il y a quelques années, résulte du croisement de la forme européenne de l'Œnothère commune ou *Œnothera biennis* et de l'espèce voisine à petites fleurs, *Œnothera muricata*... Leurs différences ne se comportent pas, dans les expériences, comme si elles étaient de la nature de celles qui distinguent les variétés de la même espèce ; aussi leur croisement donne un exemple de véritable union unisexuelle... J'ai fait les croisements réciproques en prenant comme mère, tantôt l'espèce à fleurs étroites, tantôt l'espèce commune. *Ces croisements n'ont pas conduit au même hybride*, comme il arrive souvent dans les cas analogues ; *bien au contraire les deux hybrides sont très différents* et ressemblent tous deux au père beaucoup plus qu'à la mère [2]. »

1. *Op. cit.*, p. 160.
2. De Vries, *Op. cit.*, p. 161.

Dans notre théorie, ce fait a une signification immédiate ; il prouve que les deux parents sont d'espèces différentes, en donnant au mot espèce la définition qualitative proposée précédemment. Avec sa manière de voir, incompréhensible pour moi, je constate què de Vries arrive à la même conclusion et, je m'en félicite quoique ne voyant aucunement comment ses *caractères dépareillés* expliquent le fait. Le *caractère dépareillé* de de Vries, *qu'il fût emprunté au père ou à la mère*, devrait se manifester de la même manière dans le rejeton, puisqu'aucune hypothèse sexuelle n'a été faite à son sujet et que c'est là un caractère comme tous les autres caractères.

Ce qui me paraît encore plus incompréhensible c'est que, lorsqu'on reproduit par auto-fécondation l'hybride obtenu, il se multiplie semblable à lui-même. Je m'étonne de ce caractère dépareillé qui se transmet ainsi à travers les fécondations successives. La théorie des molécules panachées à laquelle nous a conduits notre hypothèse symétrique sur la nature du sexe nous explique au contraire très aisément, d'une part la différence des hybrides suivant que l'on a emprunté à l'une des espèces l'élément mâle ou l'élément femelle, d'autre part la persistance du type hybride pur, tant que des fécondations nouvelles peuvent reproduire les molécules panachées initiales. Si la molécule panachée initiale a été de la forme $(a_m + a'_f)$, toutes les molécules panachées des auto-fécondations ultérieures ont la même forme puisque la maturation mâle reproduira toujours le même élément mâle ($a_m + b_m + c_m...$) et la maturation femelle le même élément femelle ($a'_f + b'_f + c'_f...$). Toutes les auto-fécondations successives reproduiront donc, somme toute, le même croisement qu'au début, et dans le même sens.

Je considère donc ce cas comme un cas d'hybridation vraie ou de croisement d'espèces différentes. Le critérium auquel nous ont conduits nos raisonnements paraît immédiatement applicable dans la pratique.

Une autre particularité de ces croisements d'espèce est la diminution de la fertilité. J'ai déjà tiré ailleurs des conclusions de cette constatation[1], aussi je crois inutile d'y revenir ici, d'autant plus que cette stérilité des hybrides d'espèces est très variable suivant les cas et ne permet pas l'établissement d'un critérium absolu. Nous nous en tiendrons donc jusqu'à nouvel ordre à la règle que l'on peut écrire :

$$a_m + a'_f \gtrless a_f + a'_m.$$

J'aurais voulu trouver dans le livre de de Vries le résultat des croisements effectués entre les nouveaux types d'Œnothera ; cela nous aurait donné des renseignements précieux sur la valeur qu'il faut attribuer aux changements réalisés par mutation. Malheureusement, l'auteur hollandais ne s'étend guère sur cette question ; il parle bien (p. 165) de croisements effectués entre ses

---

1. V. *Traité de biologie, op. cit.*

nouvelles espèces élémentaires et d'autres espèces élémentaires ne provenant pas d'*O. Lamarckiana*; là le résultat a été une hybridation vraie répondant au type de nos molécules panachées, mais cela n'a rien d'étonnant puisque les différences spécifiques entre les parents étaient antérieures à la mutation. Il dit seulement que *O. brevistylis* (l'une de ses formes nouvelles) se comporte toujours dans son croisement (avec quoi? il ne le dit pas), comme une variété régressive. Si des expériences de croisement entre les nouvelles espèces élémentaires provenant des mutations n'ont pas encore été faites, il pourrait être intéressant de les effectuer et de leur appliquer la règle :

$$a_m + a'_f \gtrless a_f + a'_m.$$

On saurait ainsi si ces nouvelles « espèces élémentaires » méritent, oui ou non, d'être considérées comme des espèces nouvelles au sens qualitatif du mot.

*
* *

Une question théorique se pose immédiatement relativement à ces croisements d'espèces qualitativement différentes. Ne rejetons pas cette question parce qu'elle est purement théorique, nous avons vu comment il est possible de tirer des conclusions théoriques, inaccessibles en apparence, des règles pratiques simples. Comment peut-on concevoir le passage d'une variété quantitative à une espèce qualitative ? C'est, nous l'avons vu précédemment, par la fixation progressive et lente d'un caractère quantitatif qui, répété avec une précision croissante pendant un grand nombre de générations, finit par fournir un groupement moléculaire en proportions définies ayant la valeur d'une molécule simple. Il y a donc acquisition progressive d'une qualité, par la fixation lente d'un caractère de quantité. Si c'est vraiment là le type de la genèse d'une nouvelle espèce, on doit penser que le passage de la variété à l'espèce est un phénomène continu, et que l'observation pure et simple ne doit montrer aucune différence plus sensible entre les derniers stades *variétés* et le nouveau stade espèce, qu'entre deux stades voisins de la variation quantitative qui conservent tous deux le nom de variété. Mais l'expérience sexuelle établit au contraire une différence tranchée entre les deux cas. Si l'on croise entre eux deux individus séparés seulement par une différence de variété, il est évident, d'après le raisonnement fait plus haut, que le croisement ($a_{femelle} \times b_{mâle}$) donne des résultats identiques au croisement inverse ($a_{mâle} \times b_{femelle}$). Au contraire, si une différence d'espèce existe entre les parents utilisés pour le croisement, le sens du croisement ne sera plus indifférent. En raisonnant sur ce phénomène on comprend que sa signification est la suivante :

Tant qu'un groupement quantitatif de substances n'aura pas atteint la précision qui en fait un composé défini, ce groupement se comportera comme un mélange vis-à-vis de la maturation sexuelle; c'est-à-dire que chacune des molécules simples constituant le groupement sera atteinte pour son compte par la fonte uni-latérale qui fait disparaître tous les pôles d'un sexe. Au contraire, une fois le composé défini réalisé, sa molécule complexe mûrira pour son compte en tant que molécule complexe indestructible, et se comportera comme une unité dans la fabrication du nouveau patrimoine héréditaire. En d'autres termes, c'est seulement vis-à-vis du phénomène maturation sexuelle et du phénomène fécondation qui en résulte, que se manifeste la différence entre une espèce qualitative et une variété quantitative non encore fixée définitivement.

*
* *

Toutes les considérations précédentes nous amènent à attribuer une importance extrême à l'expérience sexuelle dans la question de la définition philosophique de l'espèce. Nous devons donc nous demander comment se comporteront, vis-à-vis de la fécondation croisée, les différents types nouveaux dont nous avons, dans les leçons précédentes, conçu la possibilité. Ces différents types nouveaux pouvaient provenir, soit de variations à l'échelle colloïde, soit de variations à l'échelle chimique, soit encore de l'existence, dans les individus considérés, de parasites symbiotiques. Au point de vue de l'évolution progressive des espèces, la plus importante de ces variations est l'adaptation lamarckienne résultant de l'assimilation fonctionnelle qui produit des variations chimiques quantitatives. Nous devons donc nous demander comment se comportent dans les croisements, les variétés quantitatives résultant d'adaptations fonctionnelles. Etudions d'abord la question théoriquement, suivant notre habitude ; nous verrons ensuite si les conclusions de notre étude théorique peuvent se traduire en langage pratique, de manière à permettre de prévoir les résultats des expériences ou à les expliquer après coup.

Je commence par faire remarquer immédiatement que, avec notre langage chimique, le mot *variété* n'a qu'une valeur relative. Une plante étant donnée, elle est ce qu'elle est, et il est absurde de se demander si elle est une espèce ou une variété. On peut se demander seulement ce qu'elle est *par rapport à une autre plante également donnée.* Au contraire, dans le langage weismannien qui est celui de de Vries, on parle couramment d'un être comme s'il était, d'une manière absolue, un type d'espèce ou un type de variété. C'est là, à mon avis, une erreur philosophique profonde. Seuls les hybrides vrais à molécules panachées portent en eux-mêmes, d'une manière absolue, leur caractère d'hybride, parce que leurs molécules vivantes ont deux pôles qui diffèrent qualitativement. En dehors de ce cas très spécial, nous devrons seulement nous demander si, *dans tel croisement, avec tel type bien défini,* telle plante se comporte comme différant de ce type bien défini par des caractères quantitatifs ou par des caractères qualitatifs. Nous ne dirons donc jamais avec de Vries que « *O. brevistylis,* dans son croisement, se comporte toujours comme une variété régressive [1] ». Cela n'a aucune signification pour nous, du moment que l'auteur ne dit pas « dans *quel* croisement ».

Nous avons vu précédemment que, dans un croisement entre deux types de même espèce, le patrimoine héréditaire du résultat du croisement ne dépend pas de celui des deux types qui a été pris pour mâle ou pour femelle dans le croisement. C'est même ce qui nous a fourni le criterium sexuel des différences d'espèces ; c'est une conséquence immédiate de la loi du plus petit coefficient.

Nous pouvons aller plus loin et tirer des conclusions plus précises relativement aux résultats des croisements entre variétés quantitatives.

D'abord, du moment qu'il s'agit de différences d'ordre quantitatif, nous comprenons ce que nous disons quand nous parlons de variétés très voisines ou de variétés très distinctes. Les premières sont celles dont les coefficients sont dans des rapports presque identiques, les secondes celles dont les coefficients sont dans des rapports très différents. Des raisonnements que j'ai longuement exposés ailleurs [2] conduisent à ce résultat :

Si les variétés croisées sont quantitativement *très distinctes*, tous les produits d'un même croisement seront à peu près identiques. Or si deux patrimoines héréditaires sont très distincts,

1. De Vries. *Op. cit.*, p. 165.
2. *Traité de biologie, op. cit.*

on peut penser que leurs manifestations morphogènes seront également très distinctes, et cela
sans attribuer à l'une quelconque des substances
constitutives la production de tel ou tel caractère, comme on le fait dans la théorie des particules représentatives. Le résultat d'un croisement de deux variétés très distinctes sera un *type
moyen* au point de vue quantitatif. Et même, il
se pourra que ce type moyen soit le même quand
on croise deux variétés d'une espèce ou deux
autres variétés également distinctes de la même
espèce. C'est ce qui se produit par exemple
quand on croise les diverses variétés de pigeons
produites par les éleveurs au moyen d'une sélection sexuelle très surveillée. Les croisements
entre variétés très distinctes reproduisent le type
moyen de l'espèce pigeon, qui est le biset.

Au contraire, si l'on croise entre eux des
variétés très voisines, ou des individus d'une
même variété, les caractères personnels varient
dans chaque produit de croisement ; tous les
produits du croisement à la première génération
sont différents. Cela explique les différences
entre frères dans les unions humaines normales.

Si d'ailleurs nous revenons maintenant aux
croisements entre variétés très distinctes, nous devons comprendre que les deuxièmes générations,
c'est-à-dire les croisements entre les produits
très peu distincts de la première génération, con-
duiront à des individus tous différents comme
dans le cas du croisement de première génération entre variétés très peu différentes. Tout

cela, la théorie du plus petit coefficient le prévoit ; l'expérience le vérifie. Si nous n'avions pas confiance dans notre théorie, l'expérience doit donc nous la rendre précieuse ; si nous avions confiance dans nos raisonnements, nous concluons au contraire de l'expérience que les types sur lesquels nous avons expérimenté étaient bien séparés les uns des autres par des différences quantitatives.

Ces expériences de croisement entre variétés quantitatives très distinctes ont une importance philosophique considérable. Les darwiniens en effet, du moins les néo-Darwiniens disciples de Weismann, ont toujours considéré que les croisements, les phémonènes d'amphimixie sont la source des variations sur lesquelles s'exerce ensuite la sélection naturelle. Or, du moins quand il s'agit de variétés quantitatives, le croisement nous apparaît ici comme faisant disparaître toutes les variations extrêmes et ramenant le type moyen. Une variation quantitative n'a de chances de se conserver, dans les libres croisements naturels, et en dehors des conditions artificielles de sélection sexuelle réalisées par les éleveurs, que *si elle atteint à la fois les deux parents*. C'était précisément une des conditions que Lamarck avait imposées à sa loi de transmission héréditaire des caractères acquis. Et cela rendait possible la transmission des caractères résultant de l'adaptation à des circonstances nouvelles, puisque les mâles et les femelles avaient dû, dans ces circonstances communes, acquérir les mêmes caractères d'adaptation. Au contraire, toutes les aberrations fortuites, modifiant un individu et non son conjoint devaient fatalement disparaître au cours des fécondations. L'amphimixie, loin de jouer, comme le voudraient les darwiniens, le rôle d'une productrice de changements, *nous apparaît au contraire comme la gardienne vigilante du type moyen ou normal des formes existant actuellement.*

De cette vérité très importante, je trouve, entre mille autres vérifications, une démonstration remarquable dans certains faits dont je me suis déjà servi au cours de ces leçons. Rappelez-vous le nombre considérable des formes de *Draba verna*, le nombre plus considérable encore des formes d'*Hieracium* que Jordan appelait des petites espèces. Les *Draba verna* se reproduisent toujours par *auto-fécondation*, puisque le pollen, étant mûr avant l'ouverture de la fleur, a déjà fécondé les pistils avant qu'un pollen étranger puisse intervenir. Si donc une variation quantitative s'est produite par hasard dans une plante, même sans valeur adaptative, elle se conserve par la génération sexuée, puisque c'est la même plante qui fournit l'élément mâle et l'élément femelle; aucun croisement n'intervient pour faire disparaître les variations.

Chez les *Hieracium*, c'est encore plus fort; il y a parthénogenèse, et les graines ne proviennent d'aucune fécondation. Aussi, quelle variété dans les types ! Il y a presque autant de formes distinctes que d'individus.

Enfin, le rôle de l'amphimixie comme destructrice des variations fortuites est peut-être encore susceptible d'être invoqué pour expliquer la dégénérescence rapide qui accompagne ordinairement les divisions cellulaires directes, car on sait que le karyokinèse est un phénomène sexuel partiel[1].

Une contradiction apparente doit nous frapper immédiatement dès que nous sommes arrivés à cette conclusion relativement au rôle de l'amphimixie comme conservatrice du type moyen et destructrice des variations fortuites. Au début de ces leçons nous avons constaté en effet que les mutations de de Vries apparaissent précisément au moment des fécondations, c'est-à-dire au moment de l'acte qui devrait faire disparaître les variations précédemment acquises par les plantes. Et même, c'est dans des plantes qui, extérieurement au moins, ne manifestaient aucune variation apparente que sont nées les graines douées de mutation. Là, donc, la fécondation, au lieu de faire disparaître des aberrations préexistantes en a créé de nouvelles !

Mais, nous l'avons déjà remarqué à plusieurs reprises, le phénomène fécondation peut être envisagé à deux échelles : l'échelle colloïde et l'échelle chimique. A l'échelle chimique, il a pour résultat de détruire les aberrations suivant la loi du plus petit coefficient. A l'échelle colloïde au contraire, il est bien évident que les conditions d'entrée du spermatozoïde dans l'ovule sont extrêmement variées ; dans beaucoup de cas, ces conditions déterminent des variations importantes dans l'état colloïde. Nous étions bien sûrs que

1. V. *Traité de biologie, op. cit.*

telle était la nature des mutations réalisées par une fécondation, quand la fécondation suivante les détruisait, ou du moins la maturation sexuelle suivante, phénomène inverse de la fécondation. Dans ces cas, nous avions sûrement affaire à des variations colloïdes *réversibles*. Or, jusqu'à l'expérience fécondation, nous n'avions aucune raison de considérer les mutations *scintillans* et *elliptica* comme différant essentiellement des autres. Tout cela nous conduit à penser que les mutations de de Vries sont des variations d'état colloïde, les unes durables, les autres ne résistant pas à une maturation. Nous avons plus de raisons que précédemment de considérer ces mutations comme des cas de polymorphisme. Mais nous ne devons pas oublier non plus qué l'état colloïde a une influence considérable sur l'état chimique des patrimoines héréditaires. Si aucun hasard n'intervient pour faire disparaître la variation colloïde fortuite qui a donné naissance à une mutation ; cette mutation finira par se fixer petit à petit dans le patrimoine héréditaire de l'espèce, et ce sera là une variation lente adaptative suivant le mode Lamarckien.

SEPTIÈME LEÇON

DIVERS PHÉNOMÈNES D'HÉRÉDITÉ

M. de Vries distingue des croisements *uni-sexuels* et des croisements *bi-sexuels* ; il le fait dans le langage de Weismann qui, pour nous, n'a aucune signification. Nous avons été amenés par des considérations d'ordre chimique à mettre à part les croisements entre espèces différentes, ou hybrides vrais, dont les molécules sont panachées, et dans lesquels on reconnaît quelle espèce a fourni le père pour le croisement. L'expérience a démontré que nos considérations chimiques étaient légitimes, et nous en avons tiré un criterium pour l'application pratique de notre définition de l'espèce. Puis nous avons envisagé les croisements entre variétés quantitatives d'une même espèce ; dans ces croisements, on ne distingue plus quel type a fourni le père dans le croisement, et cela est encore un bon criterium à appliquer pratiquement. Enfin la loi du plus petit coefficient nous fait comprendre que l'amphimixie a pour résultat de faire disparaître les variations quantitatives aberrantes ; et nous avons vu que l'expérience vérifie encore ce fait.

Mais il se peut que nous n'ayons pas envisagé, sous ces deux types de croisement, tous les modèles de croisements possibles. En particulier, nous devons nous demander à quoi correspond le croisement bi-sexuel de de Vries auquel s'applique la loi de Mendel. N'oublions pas que nous devons considérer les croisements à deux échelles, l'échelle chimique, qui nous a fourni les deux types de croisements déjà cités, et l'échelle colloïde que nous n'avons pas encore étudiée. Enfin, il y a peut-être encore d'autres phénomènes possibles au moment des croisements. Essayons de nous rendre compte de la catégorie à laquelle appartiennent les caractères dits *mendéliens.*

D'abord ces caractères nous apparaissent comme susceptibles d'être étudiés dans le langage de Weismann et ceci n'est pas sans intérêt. Il y a bien, entre ces caractères considérés chez les divers individus, certaines différences quantitatives, mais ces différences quantitatives passent inaperçues devant le fait, beaucoup plus remarquable, que certains échantillons de l'espèce considérée possèdent ces caractères, et que d'autres *ne les possèdent pas.* Ce qui frappe donc l'observateur, ce n'est pas la *petite* variation existant de l'un à l'autre des individus pourvus du caractère considéré, mais bien la *grande* variation séparant deux individus dont l'un est doué, l'autre privé du caractère considéré. C'est là essentiellement une variation discontinue, et le caractère correspondant mérite bien d'être considéré comme une entité à part; étant une entité à part il peut être représenté par une particule à part, et le langage Weismannien lui est applicable.

Remarquons immédiatement que tel n'est jamais le cas pour les caractères de mécanisme des animaux et de l'homme. Jamais nous ne voyons apparaître, à côté d'une variété pourvue d'un nez et d'une bouche, d'autres variétés dépourvues de ces utiles instruments. Il n'y a que des différences quantitatives entre ces divers caractères observés chez les divers individus d'une même espèce; le langage weismannien ne leur est pas applicable; or ce sont évidemment les caractères essentiels de l'espèce considérée; ceux-là sont réellement le produit de l'adaptation Lamarckienne par variation lente. D'ailleurs, si nous envisageons la nature intime du phénomène de la maturation sexuelle dans notre hypothèse symétrique, nous voyons que le patrimoine héréditaire est intégralement représenté, tant dans l'élément mâle que dans l'élément femelle. Une cellule étant donnée, qu'elle mûrisse dans le sens mâle ou dans le sens femelle, elle conserve intégralement son patrimoine héréditaire. Mise en présence d'un élément de sexe contraire emprunté à la même espèce et ne présentant par conséquent que des différences quantitatives, elle reconstitue un patrimoine héréditaire complet, ayant ses coefficients personnels, mais ne différant que quantitativement de ceux du père et de la mère. Si donc nous voyons que, dans certaines unions, tel caractère disparaît ou apparaît brusquement, cette variation qualitative ne saurait être le résultat d'un phénomène de fécondation comme ceux que nous venons d'envisager.

Il faut donc chercher ailleurs.

Une première idée, qui se présente naturellement à nous, est d'attribuer à des variations colloïdes les phénomènes morphologiques discontinus. Somme toute, la variation mendélienne, apparition ou disparition brusque d'un caractère, se rapproche des mutations de de Vries, et nous avons pensé que ces mutations peuvent s'expliquer par des variations colloïdes. Ces mutations ont apparu en effet, soit à l'occasion d'une fécondation, soit sous l'influence d'un traumatisme capable de modifier le sexe somatique, et dans les deux cas, des variations colloïdes sont vraisemblables. Pour discuter cette hypothèse, je rappelle l'expérience classique dont je me suis déjà servi ailleurs[1]. J'en emprunte la narration à un auteur qui se sert du langage weismannien[2] :

« Supposons, dit-il, que l'on croise deux plan
« tes qui diffèrent entre elles par n caractères
« dont le plus frappant est, par exemple, la cou
« leur de la fleur. Appelons a la couleur de l'une
« des plantes et b celle de l'autre. Si ces carac
« tères suivent la règle de Mendel, les produits
« du croisement présentent une uniformité abso
« lue : tous les hybrides ont la couleur a sans
« aucune trace de la teinte b; on dit alors que le
« caractère a est *dominant* et que le caractère b

1. *Les Influences ancestrales*, p. 270.

2. Cuénot. Les recherches expérimentales sur l'hérédité mendélienne. (*Rev. gén. sc.*, 30 mars 1904.)

« est *récessif*. Si ces hybrides sont croisés entre
« eux, on obtient une deuxième génération qui
« se distingue de la précédente par le dimor-
« phisme des individus. 75 p. 100 d'entre eux
« présentent le caractère dominant *a*, et 25 p. 100
« le caractère dominé *b*. Pour expliquer la réap-
« parition du caractère dominé et le dimorphis-
« me des descendants d'hybrides, Mendel et
« Naudin, mais le premier avec beaucoup plus
« de précision que le second, ont pensé que les
« caractères antagonistes *a* et *b*, juxtaposés dans
« l'œuf fécondé et sans doute dans les cellules
« somatiques qui en descendent, *se disjoignent*
« *dans les gamètes, qui, par conséquent ne sont*
« *plus hybrides :* la moitié de ceux-ci possèdent
« seulement le caractère *a*, l'autre moitié seule-
« ment le caractère *b*. Quand on croise les hybri-
« des entre eux, il peut donc se former les quatre
« combinaisons suivantes de gamètes :

$$(a + a), (a + b), (b + a), (b + b).$$

« Dans les trois premiers cas, la plante aura
« le caractère dominant *a*, dans le quatrième, le
« caractère dominé *b*; les plantes issues de
« $(a + a)$ et de $(b + b)$ possèdent les caractères
« *a* et *b* à l'état de pureté comme les parents du
« début : $(a + b)$ et $(b + a)$ sont des hybrides
« identiques à ceux qui résultaient du premier
« croisement. Cette hypothèse de la disjonction
« a été surabondamment vérifiée, et il n'est pas
« douteux qu'elle correspond bien à la réalité des
« faits. »

Il ne me semble pas très aisé de comprendre les faits d'hérédité mendélienne, exposés dans la citation précédente, au moyen de variations colloïdes. Il faudrait supposer que le caractère *a* est dû chez tous les premiers individus, à un état colloïde que j'appellerai A pour mémoire. De même, le caractère *b* serait dû à un caractère colloïde B. Que la confrontation, dans une fécondation, des états colloïdes A et B donne un résultat colloïde constant, et que par suite tous les produits du premier croisement soient identiques, cela ne nous paraîtrait pas extraordinaire ; mais il serait déjà fort difficile de comprendre que ce résultat colloïde eût la valeur morphogène de A et de A seul. Pour la seconde génération cela devient impossible à comprendre. Non pas qu'on ne puisse raconter les faits au moyen des mots A et B comme au moyen des mots *a* et *b*. L'avantage du langage weismannien est qu'il crée des théories absolument verbales. Du moment que nous aurons représenté un caractère par une lettre, nous ferons les mêmes raisonnements au sujet de ce caractère, quelle que soit l'hypothèse faite relativement à la signification de cette lettre. L'important, dans les expériences de croisement mendélien, est précisément que l'on peut représenter un caractère par une lettre et raconter ainsi, avec précision, les résultats des expériences. C'est donc, comme le font remarquer de Vries, Cuénot, et bien d'autres, *une preuve en faveur du bien fondé de la théorie de Weismann.* Et cela serait vrai si tous les caractères des êtres se comportaient suivant la loi de Mendel.

Or, il n'en est rien. Les caractères de mécanisme se comportent tout autrement. Il faut donc conclure des expériences dont nous nous occupons ici, non pas que la théorie de Weismann est bonne, mais que le langage weismannien s'appliquant aux caractères mendéliens, *à l'exclusion des caractères à variation continue*, les caractères mendéliens constituent une classe à part dans les caractères généraux des êtres vivants.

Les caractères mendéliens sont représentés dans les gamètes par quelque chose ; ce quelque chose est vivant et se multiplie par assimilation comme tous les corps vivants. Les particules représentatives de Weismann ont les mêmes particularités. Ce sont donc des microbes au sens le plus précis de la définition de ce mot. Que le langage de Weismann ne s'applique pas à la narration des phénomènes quand il s'agit de caractères de mécanisme, cela prouve surabondamment que l'œuf n'est pas une juxtaposition de microbes susceptibles d'une vie indépendante, comme le veulent les Darwiniens. Mais s'il s'applique à quelques-uns des caractères descriptifs des êtres, comme le prouvent les expériences d'hérédité mendélienne, cela démontre simplement que, à côté du patrimoine héréditaire capable de reproduire les mécanismes vivants, il peut y avoir dans l'œuf des microbes surajoutés qui déterminent, chez l'être provenant de l'œuf, des caractères surajoutés.

En raisonnant ainsi, je me borne à substituer le langage de Pasteur au langage de Weismann. Ces deux langages sont identiques, et aucun

Weismannien n'a le droit de me reprendre, car, je le répète, la définition du microbe et la définition de la particule représentative des Darwiniens sont *identiques*. On connaît aujourd'hui beaucoup de maladies aiguës dues à des microbes *invisibles* ; les caractères Mendéliens sont des maladies chroniques ou *diathèses* dues à des microbes invisibles, et voilà tout. Je ne saurais trop le répéter, il n'y a aucune différence entre le langage de Pasteur et celui de Weismann. Au lieu de créer des maladies, les microbes des caractères mendéliens vivent en symbiose avec les êtres vivants, et leur sont souvent utiles. Mais j'ai montré, il y a dix-huit ans, l'utilité, pour les Paramécies, de l'infection chronique par les zoochlorelles vertes[1]. Ce n'est donc qu'une question de mot. Je dis *microbe* avec Pasteur ; M. de Vries dit *particule représentative* avec Weismann ; cela n'a aucune importance. Ce qui est important, c'est que, ni mes microbes, ni les particules représentatives de de Vries *ne représentent tous les caractères de l'individu*. Ils ne représentent aucunement les caractères de mécanisme. En d'autres termes, les caractères mendéliens, importants en point de vue horticole ou zootechnique, *n'ont aucun intérêt dans l'histoire de la formation des espèces* et dans la genèse des caractères de mécanisme ou d'adaptation. En revanche, ils se prêtent à des expériences faciles à faire et faciles à raconter, et c'est pour cela qu'on s'en occupe tant.

1. V. *Annales de l'Institut Pasteur*, 1891.

Une question de définition de mot se présente à nous comme conséquence des considérations précédentes. Nous avons donné une définition philosophique de l'espèce, en faisant intervenir les différences *qualitatives*. Quand nous nous occupons des croisements mendéliens, avons-nous affaire à des parents de même espèce ou à des parents d'espèce différente? Le premier contient un caractère *a* représenté par un microbe correspondant, le second un caractère *b* représenté par un microbe correspondant. Ces deux microbes *a* et *b* étant différents, il y a des différences qualitatives entre le premier parent et son conjoint. Donc, rigoureusement parlant, il faudrait dire que ces deux parents sont d'espèces différentes. Cependant, la loi d'hybridation vraie, ou loi des molécules panachées ne se vérifie pas dans les produits de leur croisement. Il y a bien uniformité totale des produits de la première génération croisée, comme dans le cas des hybrides vrais; mais, dès la seconde génération, un dimorphisme évident atteint les rejetons, tandis que, dans le cas des hybrides vrais, toutes les générations successives restaient uniformes, comme cela avait d'ailleurs été prévu par la théorie des molécules panachées.

Et, en effet, les deux cas sont entièrement différents.

Quand il s'agit du patrimoine héréditaire vrai d'une espèce donnée, toutes les substances chimiques bipolaires de ce patrimoine héréditaire *mûrissent* à la fois dans un élément sexuel. Les molécules panachées résultent de l'accolement

des pôles mâles des substances de la première
espèce et des pôles femelles des substances correspondantes et voisines de la seconde espèce.

Au contraire, les microbes ne mûrissent pas ;
ils ne sont pas sexués. Si un microbe est parasite
d'un gamète, il y est en tant que microbe complet et non en tant que gamète de microbe. Dans
le cas d'un caractère mendélien, la maturation
d'un gamète n'est donc que partielle. Le gamète
mâle comprend une partie mâle (patrimoine héréditaire correspondant au mécanisme du parent)
et une partie vivante asexuée (microbe déterminant le caractère mendélien). Si donc, sauf leurs
diathèses différentes, les deux parents sont de
même espèce, l'œuf résultant du croisement com-
prendra :

1º Un œuf proprement dit de l'espèce considérée ;

2ᵉ Un microbe déterminant la diathèse *a* et un
microbe déterminant la diathèse *b*.

L'individu résultant sera donc un individu de
même espèce que les deux premiers, muni en
outre des deux diathèses *a* et *b*. Ce ne sera pas
un hybride vrai ; ce sera un *hybride mendélien*
ou *hybride de diathèse*.

Dans certains cas, les deux diathèses *a* et *b*
pourront coexister et se superposer dans cet hybride particulier. Ceux qui s'occupent d'hérédité
mendélienne se sont attachés principalement aux
cas où l'une seule des diathèses se manifeste dans
l'hybride. Ils disent alors que la diathèse apparente est un caractère dominant, que la diathèse
latente est un caractère récessif ou dominé. Les

cas d'antagonismes microbiens sont assez connus pour que tout cela nous paraisse absolument normal. Et ici, l'expression « caractère latent », a un sens positif.

Au moment de la maturation sexuelle qui se produit dans la première génération hybride, il y a, disent les mendéliens, disjonction des caractères dans les gamètes ; chaque gamète ne possède que l'une des particules représentatives (ou que l'un des microbes, c'est tout un). Pourquoi ? nous l'ignorons : contentons-nous de constater le fait. Et ce microbe unique est choisi au hasard, c'est-à-dire que, d'après le calcul des probabilités, il y aura dans chacun des parents un même nombre de gamètes à microbe a et de gamètes à microbe b. Si donc $2n$ gamètes empruntés à l'un des parents fécondent $2n$ gamètes empruntés à l'autre parent, les $2n$ gamètes de chaque parent contiendront n fois le microbe a et n fois le microbe b. Leur fusion faite au hasard donnera donc, dans les $2n$ fécondations résultantes, toujours suivant le calcul des probabilités : 1° n œufs contenant a et b ; 2° $\frac{n}{2}$ œufs contenant deux fois le microbe a et $\frac{n}{2}$ œufs contenant deux fois le microbe b.

C'est précisément la règle de Mendel.

J'ai déjà insisté tout à l'heure sur l'identité de la signification du mot *microbe* et de l'expression *particule représentative*. Mais beaucoup de naturalistes s'insurgent contre une telle assimilation ; ce n'est évidemment qu'une querelle de mots. Cependant, pour ceux que le mot microbe choquerait, voici une autre manière de s'exprimer qui équivaut à la précédente. La seule chose dont nous ayons eu besoin pour construire notre raisonnement, c'est le fait que les éléments appelés par nous microbes *ne mûrissent pas* avec le reste du patrimoine héréditaire. Il y a donc, au moins, par rapport à la maturation sexuelle, deux parties distinctes dans une cellule de l'une quelconque des espèces, l'une qui mûrit, l'autre qui ne mûrit pas dans les mêmes conditions. Celle qui ne mûrit pas se comporte, dans les circonstances de la maturation, comme une unité distincte de celle qui mûrit. Or les expériences de croisement prouvent que justement cette unité distincte détermine, dans l'ensemble de l'être provenant de l'œuf, le caractère dit mendélien. Voilà donc un langage possible pour la narration des faits, sans faire usage des mots *microbe* et *diathèse*, qui cependant correspondent exactement aux expressions « unité spécifique » et « caractère mendélien ».

Le cas sur lequel nous avons bâti notre raisonnement est un cas très simple. En réalité l'expérience démontre que, le plus souvent, ce n'est pas seulement un microbe, mais une association de microbes différents qui produisent par leur synergie des effets complexes. J'ai étudié ailleurs[1] ce cas plus compliqué, je n'y reviendrai pas ici ; il rend le langage plus difficile mais ne nous fournit aucune notion biologique réellement nouvelle.

** **

1. *Les Influences ancestrales, op. cit.*, pp. 274, sq.

L'histoire de l'hérédité mendélienne nous a mis sur la trace d'une nouvelle cause de discontinuité dans la nature vivante. Cette nouvelle cause de discontinuité se réduit à la présence ou à l'absence d'un microbe symbiotique déterminant des caractères qui équivalent à des diathèses. Pour ces caractères, *mais pour ces caractères seulement*, le langage Weismannien est applicable; et, quoique l'on pense de notre interprétation de l'hérédité mendélienne, les néo-Darwiniens ne sauraient nier l'impossibilité d'appliquer à tous les caractères, et notamment aux caractères de mécanisme, le langage des particules représentatives. Au lieu d'être une preuve du bien-fondé de la théorie des gemmules, les expériences de croisement mendélien prouvent au contraire qu'il faut établir une différence tranchée entre les caractères auxquels cette théorie s'applique et ceux pour lesquels elle est inutilisable. Or, tout savant non prévenu considérera évidemment que les seconds, les caractères de mécanisme, sont précisément les seuls importants dans l'histoire de l'évolution progressive. L'hérédité mendélienne n'est qu'un cas très particulier de la transmission des caractères des parents aux enfants, et la théorie qui s'y applique ne saurait être considérée comme une théorie de l'hérédité proprement dite.

Cette nouvelle cause de discontinuité, que nous avons rencontrée dans le cas des croisements mendéliens ne pourrait-elle être invoquée pour l'explication des mutations elles-mêmes? Le changement morphologique brusque que de

Vries a constaté ne pourrait-il s'interpréter comme l'apparition d'une diathèse causée par un microbe symbiotique introduit fortuitement ? Si ces microbes existent dans les pays où poussent les plantes mutantes, s'ils sont, surtout, parasites externes de ces plantes, on conçoit facilement qu'un traumatisme ou une fécondation par un tube pollinique ayant traversé un stigmate pollué, détermine l'inoculation, dans les bourgeons ou dans l'œuf, de ce nouveau facteur d'action. Nous n'avons pas eu besoin de cette hypothèse pour concevoir, sans variation effective du patrimoine héréditaire, les variations brusques appelées mutations ; elles sont faciles à interpréter comme des résultats de variations d'état colloïde ; mais il ne faut rejeter *a priori* aucune des hypothèses vraisemblables, surtout quand ces hypothèses permettent des vérifications expérimentales *a posteriori*.

La conclusion philosophique des leçons précédentes sera donc que, avant d'étudier expérimentalement les croisements d'espèces et de variétés, il faut, par des considérations théoriques résumant le plus grand nombre de faits possibles, établir d'abord quels sont tous les cas vraisemblables de variations. On créera ainsi des catégories auxquelles on donnera des noms ; on s'efforcera ensuite de voir si ces catégories, basées sur des considérations théoriques, sont accessibles à des recherches expérimentales. On fera alors des expériences dans lesquelles on saura vraiment ce qu'on cherche. Au lieu d'employer le langage anti-scientifique des particules représentatives, langage qui a dirigé de Vries dans ses expériences, nous emploierons le langage du patrimoine héréditaire, et nous n'oublierons pas que des variations peuvent être morphogènes, soit qu'elles atteignent directement l'échelle chimique, soit qu'elles se localisent à l'échelle colloïde ou protoplasmique.

Voici les catégories auxquelles nous sommes arrivés; définissons-les d'abord théoriquement; nous verrons ensuite quelles sont les conséquences pratiques de nos considérations théoriques, et comment l'expérience peut nous apprendre à quelle catégorie nous avons affaire. Je rappelle en commençant que toutes nos définitions sont *relatives ;* nous ne nous demanderons pas comme le fait de Vries, si telle plante est une espèce ou une variété, mais si, entre deux êtres donnés, il y a une différence d'espèce ou de variété, et de quelle sorte de variété.

*
* *

1° Deux êtres sont dits de même *espèce* si leurs patrimoines héréditaires ne présentent que des différences quantitatives. Ils sont dits d'*espèces différentes* si leurs patrimoines héréditaires présentent des différences qualitatives.

Dans certains cas, un raisonnement fort simple nous l'a montré, on reconnaît que les différences des patrimoines sont uniquement quantitatives, à ce que les différences morphologiques des adultes correspondants sont également uniquement quantitatives. Mais cette facilité d'étude peut être supprimée par l'existence de variétés d'état colloïde qui, sans modification dans le patrimoine héréditaire chimique, introduisent le dimorphisme ou le polymorphisme dans une espèce dont la définition chimique est parfaitement *une*.

Exemple : fougère-prothalle ; renouée amphibie, etc.

Nous devons donc immédiatement signaler la possibilité d'une première catégorie de variétés, catégorie qui a une grande importance morphologique, et que nous appelons : *variétés colloïdes.*

*
* *

2° Entre les patrimoines héréditaires de deux êtres d'une même espèce qualitative, il peut exister des différences *quantitatives* résultant des hasards de l'évolution individuelle et de l'amphimixie. Nous disons alors que les divers types considérés représentent des *variétés quantitatives* d'une même espèce. Nous verrons tout à l'heure que les expériences de croisements nous amènent à distinguer, dans cette catégorie, plusieurs subdivisions.

*
* *

3° Enfin, entre deux êtres d'une même espèce qualitative, il peut se manifester des différences à caractère discontinu, sous l'influence de microbes symbiotiques qui existent chez l'un et manquent chez l'autre. Nous dirons alors que ces deux êtres appartiennent à des variétés *diathésiques* ou *mendéliennes* de l'espèce considérée.

* *
*

Passons maintenant aux expériences de croisement qui nous permettent de distinguer entre ces diverses catégories.

Nous appellerons *hybrides vrais* les produits du croisement de deux espèces différentes ; nous considérerons comme *hybrides quantitatifs* ou *métis* les produits de deux variétés quantitatives distinctes ; enfin nous appellerons hybrides *mendéliens* ou *diathésiques* les produits du croisement de deux variétés mendéliennes.

* *
*

1° *Hybrides vrais.* — Leurs molécules sont panachées, non seulement dans l'œuf mais dans toutes les cellules de leur corps. Les hybrides vrais ne sont ni de l'espèce du père ni de l'espèce de la mère. Ils constituent, au point de vue strict, des espèces qualitatives nouvelles ; mais leur caractère panaché en fait une chose tout à fait à part.

A la première génération, le choix du père ou de la mère dans l'une des deux espèces croisées *n'est pas indifférent.*

Un père de l'espèce A accouplé à une mère de l'espèce B donne un produit différent de celui qui résulte de l'accouplement d'un mâle B avec une femelle A. Cette particularité, qui ne se retrouvera nulle part ailleurs, est une caractéristique pratique des *hybrides vrais ;* elle permet de déclarer d'espèces différentes deux groupes donnés d'individus, pourvu que les unions croisées entre ces deux groupes soient fécondes.

Quand on prend des pères dans l'espèce A et des mères dans l'espèce B, tous les hybrides de première génération sont uniformes. Ce caractère se retrouvera ailleurs et n'établit pas de critérium. Il n'en est pas de même quand nous passons aux produits de deuxième génération résultant du croisement.

D'abord, il est souvent difficile d'obtenir ces produits de deuxième génération. Chez les hybrides vrais, la fécondité est diminuée quelquefois, tandis que, dans tous les autres genres de croisement, rien de pareil ne se manifeste. Si les hybrides sont stériles, on ne peut pas passer à la deuxième génération, mais la stérilité elle-même est un criterium.

Si les hybrides sont féconds, leurs produits sont identiques entre eux et à eux-mêmes, et ainsi de suite pendant toutes les générations suivantes, ce que les molécules panachées expliquent admirablement. Or rien de pareil ne se manifeste dans les autres espèces de croisements ; nous avons donc, pour les hybrides vrais, un certain nombre de critères sûres et faciles à appliquer.

Une cause d'erreur est la *pseudogamie* ; c'est le phénomène qui se produit quand l'élément mâle, au lieu de féconder l'élément femelle l'empêche de mûrir et le rend parthénogénétique. Mais alors, il y a identité entre le produit de la fausse fécon-

1. V. *Traité de biologie, op. cit.*

dation et l'espèce maternelle[1], et cela suffit à éliminer cette cause d'erreur.

⁎
⁎ ⁎

2° *Hybrides quantitatifs ou métis.* — Ces hybrides sont rigoureusement de la même espèce qualitative que les deux parents. A la première génération, le choix du père ou de la mère dans l'une des variétés croisées *est indifférent*, ce qui distingue immédiatement ces hybrides quantitatifs des *hybrides vrais*. Si les variétés croisées étaient voisines, tous les produits de première génération sont différents. Si elles étaient nettement distinctes, tous les produits de première génération sont identiques, ce qui les rapprocherait des hybrides vrais. Mais, d'une part, la fécondité n'est nullement diminuée chez les métis, d'autre part, à la seconde génération, tous les produits sont différents, tandis que le contraire a lieu pour les hybrides vrais. J'ai été amené, par de longs raisonnements que je ne reproduis pas ici[1], à considérer deux subdivisions dans les variétés quantitatives : 1° les races stables qui proviennent d'adaptations quantitatives lentes à des conditions d'existence longuement conservées ; ce sont ces races stables qui conduisent aux espèces nouvelles ; 2° les variétés aberrantes, produit de la fantaisie des éleveurs qui se sont plu, par une sélection sexuelle prolongée, à accumuler les monstruosités chez des individus surveillés. On

1. V. *Traité de biologie, op. cit.*

refera aisément au sujet de ces deux types de variétés quantitatives les raisonnements que j'ai faits à leur sujet dans mon *Traité de biologie*. L'expérience vérifie ces raisonnements, et d'ailleurs, l'histoire des variétés obtenues suffit à renseigner à leur sujet. Je fais seulement remarquer ici combien il est regrettable que Darwin ait commencé son livre de l'*Origine des espèces*, par l'étude de ces variétés aberrantes qui ne conduisent pas à des espèces.

** * **

3° *Hybrides mendéliens.* — Ici encore l'uniformité à la première génération est la règle, mais les faits de seconde génération sont si caractéristiques qu'ils permettent de distinguer immédiatement les croisements appartenant à ce type. Somme toute, pour les trois groupes que nous venons de passer en revue, nos idées théoriques sont susceptibles d'une vérification pratique au moyen d'expériences de croisement.

** * **

Restent les *variétés colloïdes.* Notre connaissance des colloïdes est encore trop rudimentaire pour nous permettre de faire, *a priori*, au sujet de leurs croisements, des hypothèses ayant quelque valeur. Seuls les cas où la variété colloïde est en rapport direct avec le phénomène de maturation sexuelle ou avec le phénomène de fécondation, nous sont manifestés par le fait qu'un phénomène sexuel défait ce qu'un autre a fait, comme cela a lieu pour le prothalle qui restitue la Fougère par fécondation. Ou encore, nous savons comprendre la nature de la variation colloïde quand l'agent modificateur est extérieur à la plante comme dans la Renouée amphibie. En dehors de ces cas, nous devons procéder par élimination. Nous savons reconnaître à des signes positifs, dans les expériences de croisement, les hybrides vrais, les hybrides quantitatifs et les hybrides mendéliens. Nous rangerons provisoirement dans les hybrides colloïdes ceux qui ne se comporteront comme aucune des catégories connues. Encore y aura-t-il peut-être coïncidence? La question reste entière et demande une étude expérimentale complète. Cette étude sera beaucoup plus féconde si elle est guidée par des considérations logiques, que si elle est conduite d'après la théorie anti-scientifique de Weismann.

Quoi qu'il en soit, même lorsqu'il y a variation colloïde brusque, nous restons convaincus que le phénomène essentiel de l'évolution progressive des espèces vivantes est une variation quantitative lente par adaptation fonctionnelle.

HUITIÈME LEÇON

LA LOI BIOGÉNÉTIQUE FONDAMENTALE

Le vaste édifice transformiste est sapé de plusieurs côtés à la fois. Ce n'est pas seulement la théorie des mutations qui essaie de se substituer à celle des variations lentes, ainsi que je vous l'ai exposé dans les premières leçons de ce cours.

Le système transformiste a été adopté d'enthousiasme, et l'on a accepté, sans y regarder de très près, tout ce qui semblait étayer la théorie nouvelle. Mais voici que les naturalistes commencent à rechercher la précision du langage. Et, comme on devait s'y attendre, beaucoup d'anciennes formules ne résistent pas à la nouvelle critique, car ces formules ont été établies à une époque où l'on sous-entendait toujours, en énonçant une loi biologique, que cette loi se vérifiait seulement *par à peu près*. C'est aujourd'hui le tour de la fameuse « loi biogénétique fondamentale » de Hæckel, connue aussi sous le nom de « Principe de Fritz Müller », et que l'on énonçait brièvement sous forme d'une équation célèbre :

$$\text{Ontogénie} = \text{phylogénie,}$$

ou encore :

Embryologie = généalogie

Il y a quelques années déjà, j'ai eu occasion de vous parler ici du principe de Fritz Müller à propos d'un livre dans lequel un ingénieur italien[1], plus mathématicien que biologiste, s'était avisé de baser une théorie de l'hérédité, sur le principe en question, *pris au sens littéral*. M. Rignano avait, en bon mathématicien, considéré qu'une équation est une équation, et qu'une égalité ne représente pas des inégalités plus ou moins considérables. Il avait donc admis la loi de Hæckel dans toute sa rigueur, et supposé que deux espèces actuelles descendant d'un ancêtre commun ont, au début de leur évolution embryologique, des stades *rigoureusement* identiques, et reproduisent *rigoureusement* les stades ancestraux communs à ces deux espèces. De là la nécessité immédiate de faire intervenir, au moment où des divergences se produisent dans les deux évolutions individuelles comparées, un facteur mystérieux qui introduit précisément ces divergences dans des évolutions jusque-là parallèles. L'absurdité des conclusions de l'auteur était la meilleure démonstration de l'impossibilité d'accorder une valeur absolue au principe de Fritz Müller. Et de fait, la plus élémentaire observation le prouve, alors que le faisan et le poulet descendent, en tant qu'oiseaux, d'un ancêtre commun oiseau, l'œuf de poulet est assez différent

1. Eugenio Rignano.

de l'œuf de faisan pour que n'importe qui puisse le distinguer à première vue. Il y a donc similitude et non identité entre les développements de deux oiseaux naissant de deux œufs analogues mais non identiques ; et les divergences dans les développements se manifestent dès le début, quoique devenant plus considérables avec le temps.

Voilà donc que la *loi biogénétique fondamentale*, au lieu de représenter des égalités, représente seulement des inégalités plus ou moins grandes. Et toutes les fois qu'une loi se présente sous cette forme de série d'inégalités, on peut en tirer des choses bien différentes en employant un langage plus ou moins précis.

Oscar Hertwig, après plusieurs autres, s'est appliqué à montrer les contradictions auxquelles conduit l'attribution d'une valeur absolue au principe de Fritz Müller. L. Vialleton a repris, dans une série de conférences[1], les arguments de Hertwig. Ces deux auteurs ont peut-être dépassé le but. Sans doute, le livre de M. Rignano l'a prouvé, il est dangereux de prendre au pied de la lettre une formule approchée ; mais il ne faut pas non plus aller jusqu'à dire que la « loi biogénétique » n'a absolument aucune valeur. Il y a là quelque chose de plus que la constatation de l'épigenèse. Tout être vivant part d'un œuf et, par construction progressive, devient adulte. Mais entre deux évolutions allant d'un œuf à un adulte

1. L. Vialleton. *Un problème de l'évolution :* La théorie de la récapitulation des formes ancestrales au cours du développement embryonnaire.

dans deux espèces voisines, il y a des rapprochements qui ne viennent pas d'un simple hasard.
Je crois avoir réduit à ses exactes proportions
le principe de Fritz Müller, en l'exprimant sous
cette forme[1] : « Les équations symboliques du
développement spécifique ont la même forme que
les équations symboliques du développement individuel. » La forme sous laquelle Serres avait
énoncé sa loi avait d'ailleurs à peu près la même
signification ; j'ai fait remarquer, il y a longtemps,
que la formule de Serres : « L'embryologie est la
répétition de l'anatomie comparée » n'a que la
valeur d'une simple constatation et exclut toute
hypothèse. En particulier, en employant la formule de Serres, on n'est pas obligé de croire,
comme le ferait penser le principe de Fritz Müller, qu'il y a eu une époque où toutes les phané-
rogames n'avaient que deux feuilles, parce que
toutes les dicotylédones naissent de la graine avec
deux cotylédons !

Ainsi donc, même dans les cas où l'embryogé-
nie est dilatée, le principe de Fritz Müller n'a
pas la valeur que l'on pourrait être tenté de lui
attribuer par un excès de précision dans le langage. Quant aux cas de raccourcissement embryogénique, ils ne font qu'augmenter l'importance
de différences existant déjà. Nul doute que certains développements particulièrement condensés
masquent plus complètement un parrallélisme
déjà précaire ; mais les conclusions que tirent les

1. Voir *Éléments de philosophie biologique*, Paris,
F. Alcan, 1906.

auteurs en général et M. Vialleton en particulier, du fait du développement de l'œil par exemple, sont aussi dangereuses et aussi peu scientifiques que les conclusions opposées des mathématiciens comme M. Rignano.

Il me paraît donc opportun, au cours de ces études sur la crise du transformisme, de discuter en détail la valeur qu'il faut attribuer au principe de Fritz Müller.

Ce principe est basé sur des considérations morphologiques ; or, je vous ai déjà dit plusieurs fois que, les morphologies des êtres étant toutes différentes, on ne peut s'attendre à trouver dans des considérations purement morphologiques des règles se traduisant par des égalités rigoureuses, par des équations vraiment mathématiques. Les seules choses qui nous permettent de parler d'identité quand nous comparons des êtres morphologiquement différents sont les patrimoines héréditaires, ainsi que nous l'avons vu précédemment à propos de la définition de l'espèce. Mais d'autre part, c'est seulement par un artifice discutable à certains égards que nous pouvons passer du point de vue *patrimoine héréditaire* au point de vue morphologique. Je rappelle cependant, pour fixer les idées au début de cette discussion, la forme dénuée de toute considération morphologique, que j'ai donnée ailleurs au principe de Fritz Müller.

Les équations symboliques représentant l'évolution d'un individu A dans un milieu B sont celles de ses *assimilations fonctionnelles* successives. Je les écris :

$$A_1 + (A_1 \times B_1) = A_2$$
$$A_2 + (A_2 \times B_2) = A_3$$
$$A_3 + (A_3 \times B_3) = A_4$$
$$\dots \dots$$
$$A_{n-1} + (A_{n-1} \times B_{n-1}) = A_n$$

Tel est le résumé de l'histoire fonctionnelle de l'individu A_1, A_2, A_3.... A_n.

Au cours de toutes ces assimilations fonctionnelles, le patrimoine héréditaire a de l'individu A subit de légères modifications adaptatives, de sorte que le patrimoine héréditaire de la génération ultérieure naissante est légèrement différent de ce qu'il était au début de la génération précédente. Les différences de ces deux patrimoines successifs tiennent aux variations par adaptation fonctionnelle au cours des événements $(A_1 \times B_1)$, $(A_2 \times B_2)$.... $(A_n \times B_n)$. Si donc je résume dans un terme symbolique b toute la série des facteurs éducatifs B_1, B_2, B_3.... B_n, je pourrai représenter symboliquement par $(a \times b)$ la variation du patrimoine héréditaire a pendant toute la vie individuelle dont l'éducation se résume dans la lettre b. Passant donc de la première génération (patrimoine héréditaire initial a_1, éducation b_1) à la deuxième (patrimoine héréditaire initial a_2), j'écrirai la formule symbolique :

$$a_1 + (a_1 \times b_1) = a_2.$$

Et toute l'évolution d'une espèce, d'une lignée, depuis l'ancêtre n° 1 jusqu'à l'ancêtre n° n se représentera, au point de vue patrimoine héréditaire, par la série d'équations symboliques :

$$a_1 + (a_1 \times b_1) = a_2$$
$$a_2 + (a_2 \times b_2) = a_3$$
$$\cdots \cdots$$
$$a_{n-1} + (a_{n-1} \times b_{n-1}) = a_n.$$

Ainsi donc, les équations symboliques de l'évolution spécifique (considérée au seul point de vue où elle prête à équations symboliques) *ont* la *même forme* que les équations symboliques de l'évolution individuelle. Dans ce langage, l'énoncé du principe de Fritz Müller est rigoureux; mais il n'a aucune valeur morphologique. Or, le principe de Fritz Müller est un principe morphologique; il faut donc voir si l'on peut tirer des considérations précédentes quelque chose qui soit susceptible d'une traduction morphologique.

En additionnant membre à membre les équations symboliques de l'évolution spécifique, nous tirons :

$$a_1 + (a_1 \times b_1) + (a_2 \times b_2) + \ldots + (a_{n-1} \times b_{n-1}) = a_n.$$

Or, il s'agit de comparer les phénomènes morphologiques du développement des deux individus dont l'un a pour patrimoine héréditaire a_1, l'autre a_2. D'après le principe de Fritz Müller, le début du développement de la $n^{\text{ième}}$ génération doit ressembler au développement individuel de la première. Comment arriverons-nous à établir cette ressemblance morphologique ? Est-elle réelle ? Est-elle assez étroite pour mériter d'être signalée ?

Dans nos équations symboliques, nous avons volontairement fait abstraction des phénomènes sexuels. Et, de fait, si nous nous en tenons aux phénomènes d'évolution adaptative, les variations acquises au cours des vies individuelles, étant les mêmes, chez les mâles et chez les femelles, dans des conditions de vie identiques, se transmettent intégralement aux descendants puisqu'elles existent dans le patrimoine héréditaire du mâle comme dans celui de la femelle. Nous avons donc le droit d'éviter cette complication inutile et de parler des individus successifs d'une lignée comme s'ils étaient parthénogénétiques.

Cette simple remarque a une importance considérable. En effet, au cours de nos études sur la formation des espèces nouvelles par fixation progressive des variétés quantitatives, nous avons été amenés, d'une part, à remarquer que le passage de la variété à l'espèce *se fait d'une manière continue*, d'autre part, que c'est seulement au moment de la maturation sexuelle et de la fécondation que se manifeste la différence entre deux espèces différentes issues progressivement de variétés d'une même espèce. Si donc nous ne tenons pas compte du phénomène fécondation, et nous sommes en droit de le faire, nous ne constaterons aucune discontinuité entre les types successifs d'une même lignée, lorsque ces types successifs dériveront les uns des autres par des adaptations fonctionnelles successives. Ainsi donc, même quand l'individu n° *n* sera devenu d'une espèce très différente de celle de l'individu n° 1, même quand entre le n° 1 et le n° *n* il y aura eu plusieurs changements d'espèce susceptibles d'être mis en évidence par des phénomènes de maturation ou de fécondation, la narration de l'évolution du patrimoine héréditaire depuis le n° 1 jusqu'au n° n pourra se faire entièrement par des considérations quantitatives. Cela résulte de la manière dont se réalise le passage d'une variété progressivement fixée à une espèce définitivement fixe.

Donc, entre le patrimoine a_1 et le patrimoine a_n, il y aura toujours une relation certaine :

$$a_n = a_1 + (a_1 \times b_1) + (a_2 \times b_2) + \ldots + (a_{n-1} \times b_{n-1}).$$

Et si, de l'ancêtre a_1 il est provenu, à notre époque, un certain nombre d'espèces différentes, les patrimoines héréditaires de toutes ces espèces seront représentés par des formules de la même forme que celle de a_n ; tandis que d'autres espèces, dérivées d'un ancêtre à patrimoine α_1 différant qualitativement de a_1, auront des patrimoines répondant à une formule différente :

$$\alpha_n = \alpha_1 + (\alpha_1 \times \beta_1) + \ldots + (\alpha_{n-1} \times \beta_{n-1}).$$

Toutes les espèces descendant de a_1 mériteront donc, à un certain point de vue, d'être classées en un seul groupe, et ce groupe différera de celui des descendants de α_1. Suivant que le numéro n sera plus grand, et que les variations dans les diverses lignées issues de a_1 auront été plus nombreuses, le groupe de tous les descendants d'un même ancêtre sera plus important. Ce sera d'abord un genre, puis une famille, un ordre, une classe, un embranchement. Et suivant la parenté qui existait déjà entre les deux ancêtres a_1 et α_1, au moment où nous avons commencé à étudier les lignées, une parenté plus ou moins grande existera entre le groupement issu de a_1 et le groupement issu de α_1. En aucun cas, étant donnée l'impossibilité des variations rétrogrades, nous ne trouverons de terme commun aux deux séries, si a_1 et α_1 sont, comme nous l'avons supposé, qualitativement différents.

Voilà, rigoureusement, le principe de la classification embryogénique dans le langage du patrimoine héréditaire, c'est-à-dire dans le seul langage qui nous ait paru apte à rendre compte de la nature des différences spécifiques. Voyons maintenant quelles conclusions nous devons tirer de ces considérations chimiques au point de vue morphologique.

D'abord, le groupe de tous les descendants de l'ancêtre a_1 comprend, logiquement, non seulement les survivants actuels de ces descendants, mais tous les individus qui sont issus, à une époque quelconque, du même ancêtre, et même toutes les formes successives, toutes les étapes successives de la vie de tous ces individus. En effet, l'un quelconque de ces êtres, à un âge quelconque, a un patrimoine héréditaire répondant à la formule :

$$a_n = a_1 + (a_1 \times b_1) + \dots + (a_{n-1} \times b_{n-1}).$$

Tous ces êtres, quels qu'ils soient et quel que soit leur âge, répondent donc bien à la définition du groupe considéré.

Il faut voir maintenant si, ce groupe basé sur quelque chose de commun au point de vue patrimoine héréditaire, présente aussi, dans tous les individus qui en font partie, quelque chose de commun au point de vue morphologique. Cette question se présente à nous comme quelque chose d'extrêmement compliqué. Déjà, si nous nous bornons à l'étude des formes successives d'un individu unique, nous sommes effrayés des différences prodigieuses qui séparent morphologiquement ses étapes successives. C'est même après avoir constaté ces différences prodigieuses que, en désespoir de cause, nous avons dû nous rejeter, pour la définition de l'espèce, sur la considération chimique du patrimoine héréditaire, car une définition purement morphologique ne nous aurait pas permis de classer dans une même espèce les formes successives d'un même individu.

Considérons deux êtres aussi proches parents que possible, deux vrais jumeaux ayant rigoureusement le même patrimoine héréditaire. Même si ces deux jumeaux sont élevés dans des conditions aussi semblables que possible, ils seront légèrement différents, puisqu'ils ne peuvent occuper les mêmes places dans le monde ; mais ils seront pourtant comparables l'un à l'autre à chaque instant de leur existence. En revanche, malgré leur très proche parenté, aucune similitude morphologique ne pourra être établie entre eux si l'on compare la forme de l'un d'eux décrit un mois après la fécondation, à la forme de l'autre âgé de vingt ans. *On ne pourra comparer morphologiquement que des étapes comparables de leur évolution.* Dans le cas très spécial de ces deux jumeaux élevés dans des conditions identiques, il faudra les comparer quand ils auront *le même âge*. Déjà, dans une des leçons précédentes [1], nous avons été amenés à remarquer que, pour comparer morphologiquement deux feuilles de deux plantes de même espèce, il fallait les choisir semblablement placées dans les deux plantes étudiées. On ne saurait rapprocher une feuille radicale d'une hellébore et une feuille florale d'une autre hellébore. A cause du polymorphisme foliaire des plantes, on ne peut comparer morphologiquement que deux feuilles *correspondantes* de deux plantes voisines. D'une manière générale, on ne peut comparer morphologiquement deux êtres d'une même espèce, que s'ils sont à des états colloïdes correspondants. Cela est, par exemple, toujours impossible pour le prothalle et la fougère qui sont pourtant de même espèce, étant issus l'un de l'autre. Il faut donc dire rigoureusement :

Si voisins que soient deux individus au point de vue patrimoine héréditaire, on ne peut comparer leurs morphologies qu'en les prenant à des états correspondants, si ces états correspondants existent. Quand les états correspondants n'existent pas, aucune comparaison morphologique n'est possible.

Une telle règle étant établie pour des êtres aussi voisins que possible, il faut naturellement en tenir compte *a fortiori*, quand il s'agit d'êtres dont la parenté est moins étroite, comme ceux

1. V. plus haut, p. 163.

qui constituent un genre, une famille, un ordre, une classe, etc.

L'exemple des deux jumeaux vrais nous a mis sur la voie d'une règle qui peut avoir son importance. Pour qu'une ressemblance morphologique soit sensible entre deux jumeaux, *il faut les considérer au même âge.*

Une autre règle pourra aussi être tirée de la considération de ces deux jumeaux : Plus tendre sera l'âge auquel ces deux jumeaux seront comparés, plus leurs ressemblances morphologiques seront importantes. Il est évident, en effet, que toute variation accidentelle s'étant imprimée dans l'un des jumeaux, une jambe coupée, par exemple, sera un facteur de l'évolution ultérieure, introduira dans l'évolution ultérieure une cause incessante de divergence. Les divergences iront s'accumulant entre deux individus primitivement identiques, à mesure que ces êtres vieilliront dans des conditions différentes.

Au contraire, deux êtres différant originellement, pourront acquérir des ressemblances croissantes par adaptation à des conditions communes ; mais ces ressemblances croissantes appelées *caractères de convergence*, n'ont aucun rapport avec la parenté ; ce sont au contraire des causes d'erreurs très importantes dans la recherche des rapports de parenté par des considérations morphologiques.

Revenons donc aux divergences croissantes entre êtres semblables qui vieillissent. Nous avons deux règles provisoires dont il faudra apprécier plus exactement la valeur :

1° Il faut comparer les morphologies de deux êtres à des états correspondants.

2° Les ressemblances morphologiques ayant une valeur dans la détermination de la parenté seront d'autant plus grandes que les états correspondants auxquels on comparera les individus seront choisis à un âge plus tendre.

Il y a d'ailleurs une autre raison pour que l'on cherche dans un âge aussi tendre que possible les caractères morphologiques susceptibles de renseigner sur la parenté, c'est que tous les êtres vieux ont été jeunes, tandis que beaucoup meurent jeunes sans devenir vieux. Si donc nous voulons que nos caractères morphologiques soient applicables à *tous* les êtres formant le groupe que nous avons défini plus haut, nous devrons les définir à un âge aussi peu avancé que possible. Toutes ces considérations démontrent l'importance des *jeunes* en classification généalogique.

*
* *

Ceci posé, considérons un groupe formé par *tous* les descendants d'un ancêtre commun, tous ces descendants étant considérés tant à l'époque actuelle qu'à toutes les époques passées depuis la vie de l'ancêtre commun. Ce groupe sera, si vous voulez, ce que nous appelons en classification *un ordre*. Nous nous proposons de rechercher s'il y a un *caractère ordre*, commun aux morphologies de tous les individus constituant l'ordre donné. D'abord nous savons que nous ne devons rechercher ce caractère commun que chez des individus considérés *à des états correspondants*. Or il se peut que ces états correspondants n'existent pas, ainsi que nous l'avons vu pour le prothalle et la fougère. Alors, il est impossible de trouver des caractères communs à tous les individus considérés. Il faudra donc morceler le groupe basé sur la parenté, et le diviser en un certain nombre de sous-groupes, entre les individus de chacun desquels il sera possible de trouver des états correspondants. Le groupe sera dit polymorphe.

Supposons au contraire que des états correspondants existent pour tous les individus considérés, ou, ce qui revient au même, que nous nous soyons limités à l'un des sous-groupes définis à la phrase précédente : Alors, notre deuxième règle nous dit que nous aurons d'autant plus de chances de trouver des caractères communs à nos individus, que nous choisirons pour les comparer, les états correspondants à un stade plus jeune.

Mais immédiatement, une difficulté se présente. L'état le plus jeune que nous connaissions est l'état œuf. Or, les premiers phénomènes morphologiques manifestés par les divisions de l'œuf peuvent être très semblables chez des espèces très éloignées, et très différentes chez des espèces très voisines. Dans les cas de pœcilogonie[1], une seule espèce est même susceptible de voir commencer de deux manières différentes son évolution à partir de l'œuf.

1. V. *Traité de biologie, op. cit.*

C'est que nos raisonnements de tout à l'heure présupposaient que nous nous plaçons dans le cas où le patrimoine héréditaire dirige la morphologie des êtres. Or, c'est bien ce qui se passe en général, en vertu du théorème morphobiologique [1]; mais précisément, cela n'a pas lieu pour les œufs. Si petit qu'il soit, un œuf contient toujours une accumulation de vitellus qui est énorme par rapport à la quantité de matière vivante répartie à son intérieur. Cette matière vivante, *noyée* dans la masse inerte du vitellus, ne peut lui imposer une forme d'équilibre ; malgré ses vertus très spéciales, elle disparaît au sein des matières alimentaires mortes et c'est tout juste si elle peut, au cours de ses karyokinèses, déterminer le morcellement de ces lourdes masses nutritives. Souvent le morcellement n'est que partiel (segmentation incomplète), mais même quand il est total, chacun des blastomères, encore fourni d'une énorme quantité de vitellus, a la forme que prend ce vitellus dans les conditions considérées, et non une forme déterminée par l'activité morphogène propre des substances vivantes.

On donne avec raison le nom de *promorphologie* à l'ensemble des phénomènes morphologiques qui se manifestent pendant cette première période de la vie individuelle.

Au cours de cette première période, la matière vivante détruit petit à petit le vitellus en l'assimilant. Au bout d'un temps plus ou moins long,

---

1. V. *Éléments de philosophie biologique, op. cit.*

suivant la quantité de vitellus disponible, et aussi suivant la manière dont les substances vivantes sont distribuées à son intérieur, la promorphologie cesse, c'est-à-dire que la forme de l'individu, au lieu d'être dirigée par l'inertie des masses nutritives, commence à être dirigée par l'activité morphogène des protoplasmas vivants. Encore y a-t-il une période de transition plus ou moins longue pendant laquelle la morphologie résulte partiellement de l'activité protoplasmique, partiellement de l'inertie vitelline.

Évidemment, nous ne pourrons comparer morphologiquement que les embryons qui, sortis de la période promorphologique, seront à des états correspondants. Si la période promorphologique dure plus longtemps chez un individu que chez un autre, à cause de la plus grande abondance de vitellus du premier, il y aura toute une période de morphologie vraie chez le second, à laquelle ne pourra être comparé aucun *état correspondant* chez le premier. Ainsi en va-t-il de *l'écrevisse* et du *penœus*. Toute la vie libre du *penœus* depuis le stade *nauplius* jusqu'au stade *décapode*, n'a pas d'état correspondant, rigoureusement parlant, chez l'écrevisse, empâtée jusqu'à l'état décapode par des accumulations vitellines.

Supposons au contraire que, chez un grand nombre de types actuels ou passés de l'ordre que nous étudions, la promorphologie cesse de bonne heure et laisse les embryons libres de prendre dans le milieu la forme que dirige leur patrimoine héréditaire. C'est chez les jeunes embryons ainsi libérés que nous devrons rechercher les *caractères d'ordre* s'ils existent. Mais il est évident *a priori* que ces caractères d'ordre ne se traduiront pas par une identité morphologique. Chacun des individus a son patrimoine héréditaire,

$$a_1 + (a_1 \times b_1) + \ldots + (a_{n-1} \times b_{n-1}).$$

qui est *différent* du patrimoine héréditaire du voisin. Les formes des embryons, dirigées par des patrimoines héréditaires différents, seront différentes ; il y aura de petites différences individuelles entre les embryons de même espèce, des différences plus considérables entre des embryons appartenant à des espèces différentes ou à des genres différents. Ces différences iront ensuite en croissant avec le vieillissement des individus, comme nous l'avons vu plus haut, mais même à l'âge le plus jeune où les embryons puissent être comparés, il y aura des différences méritant d'être remarquées. En particulier, si deux embryons appartiennent à deux espèces différentes, des différences *spécifiques* existeront entre leurs morphologies, malgré les ressemblances qui tiennent à ce que les espèces sont parentes. Un naturaliste descripteur, qui connaît bien une espèce, reconnaîtra cette espèce à tous les âges, depuis le plus tendre.

On peut s'étonner que j'insiste tant sur cette question, mais cela est nécessaire à cause des raisonnements purement morphologiques qui ont cours aujourd'hui dans toute la Biologie. Supposons, pour fixer les idées, que nous connaissions une espèce de crustacé qui soit adulte sous la forme *nauplius;* appelons-la l'espèce *nauplius.* Observons maintenant le développement d'un *peneus;* il a pour première forme libre un petit être dont la description est comparable à celle de l'espèce *nauplius.* Il ne faut pas dire pour cela que le *peneus* passe, au cours de son développement, par une étape *où il est de l'espèce nauplius ;* ce serait une absurdité au point de vue de notre définition de l'espèce ; l'être considéré, est, à tous les âges, de l'espèce Peneus, mais il passe par un état correspondant à celui auquel l'espèce *nauplius* devient adulte. Voilà, en réalité, à quoi se ramène principalement le principe morphologique de **Fritz Müller** que nous allons maintenant étudier plus à fond.

*
* *

Supposons que nous ayons découvert une similitude, susceptible d'une description précise, entre tous ceux des embryons d'un groupe donné qui deviennent libres de vitellus ou de parasitisme à des âges correspondants. Evidemment, ce groupe étant défini généalogiquement par l'ancêtre commun a_1, cette similitude devra être attribuée aux ressemblances existant entre tous les patrimoines héréditaires dont la formule est de la forme

$$[a_1 + (a_1 \times b_1) + \ldots + (a_{n-1} \times b_{n-1})]$$

Elle a donc été commune à tous les ancêtres qui se sont reproduits depuis l'ancêtre a_1 jusqu'à l'époque actuelle, du moins quand ces ancêtres intermédiaires ont eu une forme embryonnaire libre à un âge correspondant à celui dont nous nous occupons.

Et ceci n'est pas fatalement limité à un seul âge; malgré les divergences individuelles croissant avec l'âge, il se peut que la similitude due au caractère de groupe soit encore assez remarquable entre des individus du même groupe, à un second âge plus avancé que le premier; il y aura alors entre tous ces individus une seconde similitude plus tardive que la première. Et ceci sera vrai aussi bien des ancêtres plus récents que a_1 que des types actuels. En d'autres termes, chez tous les individus tant actuels que passés appartenant au groupe issu de a_1, on constatera, lorsque les états correspondants existeront, des séries embryologiques dont un nombre plus ou moins grand de termes présenteront des ressemblances morphologiques. Appelons A l'ensemble des caractères descriptifs susceptibles d'être représentés par les mêmes mots dans les individus du groupe considérés au premier âge correspondant; appelons B la même chose pour le second âge; C la même chose pour le troisième âge, et ainsi de suite. Je considère, à notre époque, un être présentant dans son développement une série de quatre états dans lesquels on puisse trouver respectivement les ensembles de caractères descriptifs A, B, C, D. Je le compare d'abord aux autres types actuels du même groupe.

Un type très voisin, appartenant, par exemple

à la même espèce qualitative, sera de la même
espèce aux quatre âges correspondants dont nous
venons de parler. Au lieu de chercher les similitudes morphologiques entre adultes, nous
serons en droit de les rechercher à l'un quelconque des âges de son développement. Si donc
les conditions de vie des deux individus comparés sont telles que ces individus soient dans des
états correspondants, aux âges correspondants,
nous trouverons entre eux des ressemblances
plus grandes qu'à l'état adulte, aux quatre âges
caractérisés par les ensembles A, B, C, D. Les
embryologies, c'est-à-dire les morphologies successives de deux êtres de même espèce se déve-
loppant dans les mêmes conditions seront des
séries parallèles ; on trouvera chez les deux types
comparés les formes A, B, C, D.

Chez deux autres êtres moins voisins, mais
appartenant néanmoins au même groupe (issu
de l'ancêtre a_1), les différences des adultes seront
plus grandes et accuseront une divergence plus
rapide ; aussi le parallélisme des embryologies
sera moins parfait ; aussitôt après la forme B par
exemple, les phénomènes du développement rendront les différences plus importantes que les
similitudes, et alors que l'un des êtres passe par
le stade C, ce stade ne sera pas trouvé chez
l'autre ; ils n'auront de commun que les formes
embryonnaires A et B.

Ce que nous appelons *voisinage* entre espèces
différentes est, je l'ai souvent fait remarquer,
fort malaisé à définir. Nous plaçant au point de
vue morphologique, nous trouvons tout naturel

de définir espèces plus voisines celles dont le parallélisme embryonnaire dure plus longtemps, espèces moins voisines, celles dont le parallélisme embryonnaire est dissimulé plus précocement par des divergences notables.

Au point de vue de la parenté généalogique, au lieu de comparer entre elles les embryologies des individus actuels plus ou moins proches, comparons l'embryologie d'un individu actuel à celle de ses ascendants qui, nous l'avons vu, font partie, au même titre que les individus actuels, du groupe défini par l'ancêtre commun a_1. Un être n'a pas de plus proche parent que son père (je laisse de côté, je le rappelle, toutes les complications provenant de l'amphimixie) ; si donc les conditions du développement sont comparables (je sous-entendrai désormais cette clause nécessaire), l'embryologie du père sera parallèle à celle du fils, et ce parallélisme ne le cédera en rien à celui des embryologies de deux êtres actuels très voisins. A mesure que l'on remontera le cours des âges, la parenté décroîtra entre le fils actuel et l'aïeul de plus en plus ancien. Si nous raisonnons sur ces parentés de plus en plus lointaines, comme nous l'avons fait tout à l'heure sur les parentés entre individus actuels, nous pourrons penser que le parallélisme embryologique durera de moins en moins longtemps à mesure que les êtres comparés appartiendront à des générations de plus en plus distantes dans le cours des temps. Par exemple, alors qu'il allait jusqu'au stade D entre le fils et l'aïeul le précédant de mille générations, il n'ira plus que jusqu'au stade C entre le fils et l'aïeul la précédant d'un million de générations.

Mais la parenté entre le fils et l'aïeul qui le précède de n générations est plus grande (double au sens humain du mot) que la parenté entre le fils et le plus éloigné des descendants actuels de l'aïeul considéré. Si donc deux individus actuels ont un voisinage qui se manifeste par un parallélisme embryologique allant jusqu'au stade C, un parallélisme *au moins aussi grand* se manifestera entre les embryologies de chacun d'eux et celui de leur premier ancêtre commun. D'où la conclusion importante que, si deux êtres actuels présentent un parallélisme embryologique comprenant les trois stades A, B, C, ils descendent d'un ancêtre commun qui possédait lui aussi, dans son embryologie, les trois stades A, B, C. Mais la réciproque n'est peut-être pas vraie ainsi que nous le verrons tout à l'heure.

Soit p le rang occupé dans la descendance depuis l'ancêtre a_1 définissant le groupe, par l'ancêtre commun aux deux types actuels considérés qui ont en commun les trois stades embryologiques A, B, C. Le patrimoine héréditaire de l'ancêtre de rang p est :

$$a_p = a_1 + (a_1 \times b_1) + (a_2 \times b_2) + \ldots + (a_{p-1} \times b_{p-1}).$$

D'autre part le patrimoine héréditaire de chacun des deux types actuels de rang n s'obtient à partir de a_p, comme a_p s'obtenait à partir de a_1 ; c'est-à-dire que la formule héréditaire de chacun d'eux est :

$$a_n = a_p + (a_p \times b_p) + (a_{(p+1)} \times b_{(p+1)}) + \ldots + (a_{n-1} \times b_{n-1}).$$

En d'autres termes, ces deux formules ont en commun toute la série des termes depuis a_1 jusqu'à a_p dans la formule générale

$$a_n = a_1 + (a_1 \times b_1) + \ldots + $$

Au contraire, deux êtres descendants de a_1, mais n'ayant pas d'ancêtre commun plus récent que a_1, deux êtres qui n'ont de parenté que par l'intermédiaire de a_1 lui-même, auront dans leurs formules héréditaires des parties communes qui se réduiront au terme a_1. Supposons que le groupe considéré à partir de a_1 soit assez vaste, c'est-à-dire que a_1 soit un ancêtre assez éloigné pour que, entre deux types de ce groupe vraiment très différents à l'époque actuelle, il n'y ait d'autre forme embryologique commune que la première forme A. Les raisonnements précédents nous amèneront à conclure que cette forme embryonnaire A existait, elle aussi, chez l'ancêtre commun a_1.

Le résumé de toutes nos considérations est que, si deux formes actuelles ont en commun la série embryologique A, B, C, D, E, ..., M, ces deux formes descendent d'un ancêtre commun qui avait dans son embryologie la série A, B, C, D, E, ..., M. Si deux formes ont, en commun, seulement le premier type embryologique A, leur ancêtre commun avait fatalement ce type A dans son embryologie.

* * *

Introduisons maintenant dans nos raisonnements une considération nouvelle, celle de l'état adulte.

Pourquoi un être donné devient-il adulte ?

Pourquoi, à partir d'un certain moment de son évolution individuelle, cesse-t-il de croître ou de se transformer ? C'est là une des questions les plus mystérieuses de la Biologie. Lorsque l'on emploie le langage analytique qui parle de l'assimilation aux périodes de fonctionnement et de la destruction aux périodes de repos [1], on exprime le fait de l'état adulte en disant que cet état se réalise lorsque les gains aux périodes de fonctionnement compensent exactement les pertes aux périodes de repos. Lorsque les pertes l'emportent, commence la décrépitude ou vieillesse qui conduit à la mort. Je ne reviens pas ici sur des raisonnements que j'ai souvent reproduits ailleurs [2], et qui font intervenir, entre autres facteurs de la détermination de l'état adulte, l'activité rénale ou excrétrice qui limite la quantité possible des fonctionnements quotidiens. Il paraît certain que les conditions qui déterminent avec précocité l'état adulte ne nécessitent pas des patrimoines héréditaires extrêmement différents de ceux qui rendent au contraire l'état adulte plus tardif. Deux espèces relativement voisines quant au patrimoine héréditaire peuvent différer notablement quant à l'époque où leurs individus deviennent adultes. Mais, malgré tous nos raisonnements, il reste encore beaucoup d'obscurité

1. V. *Théorie nouvelle de la vie, op. cit.*
2. V. *Traité de biologie.*

dans cette question de la détermination de l'état adulte, et c'est sûrement l'une des questions des plus dignes d'étude de la Biologie.

Provisoirement, sans rien fixer de précis au sujet des raisons pour lesquelles un être cesse de croître et de se transformer, nous pouvons, tirant seulement parti de la constatation d'états adultes plus ou moins précoces dans les diverses espèces d'un groupe généalogique donné, établir une règle morphologique importante.

Nous parlions tout à l'heure des types qui ont en commun la série embryologique A, B, C, D, E, ..., M. Tous ces types descendent sûrement d'un ancêtre qui possédait la série embryologique A, B, C, D, E, ..., M. Mais, comme je l'ai fait remarquer plus haut, nous n'avons pas le droit d'affirmer que la réciproque est vraie et que tous les descendants de l'ancêtre considéré présentent cette série embryologique complète. Supposons, par exemple, que, chez l'un des descendants de l'ancêtre considéré, l'état adulte survienne, nous ignorons pourquoi, au stade embryologique D, ou au moins peu après l'acquisition de la forme D et sans grandes variations morphologiques ultérieures. Nous aurons alors un adulte du groupe étudié, qui dans sa forme adulte, reproduira le type embryologique D des formes à évolution individuelle plus prolongée. Tout individu du groupe issu de a_1 qui s'arrêtera dans son développement personnel à l'un des stades A, B, C, D, E, ..., M, sera morphologiquement comparable à une forme embryonnaire d'un être du même groupe qui poursuit plus longtemps son évolution individuelle.

Voilà exactement la loi de *Serres* :

L'embryologie d'un groupe naturel est la répétition de son anatomie comparée.

Cette formule demande une certaine élasticité. Elle serait rigoureuse si on l'appliquait à un groupe très restreint ; elle devient plus lâche s'il s'agit d'un groupe plus étendu. Car, à côté des types qui, peut-être, s'arrêtent franchement à l'une des formes A, B, C, D, ..., M, il y en a sûrement d'autres qui, divergeant au stade C par exemple, subissent quelques variations morphologiques avant de devenir adultes. Alors, la ressemblance de leurs formes adultes avec les formes embryonnaires des espèces à évolution plus prolongées est seulement une ressemblance approchée. Et, en réalité, dans la classe des crustacés par exemple, on peut bien comparer approximativement certains adultes des groupes inférieurs aux embryons des groupes supérieurs, mais cette comparaison est seulement approximative ; elle est même impossible souvent, par exemple, quand une cause de modifications importantes, comme le parasitisme, introduit des changements considérables dans les morphologies des adultes. Alors, la loi de Serres est absolument controuvée. Au contraire, le principe de Fritz Müller est applicable, pourvu qu'on en élague tout ce qui, exprimé ou non, est relatif à l'état adulte. Il reste bien certain que, si deux individus d'un groupe généalogique ont un parallélisme embryonnaire relatif aux formes

A, B, C, ces trois formes existaient dans l'évolution de leur ancêtre commun. Encore ceci n'est-il pas vrai si, à ces formes A, B, C, on ajoute d'autres formes également parallèles et qui tiennent à des caractères de convergence. Deux espèces ayant en commun, héréditairement, les formes embryonnaires A, B, peuvent avoir acquis par adaptation à des conditions similaires, un parallélisme ultérieur comprenant des formes C, D, qui n'existaient pas chez leur ancêtre commun. Mais nous laissons de côté pour le moment les caractères de convergence dont nous avons précédemment montré le danger au point de vue de l'établissement d'une parenté généalogique. Supposons que nous ayons éliminé cette cause d'erreur, et voyons jusqu'à quel point le principe de Fritz Müller, dans sa forme classique, rend compte de ce que nos raisonnements nous ont suggéré. Voici comment s'exprime ce principe : si deux êtres actuels ont, dans leurs formes embryonnaires, les types successifs A, B, C, D, ..., M, ils descendent d'ancêtres communs qui ont eu pour formes adultes les formes A, B, C, D, ..., M. L'embryologie d'un être actuel reproduit la généalogie de son espèce.

Nos raisonnements ne nous ont pas conduits à cette formule qui (sans l'exprimer) fait intervenir les états adultes. Les états adultes n'ont probablement rien à voir avec les parentés embryologiques. Nous avons le droit, si deux êtres actuels passent par une forme embryologique A, d'affirmer que, toutes choses égales d'ailleurs (état correspondant), ils dérivent d'un ancêtre commun qui a présenté, dans son embryologie, la forme A. Mais, même en admettant que, pour telle ou telle raison un descendant de cet ancêtre commun se soit montré adulte avec la forme A, nous n'avons aucunement le droit de supposer que l'ancêtre commun considéré était adulte dans cette forme. Nous ne le savons pas et nous l'ignorerons toujours, car il est bien invraisemblable que la paléontologie puisse jamais nous renseigner à cet égard.

Et c'est là le grand défaut de la formule de Fritz Müller.

On conçoit que cette formule ait séduit les amateurs de complexité croissante ; il est très tentant de croire que des êtres peu développés ont donné naissance à des êtres qui se sont développés davantage, et ainsi de suite ; mais, je le répète, cela fait intervenir l'état adulte qui n'a rien à voir avec la question des parentés embryologiques.

Considérons, par exemple, le cas où les individualités successives ont pu être considérées comme d'origine coloniale. Ce sera vrai, par exemple, des plantes et des annelés.

Toutes les dicotylédonées actuelles commencent par une forme à deux cotylédons. Y a-t-il eu une époque où tous leurs ancêtres étaient adultes avec deux feuilles ? Cette hypothèse nous paraît immédiatement absurde quoique, de nos jours, certaines plantes soient adultes avec deux feuilles.

Tous les crustacés passent par une forme *nauplius*. Les ancêtres des crustacés ont-ils été adultes, à une certaine époque, dans la forme nauplius ? Chaque crustacé actuel provient d'un nauplius par un bourgeonnement de métamères. Les anciens nauplius ne bourgeonnaient-ils pas ? Nous n'avons aucune raison de le croire. Nous pouvons admettre même que les premiers nauplius bourgeonnaient une longue série de métamères; cela ne nous empêche pas de concevoir une évolution *progressive*, résultant de la division du travail entre les métamères successifs, de l'établissement de relations héréditaires entre métamères voisins, en d'autres termes, de l'*individualisation progressive* des colonies linéaires ainsi réalisées [1].

Par exemple, dans les crustacés supérieurs à 21 segments ou malacostracés, qui tous descendent sûrement d'un ancêtre commun à 21 segments, nous observons des types inégalement différenciés, le type schizopode qui l'est moins, le type décapode qui l'est plus, et nous constatons que le type schizopode se manifeste dans l'embryologie des décapodes. Voilà une bonne application du principe de Fritz Müller.

Mais, schizopodes et décapodes, dérivant d'un ancêtre à 21 segments, ont-ils eu un ancêtre antérieur à forme nauplius adulte? Rien ne nous permet de l'affirmer. Il se peut même que les ancêtres des schizopodes aient eu un nombre variable de segments, nombre quelquefois peut-être supérieur à 21, mais qui s'est fixé à ce chiffre par individualisation progressive des colonies linéaires.

---

1. *L'Unité dans l'être vivant*, ch. v.

Avec ces restrictions le principe de Fritz Müller est absolument acceptable. Et, ainsi restreint, il donne tout de même une valeur très grande aux classifications embryologiques. La seule restriction est relative à l'état adulte des ancêtres, état adulte sur lequel nous ne savons absolument rien.

Mais je ne doute pas que, pour les natures mystiques, les considérations précises que nous venons d'exposer n'enlèvent beaucoup de son charme à ce que Haeckel appelle « la grande loi biogénétique ». Comme dans les *Revenants* d'Ibsen, les contemplateurs du monde actuel sont heureux de penser que, dans certaines formes embryologiques actuelles, ils *voient* revivre des ancêtres à jamais disparus. C'est là une opinion poétique qui ne se soutient pas scientifiquement. Les embryons d'une espèce actuelle sont *de cette espèce actuelle* et diffèrent, par conséquent, des embryons correspondants *d'une espèce ancestrale différente*, embryons anciens qui étaient, eux aussi, *de cette espèce ancestrale différente*. Il se peut cependant que les ressemblances morphologiques entraînent des ressemblances d'un autre ordre, quand ces dernières sont liées aux ressemblances morphologiques. On peut par exemple trouver un équivalent du principe de Fritz Müller dans des considérations d'ordre psychologique, et ces considérations qui sont souvent légitimes, rendront aux amateurs de mystérieux ce qu'a pu leur enlever d'illusions une critique trop précise de la grande loi biogénétique.

NEUVIÈME LEÇON
LES DEUX TENDANCES BIOLOGIQUES

Darwin est né en 1809, au moment même où paraissait la *Philosophie zoologique*, et les Anglais célébreront cette année le centième anniversaire de sa naissance, en même temps que les Français organiseront des fêtes en l'honneur du livre, devenu centenaire, du père de la théorie transformiste. Le moment est donc bien choisi pour comparer les deux tendances biologiques actuelles, celle qui procède de Lamarck et celle qui suit l'auteur de l'*Origine des espèces*.

Le Transformisme était mort après Lamarck ; et c'est *un autre* transformisme que Darwin a ressuscité. Peut-être serait-il difficile de trouver, dans la nature humaine, deux esprits plus opposés que celui de Lamarck et celui de Darwin. L'un et l'autre ont aujourd'hui des adeptes fervents ; et ces adeptes sont séparés par des différences intellectuelles comparables à celles qui distinguent les deux immortels protagonistes de la théorie évolutionniste. Ces différences intellectuelles, je crois qu'on peut les résumer trèsbrièvement : Darwin est un vrai naturaliste ; Lamarck était, avant tout, physicien.

* *

Lamarck n'a pas séparé le problème de la vie de celui de l'origine des espèces ; il a inauguré la croyance à l'unité des phénomènes biologiques. Sans qu'il ait jamais exprimé cette idée d'une manière formelle, on comprend en lisant ses ouvrages, qu'il considérait la vie **comme** *une* sous ses aspects si divers. Nos habitudes analytiques nous conduisent à séparer, pour les étudier à part, les divers problèmes que nous suggère l'observation d'un phénomène complexe ; nous pouvons nous arrêter par exemple à l'observation plus particulière de la naissance, de la croissance, de la forme spécifique, du maintien de l'état adulte, du sommeil, de la mort, de la reproduction, de l'hérédité, du sexe, etc., mais nous ne devons pas oublier que tous ces sujets d'observation ne sont que les côtés différents d'une grande question. Et si nous arrivons à rattacher toutes ces particularités très diverses à un seul et même thème fondamental, nous éprouverons une satisfaction scientifique bien plus grande que si nous avons résolu à part chacun des problèmes partiels sans avoir su les relier les uns aux autres.

Sans doute, Lamarck a compris de bonne heure que la vie ne réside pas dans l'être vivant, quoiqu'elle soit subordonnée à certaines particularités de la structure du corps, particularités très précises, et dont la disparition rend la mort fatale. Mais outre les nécessités de structure corporelle, il y a aussi des nécessités de milieu en dehors desquelles la vie ne saurait se maintenir. En d'autres termes, la vie est le résultat d'une coïncidence entre des conditions structurales internes et des conditions externes de milieu. Permettez-moi de raisonner pour Lamarck comme je suppose qu'il a dû raisonner lui-même avant d'arriver à sa géniale conception de l'évolution des espèces.

Malgré les interruptions causées par les phénomènes sexuels qui préparent la reproduction, il est bien naturel d'être frappé tout d'abord par la continuité de la vie à travers les âges. Sauf les suspensions sexuelles de la vie (et elles se bornent à un repos intermittent), une lignée spécifique peut être comparée à une existence individuelle. Si donc une existence individuelle est le résultat de deux facteurs, l'un structural et interne, l'autre externe et appartenant au milieu, il est très logique de croire que la vie spécifique, la lignée ancestrale, est, elle aussi, le résultat du facteur structure et du facteur milieu. Or, ce que le transformiste veut étudier dans la lignée, c'est la variation. Nous sommes donc naturellement amenés à penser que la variation résulte, comme tous les phénomènes vitaux, du concours de l'individu et du milieu.

Ainsi la méthode qui nous apparaît comme la plus rationnelle pour l'étude de l'origine des espèces, consiste à établir d'abord une *Théorie de la vie* sans nous préoccuper des phénomènes passés qui ont préparé les êtres vivants actuels, et à nous demander seulement ensuite ce qui peut résulter de manifestations vitales prolongées très longtemps dans des conditions variables de milieu. C'est la méthode que j'ai suivie moi-même, instinctivement, depuis une quinzaine d'années, sans me douter, du moins au début, que cette méthode même m'inféodait fatalement aux lamarckiens. Mais je reste convaincu que Lamarck, sans l'avoir jamais écrit, a été conduit par cette méthode de raisonnement à la conception transformiste exposée dans sa *Philosophie zoologique*.

Vous me trouvez peut-être ridiculement outrecuidant, quand je prête à Lamarck les raisonnements que j'ai faits moi-même à un moment où je connaissais à peine son œuvre. Mais ces raisonnements, que seul un homme de génie pouvait, devançant son époque, faire au début du xix° siècle, s'imposent naturellement, aujourd'hui, à tout esprit imbu des nouvelles méthodes de la physique et de la chimie. Je ne crois pas diminuer la gloire de Lamarck en affirmant que, de nos jours, un physicien quelconque amené à s'occuper du problème vital, serait forcément conduit, sans connaître la *philosophie zoologique*, à en découvrir les conclusions essentielles. C'est le propre des grands hommes de devancer leur siècle ; c'est pour cela qu'ils sont souvent méconnus. Lamarck l'a été plus qu'aucun autre. Notre sentiment inné de la justice trouvera une satisfaction tardive dans les honneurs dont sa mémoire va être entourée au cours de l'année 1909.

Reprenant une vieille formule proverbiale,

dans laquelle nos ancêtres avaient résumé le meilleur de leurs observations biologiques, Lamarck a établi tout le système transformiste sur l'affirmation que « l'habitude est une seconde nature ». Ce mot seul, *l'habitude*, comprend toute la méthode lamarckienne. Une habitude se produit chez un être sous l'influence de nouvelles conditions de milieu restant longtemps semblables à elles-mêmes. Affirmer que l'habitude est le fait essentiel de la vie, c'est donc bien comprendre que la vie est le résultat de deux facteurs, le corps vivant et le milieu. Et si, de la vie individuelle, on passe à la vie spécifique ou vie de la lignée, on est tout naturellement amené à comparer à l'acquisition d'habitudes nouvelles, celle des caractères nouveaux résultant de conditions nouvelles. La fixation des habitudes, ou hérédité des caractères acquis, est le second aspect du phénomène vital essentiel ; c'est l'aspect que prend ce phénomène vital, quand on le considère pendant une série de nombreuses générations. Ainsi, les deux principes de Lamarck sont tous deux l'expression de ce qui est la loi vitale par excellence ; le premier a trait à cette loi vitale appliquée sous nos yeux pendant un court laps de temps ; le voici :

Dans tout animal qui n'a point dépassé le terme de ses développements, l'emploi plus fréquent et plus soutenu d'un organe quelconque fortifie peu à peu cet organe, le développe, l'agrandit et lui donne une puissance proportionnelle à la durée de cet emploi ; tandis que le défaut constant d'usage de tel organe l'affaiblit insensiblement, le détériore, diminue progressivement ses facultés et finit par le faire disparaître.

C'est ce principe que l'on résume souvent dans une formule trop brève : « La fonction crée l'organe. »

Le second principe de Lamarck a trait à l'application prolongée longtemps de la loi vitale essentielle ; les *caractères acquis* peuvent en effet être considérés comme des *habitudes de lignée ;* voici ce second principe :

Tout ce que la nature a fait acquérir ou perdre aux individus par l'influence de l'emploi prédominant de tel organe ou par celle d'un défaut constant d'usage de telle partie, elle le conserve par la génération aux nouveaux individus qui en proviennent, *pourvu que les changements acquis soient communs aux deux sexes...* »

Cette restriction de la fin a une importance capitale. Pour qu'un caractère soit acquis dans une lignée, il faut qu'il soit acquis par les deux sexes. En d'autres termes, s'il n'est acquis que par un sexe seulement, la fécondation le fait disparaître. Et, par conséquent, loin d'introduire des variations dans les lignées, le phénomène sexuel a au contraire pour résultat de faire disparaître les variations acquises, sauf quand ces variations ont été acquises par les deux sexes, et, dans ce dernier cas, tout se passe comme si le phénomène sexuel n'avait pas existé. On peut donc raconter toute l'histoire lamarckienne de l'évolution des espèces sans parler jamais des manifestations sexuelles, et en laissant supposer que la reproduction des êtres s'est effectuée par simple continuité.

Non pas que le phénomène vital puisse se concevoir sans le phénomène sexuel. Il semble au contraire bien démontré aujourd'hui que toute cellule vivante contient les deux sexes comme une pile électrique comprend deux pôles; le phénomène vital est toujours bipolaire ou bisexuel; la vie élémentaire ne se manifeste que dans un protoplasma *contenant à la fois les deux éléments antagonistes mâle et femelle.* Or ce qu'on appelle en général phénomène sexuel, c'est la *maturation* à la suite de laquelle un élément préalablement vivant devient incapable de vivre, par disparition de l'un de ses pôles actifs. Ayant subi la maturation, l'élément vivant devenu *gamète* n'est plus vivant au sens propre du mot. Le gamète mâle n'est pas vivant; le gamète femelle non plus; chacun d'eux est la moitié d'un mécanisme vital complet. Mais ils sont complémentaires l'un de l'autre; ils s'attirent et s'accolent dans le phénomène de la *fécondation*, et de la fécondation résulte un œuf, cellule vigoureuse et *rajeunie* qui va être le point de départ d'un individu nouveau.

Ce rajeunissement est sans doute une des nécessités de la continuation de la vie, mais, au point de vue de la variation, Lamarck a compris que l'union des sexes conserve seulement à la lignée les caractères acquis à la fois par le mâle et par la femelle, et, je le répète, cela dispense de faire intervenir les fécondations dans l'histoire générale de l'évolution progressive. Le phénomène sexuel, depuis la maturation jusqu'à la fécondation, est une suspension du phénomène

vital, une discontinuité dans la lignée, un intervalle de mort pour parler un langage expressif
qui choquera peut-être et semblera paradoxal
quoique réellement approprié aux faits.

Fidèle donc à la règle que je lui prête ici, et
que, consciemment ou inconsciemment, il a toujours suivie, Lamarck a négligé ces intervalles de
mort dans l'histoire de l'évolution vitale et ne
s'est adressé, pour fonder son système transformiste, qu'aux phénomènes de vie manifestée. La
vie d'une lignée est, sauf les interruptions sexuelles, comparable à la vie d'un individu. Ce qui
est important dans la vie d'une lignée est aussi
ce qui est important dans la vie de l'individu ;
c'est le *fonctionnement*.

J'ai longuement cherché une définition du
fonctionnement chez les êtres vivants. Le fonctionnement ne peut être défini que par rapport à
l'être vivant lui-même ; si on le définit par rapport à un observateur étranger, il sera défini dif-
féremment suivant l'observateur choisi. Or le
résultat intéressant pour l'être vivant, c'est que,
après avoir fonctionné, il reste vivant ; c'est là,
précisément, ce qui distingue l'être vivant de la
matière chimique brute. La vie est un phénomène
qui continue ; la vie se conserve par ses propres
manifestations ; c'est en vivant que l'on continue
de vivre. Toutes ces formules qui peuvent paraître des truismes, sont la définition même de la vie,
la caractéristique de la vie par rapport aux phénomènes non vitaux. En définissant « fonctionnement d'un être vivant à un moment donné »
l'activité vitale de cet être au moment consi-

déré[1], j'en conclurai naturellement que le fonctionnement conserve la vie, que la vie conserve la vie. La loi d'*assimilation fonctionnelle*, que j'ai énoncée il y a près de quinze ans, n'est autre chose que la définition même de la vie. Or cette loi d'assimilation fonctionnelle a pour conséquence immédiate la loi d'habitude qui constitue le premier principe de Lamarck. En d'autres termes Lamarck a fait intervenir uniquement, dans son explication de la formation des espèces, ce qui est à mon avis la seule définition possible de la vie. Il est fort logique, pour interpréter les conséquences à longue échéance du phénomène vital, de faire intervenir ce qui est vraiment le phénomène vital quotidien. C'est ce qu'a fait Lamarck ; on pourrait croire que ce raisonnement ne saurait rencontrer de contradicteurs. Il en a rencontré cependant et des plus grands. L'un a vraiment nié le fait de la conservation de la vie par la vie, c'est Claude Bernard ; l'autre sans nier la valeur de l'interprétation lamarckienne dont il n'a à peu près rien dit, a proposé une autre interprétation dans laquelle il a donné le pas aux phénomènes non vitaux dans l'explication de la formation des espèces ; c'est Darwin. Il a d'ailleurs été dépassé dans cette voie par ses disciples, les néo-darwiniens dont Weismann est le plus célèbre aujourd'hui.

* * *

---

1. Ou même, renversant la proposition, j'appellerai naturellement vitale l'activité qui conserve la vie ; je définirai le fonctionnement par l'assimilation.

Claude Bernard a résumé sa manière de voir dans le paradoxe célèbre : « La vie c'est la mort. » En d'autres termes, l'activité vitale ou fonctionnement se manifeste par une destruction des tissus qui fonctionnent. C'est la loi de la *destruction fonctionnelle* que les élèves de Claude Bernard enseignent encore.

En relisant l'œuvre de Claude Bernard, on comprend les raisons qui ont poussé à cette affirmation le père de la physiologie. D'abord, je crois qu'il a affirmé la destruction fonctionnelle, comme une vérité évidente, et sans avoir pensé à la possibilité de l'affirmation contraire ; il n'a jamais eu à défendre son affirmation contre un philosophe ou un physiologiste quelconque ; on peut donc dire qu'il n'a jamais porté son attention sur une discussion possible de ce qui lui paraissait être, sans doute, indiscutable..

Ensuite, dans le milieu dualiste où il vivait, il est vraisemblable que Claude Bernard, entreprenant d'étudier la vie par des méthodes scientifiques, n'a jamais pensé qu'il pourrait étudier *toute* la vie. On ne saute pas, d'un seul coup, du mysticisme absolu à l'état scientifique parfait. Le père de la physiologie, tout en renonçant à beaucoup des croyances erronées de ses contemporains, a laissé néanmoins une place au mystère en biologie. Il a cru que le déterminisme le plus rigoureux dirige les phénomènes fonctionnels chez les êtres vivants ; il a cru que l'on peut introduire la mesure dans ces phénomènes fonctionnels, mais il a considéré en quelque sorte ces phénomènes fonctionnels (qu'il croyait destruc-

teurs), comme un côté seulement des manifestations vitales, côté par lequel la biologie donne la
main à la physique et à la chimie, côté, par conséquent, le moins remarquable, le moins important dans la vie. Entre les périodes de fonctionnement interviendrait au contraire une activité
constructive mystérieuse, vraiment vitale celle-
là, et dont nous n'avons aucun exemple en dehors
des êtres vivants. Ainsi, ce qui, pour l'observateur, est le plus remarquable dans la vie, ce que
l'observateur appelle fonctionnement des êtres
vivants, ce serait la partie la *moins vitale* de la
vie ; le véritable phénomène vital s'effectuerait
alors que l'être n'a pas l'air de vivre. A un autre
point de vue, cette activité vitale mystérieuse
serait encore inaccessible à nos études ; pour
Claude Bernard, cette activité inconnaissable diri-
gerait la *forme* des êtres vivants dont nous pourrions seulement étudier la *matière* dans nos labo-
ratoires. C'est toujours le dualisme, et ce dualisme
méritait d'être signalé ici, car nous le trouverons,
identiquement, chez Darwin et les néo-darwiniens.

Imbu des principes de Lavoisier et au courant
des progrès de la physique de son époque, Claude
Bernard devait naturellement penser qu'on ne
peut pas faire du travail avec rien. Le fonctionnement d'un animal qui produit un travail extérieur sensible ne saurait se concevoir sans une
dépense de quelque chose. Ceci est évident. Mais
Claude Bernard a été trop vite en supposant que
le quelque chose qui se dépense dans le fonctionnement est la substance vivante. En agissant ainsi

il a méconnu précisément le phénomène vital essentiel.

Dans une critique de mon *assimilation fonctionnelle*, l'un des plus brillants disciples de Claude Bernard, le professeur Dastre [1] arrive à me concéder que l'assimilation fonctionnelle est peut-être vraie pour le protoplasma vivant, mais est sûrement controuvée dès qu'il s'agit des substances de réserve. Or, c'est précisément ce que je dis : les substances de réserve sont des substances mortes qui servent d'aliment aux réactions vitales dont le protoplasma sort grandi. Et je ne vois même pas, dans l'état actuel de la chimie, d'autre manière de distinguer les substances vivantes des réserves. Les premières assimilent pendant le fonctionnement qui détruit les secondes. On ne peut définir la vie que par l'assimilation fonctionnelle. Si l'on refuse d'admettre cette définition, la substance vivante ne se distingue pas des autres substances de la chimie ; la conservation de la vie ne se conçoit pas, et, par conséquent, l'évolution des espèces non plus. Il n'était donc pas inutile, à propos des théories de l'évolution, de faire cette digression dans le domaine physiologique. La mentalité de Claude Bernard nous aidera à comprendre celle de Darwin et des néo-darwiniens. Et je crois que l'on s'accordera à convenir que Lamarck a eu, des phénomènes vitaux en général, une compréhension beaucoup plus haute.

1. Dastre. *La Vie et la mort.*

*
* *

L'œuvre de Darwin peut être regardée comme l'antithèse de celle de Lamarck. Tous deux ont cru à la variabilité de l'espèce ; tous deux ont pensé que les espèces actuelles descendent d'espèces anciennes *différentes*, et que les transformations des espèces anciennes ont eu lieu sous l'influence de facteurs naturels. Aussi a-t-on l'habitude d'associer leurs deux noms quand il s'agit du système transformiste. Et cependant, leurs méthodes sont entièrement opposées. Elles ont, l'une et l'autre, leurs adeptes fervents, et je crois que l'on est *lamarckien* ou *darwinien* par nature. Il doit exister entre les mentalités des lamarckiens et celle des darwiniens les mêmes différences qu'entre celle de Lamarck et celle de Darwin. C'est pour cela qu'il est intéressant de comparer les deux tendances biologiques qui s'abritent aujourd'hui sous le pavillon des deux grands protagonistes de l'évolution.

Dans cet exposé forcément très bref, je confondrai sous le nom de Darwin les procédés de raisonnement qu'il a utilisés lui-même et ceux dont se sont servis les néo-darwiniens ses disciples. Les néo-darwiniens ont été plus loin que leur maître ; ils ont affirmé des choses qu'il n'avait pas affirmées ; ils ont nié des choses qu'il n'avait pas niées. Mais ils n'ont fait en général que pousser jusqu'à l'extrême les conclusions logiques des principes posés par leur chef de file. Toute l'œuvre des néo-darwiniens est comprise en puissance dans celle de Darwin. Si Darwin avait vécu, il aurait peut-être refusé de suivre ses disciples, mais alors il aurait dù renoncer à son système propre et devenir Lamarckien. Je n'outrepasserai donc pas les droits de la critique en prêtant indifféremment à Darwin ses idées personnelles et les conclusions que ses disciples en ont logiquement tirées.

Les points sur lesquels la méthode de Lamarck est opposée à celle de Darwin sont très nombreux ; ce sont tous les points importants du système.

D'abord Lamarck a cru qu'il fallait expliquer l'évolution par la vie. Darwin a songé à expliquer cette évolution par l'action des facteurs étrangers à la vie, et sans avoir établi au préalable, du moins explicitement, une théorie de la vie.

Lamarck enseignait l'adaptation personnelle de l'individu au milieu ; Darwin a expliqué l'adaptation par l'action des facteurs étrangers à l'individu, et a trouvé dans le *hasard* la cause profonde de la coordination des mécanismes vivants actuels ! Je ne puis m'empêcher de faire à ce sujet une remarque qui, quoique portant seulement sur des mots, indique cependant assez nettement la tendance d'un esprit : Alors que Spencer, par un raisonnement, analogue au fond à celui de Darwin, troûvait la formule de la *persistance du plus apte,* Darwin exprimait la formule équivalente de la *sélection naturelle* ou disparition des non adaptés. Ce n'est là qu'une nuance ; mais enfin il est constant que l'attention de Darwin était attirée plus spécialement, plus directement du moins, sur les phénomènes de mort, de disparition des êtres, et cela est tout naturel chez un savant qui prétend expliquer l'évolution de la vie sans s'être demandé ce qu'est la vie. Au contraire, en présence des mêmes faits, Spencer, que sa tendance rapproche des lamarckiens, remarquait surtout les survivants.

Lamarck ne voyait dans les phénomènes sexuels qu'une particularité faisant disparaître les variations quand elles n'étaient pas acquises uniformément par tous les individus du groupe, tant mâles que femelles. Darwin et surtout les néo-darwiniens ont trouvé dans le phénomène sexuel qui est, nous le savons, un phénomène de mort ou tout au moins une discontinuité, une interruption dans le phénomène vital, la seule source de variations progressives.

Enfin, sans qu'il se soit formellement exprimé à ce sujet, Lamarck a cru à l'unité de la vie, et n'a pas pensé qu'on dût séparer telle ou telle manifestation vitale de telle ou telle autre. Darwin a cru au même dualisme que Claude Bernard. Dans sa théorie des *gemmules*, il a séparé la matière de la forme. Il a attribué la vie au protoplasma, mais il a pensé que, dans le protoplasma, des particules invisibles distinctes du protoplasma donnent à ce dernier *sa forme* et ses propriétés personnelles ! Cette théorie reprise et amplifiée par Weismann a conduit à l'échafaudage le plus invraisemblable et le plus antiscientifique ! Mais la majorité des naturalistes actuels sont Weismanniens.

Je fais encore remarquer avant d'entreprendre l'étude successive des divers points du darwinisme, que si Darwin a reproché à Lamarck de n'avoir pas eu idée de la *sélection naturelle*, les néo-lamarckiens acceptent volontiers cette formule qui ne contrecarre en rien les principes de Lamarck. Ce n'est d'ailleurs qu'une formule commode et non un principe comme je vous le montrerai tout à l'heure. Ce n'est qu'une manière de parler qui donne l'illusion d'une explication et qui nous fait croire que nous comprenons l'évolution de la vie sans nous être demandé ce qu'est la vie elle-même.

⁂

Darwin ne s'est jamais demandé quelle est la cause des variations des êtres vivants. Il eût fallu pour cela rechercher d'abord ce qu'est la vie, et Darwin a toujours été convaincu que c'était inutile. Il a attribué les variations au hasard, et leur conservation ou leur destruction aux facteurs du milieu qui sont étrangers à l'être vivant lui-même. Cette croyance à la possibilité d'une explication de la coordination par le hasard est parente de la croyance aux *lois du hasard ;* elle est commune à beaucoup d'esprits éminents, tant parmi les naturalistes que parmi les mathématiciens, et il est, par conséquent, très utile de l'étudier dès maintenant avec beaucoup de soin.

J'ai montré depuis longtemps déjà[1] que le principe (?) de la sélection naturelle est l'expression d'une vérité évidente :

1. V., en particulier, *Les Limites du connaissable,* pp. 185, sq.

« On a critiqué, ai-je dit, la *sélection naturelle ;* des hommes occupant une haute situation scientifique tel que Flourens, ont essayé d'en ridiculiser l'auteur ; or le principe de Darwin est une vérité évidente. Il n'en est pas de même de l'explication de la formation des espèces à l'aide de ce principe, ou du moins, de ce principe seul ; ici la discussion est permise, et il est même facile de réfuter victorieusement l'argumentation de Darwin. Dans l'*Origine des Espèces*, le principe et les applications du principe sont si intimement mélangés que l'on a pu croire que le principe de la sélection naturelle était inséparable du transformisme. Or cela est faux, et je dirai même que ces deux questions sont absolument indépendantes l'une de l'autre ; mais il est curieux de constater que la plupart des premiers adversaires de Darwin se sont attaqués au principe de la sélection naturelle, croyant attaquer le transformisme même, et se sont heurtés ainsi à une cuirasse sans défaut.

« On pourrait dire que le principe de la sélection naturelle expose que *les choses sont à chaque instant comme elles sont et non autrement*, et que cela a été vrai à un moment quelconque de l'histoire du monde. Je ne pense pas que quelqu'un songe à s'inscrire en faux contre une assertion aussi banale, et cependant, c'est là tout le principe du grand évolutionniste anglais[1]. »

Outre cette première affirmation vraiment indiscutable, savoir qu'à un moment donné les

1. *Op. cit.*, p. 186.

choses sont comme elles sont et non autrement, Darwin fait appel à deux autres vérités qui sont : « 2° entre deux moments il y a des variations ; 3° toute variation est due à des causes naturelles. De ces trois points, les deux premiers, qui sont immédiatement évidents constituent le principe de la sélection naturelle ; le troisième, le seul qui ait besoin de démonstration, Darwin l'effleure à peine. Il serait surprenant qu'à l'aide de vérités évidentes comme les deux premières, *vérités indépendantes des propriétés des corps*, on pût expliquer quelque chose ; *aussi n'explique-t-on rien... D'ailleurs,* dans la forme que je lui ai donnée, on aura peine à reconnaître le principe de Darwin. C'est que l'illustre évolutionniste l'a formulé d'une manière générale, pour les êtres vivants et, *en tenant compte* IMPLICITEMENT *de ces deux propriétés élémentaires des êtres vivants, la multiplication et la mort*[1]. »

Cette constatation, et on ne peut pas ne pas la faire si on lit avec attention le livre de Darwin, doit nous mettre en garde, sinon contre l'explication de Darwin elle-même, du moins contre la croyance à l'explication de l'évolution progressive par le hasard. Au lieu de mettre en avant, comme Lamarck, les propriétés des êtres vivants, propriétés qui les distinguent des corps bruts, Darwin a dissimulé inconsciemment l'usage qu'il faisait de ces propriétés dans l'explication de l'évolution. Et si l'on épluche son principe de la sélec-

1. *Op. cit.*, pp. 186, sq.

tion naturelle on trouve précisément que, sauf quelques vérités évidentes et vraies pour tous les corps, même bruts, ce principe se réduit à l'exposé des lois élémentaires de la vie. Le rôle du hasard dans l'explication de l'évolution progressive des êtres va être de ce fait singulièrement diminué : « Il y a, ai-je écrit ailleurs[1], des hasards qui tuent ; il y en a d'autres qui conservent la vie ou qui, du moins, ne l'empêchent pas de continuer. Les hasards qui tuent ne nous intéressent pas au point de vue de la formation des espèces ; les lignées qui se sont prolongées jusqu'à nous n'ont jamais été interrompues par la mort; aucun de ses membres n'a rencontré, au moins avant l'âge de la reproduction, le hasard qui tue ; sans quoi il n'aurait pas laissé de descendance, et nous n'aurions pas à l'étudier. Tous les êtres que nous connaissons ont donc été favorisés par le hasard ; devons-nous en conclure que c'est le hasard qui a dirigé leur évolution ?... Pour les lignées qui se sont prolongées jusqu'à nous, le hasard ne les a pas empêchées de se prolonger; elles n'ont pas rencontré le hasard qui tue. Tous les hasards avec lesquels elles se sont mesurées ne les ont pas empêchées de rester vivantes, *de se soumettre aux lois de la vie ;* et ce sont les lois de la vie qui, *appliquées malgré les hasards* ont fait de leurs descendants actuels ce qu'ils sont. Là encore, comme toutes les fois qu'il a paru donner quelque chose de coordonné, le hasard ne faisait que masquer une loi. La

____

1. *De l'homme à la science*, p. 249.

clause « sous peine de mort » qui est la clause
biologique par excellence a *canalisé le hasard*
pour les lignées qui n'ont pas rencontré le hasard mortel. Mais le hasard canalisé, c'est le
hasard dompté par les lois de la nature vivante.
Le hasard canalisé, c'est l'éducation spécifique ;
tout hasard qui ne tue pas fait partie de l'éducation. Loin de moi l'idée de nier l'importance
de l'éducation — et du hasard par conséquent
— dans la formation des espèces ; chaque fonctionnement d'un être vivant est susceptible d'être
représenté par la formule symbolique ($A \times B$),
et il est certain que la série des facteurs B,
l'éducadation individuelle, l'éducation spécifique,
est l'un des facteurs du résultat final, l'état *actuel*
de l'être coordonné, mais le fait que cet être est
adapté et *coordonné* est la conséquence des propriétés de A, *des lois de la vie et non du hasard.*
Une autre lignée, issue du même ancêtre, aurait
conduit à travers des hasards différents, à un être
différent mais également *coordonné.* La coordination, le mécanisme admirable des êtres vivants
actuels, sont le résultat *des lois de la vie. La sélection naturelle n'est qu'une manière de raconter
comment, dans la lignée considérée, les lois se
sont appliquées sans interruption jusq'à ce
jour.* »

L'antithèse subsiste évidemment entre les
mentalités de Lamarck et de Darwin, mais elle
diminue entre les systèmes. Darwin a cru sincè-
rement, ébloui qu'il était par les séductions de
la formule « sélection naturelle », qu'il expliquait l'évolution de la vie sans recourir a < lois

élémentaires de la vie. En réalité, sauf pour l'origine des variations qu'il a laissée dans l'ombre et dont nous nous occuperons un peu plus tard, il a inconsciemment adopté les principes de Lamarck, c'est-à-dire les lois connues de la vie, et en particulier l'hérédité des caractères acquis, dont son système ne pouvait se passer. Or, chose étrange au nom du darwinisme, Weismann a cru devoir nier le deuxième principe de Lamarck qui faisait partie intégrante (mais dissimulée) du système de Darwin. Il y a été conduit, il est vrai, par une autre partie de l'œuvre de son maître, la théorie antiscientifique des gemmules qui est, si l'on y réfléchit bien, la négation du transformisme même.

Avant d'envisager cette seconde partie de l'œuvre de Darwin, je dois dire, à propos du rôle du hasard dans la formation des espèces, quelques mots du hasard en général. Joseph Bertrand s'est demandé « pourquoi le hasard obéit à des lois »; dans le même ordre d'idées, M. Poincaré écrit : « Il faut bien que le hasard soit *autre chose* que le nom que nous donnons à notre ignorance, que, parmi les phénomènes dont nous ignorons les causes, nous devions distinguer les phénomènes fortuits, sur lesquels le calcul des probabilités nous renseigne provisoirement, et ceux qui ne sont pas fortuits et sur lesquels nous ne pouvons rien dire tant que nous n'aurons pas déterminé les lois qui les régissent. » J'ai longuement discuté ailleurs[1] cette

____

[1] *L'homme à la science, op. cit.*, ch. XII.

manière de voir qui consiste à croire que, dans
la loi des grands nombres, on voit dériver du
désordre parfait à une échelle l'ordre parfait à
l'échelle supérieure. Si cent mille coups de rouge
et noir nous donnent environ 50.000 coups rouges
et 50.000 coups noirs, cela prouve que le jeu de
rouge et noir est symétrique par rapport à rouge
et à noir, et c'est là une loi. Un jeu vraiment
quelconque n'eût pas donné le même résultat. De
même, si une statistique d'un grand nombre de
cas de vie et de mort nous conduit à la découverte des lois de la vie, c'est que ces lois, quoique dissimulées par les contingences dans chaque cas isolé, s'appliquent néanmoins à tous ces
cas. Darwin a appliqué la méthode statistique là
où Lamarck s'est franchement attaqué aux cas
individuels étudiés séparément, et si le premier
a tiré quelque chose de sa méthode, c'est grâce
aux lois que l'étude directe des individus avait
enseignées au second. Je me suis assuré, il y a
longtemps déjà[1], que l'on trouvait les lois de Lamarck en appliquant la méthode darwinienne à
l'histoire des plus petites unités indépendantes
qui constituent un être coordonné. Mais cela
tient à une chose, c'est que ces plus petites unités indépendantes sont elles-mêmes soumises
aux lois élémentaires de la vie.

*
* *

J'arrive maintenant à la partie de l'œuvre de
Darwin qui a exercé, à mon avis, la plus fâcheuse

1. V. *Lamarckiens et darwiniens*, Paris, F. Alcan, 1908.

influence sur les biologistes actuels ; je veux
dire la théorie des gemmules par laquelle le
grand évolutionniste anglais a voulu expliquer
l'hérédité. Cette théorie n'est pas dans son premier et principal ouvrage *L'Origine des Espèces
par sélection naturelle;* elle est rejetée en appendice à la fin d'un livre ultérieur *La Descendance
de l'homme.* On dirait que Darwin, après avoir
cru à la possibilité d'expliquer l'évolution sans
avoir établi préalablement une théorie de la vie,
a été conduit malgré lui à la nécessité d'une
telle théorie ; il a donc essayé d'expliquer l'hérédité, qui, si l'on y regarde de près, est la vie
elle-même ; mais, imbu sans s'en douter, des
théories dualistes régnantes, il a séparé la question de l'hérédité de celle de la vie ; il a séparé
comme Claude Bernard, la question de la forme
de la question de la matière, et même, ce qui est
plus grave et moins croyable de la part d'un
homme qui a, d'autre part, de si grands titres à
notre admiration, il a séparé la matière des
propriétés de la matière. Le protoplasma est
vivant (mais Darwin ne dit pas ce que c'est
qu'être vivant ; pour lui, comme pour Claude
Bernard, il n'y a pas lieu de définir la vie) ; le
protoplasma, dis-je, est vivant, mais s'il a des
propriétés personnelles, il les doit, non pas à
sa nature propre, mais à des particules infiniment petites, qui se multiplient à son intérieur,
et dont l'influence sur le protoplasma détermine
précisément les propriétés de celui-ci. Tout cela
n'est pas très net dans le livre de Darwin, mais
son élève Weismann a pris soin de préciser la

pensée du maître et d'en montrer ainsi toute l'invraisemblance.

Je n'ai pas besoin de vous faire remarquer combien est insoutenable une méthode qui, pour expliquer les propriétés de la vie chez les corps vivants visibles, attribue simplement ces propriétés mêmes à des corpuscules invisibles placés dans les premiers. Je n'ai pas besoin non plus de vous montrer combien il fallait, *a priori* séparer, dans son esprit, les phénomènes vitaux des phénomènes de la matière brute, pour croire que les propriétés de la matière vivante ne sont pas inhérentes à cette matière même ; jamais une pareille idée ne serait venue à l'un de nous à propos des corps de la chimie. Weismann lui-même n'eût pas été tenté de dire : Le soufre n'a par lui-même aucune forme ; mais s'il cristallise tantôt dans le système octaédrique, tantôt dans le système prismatique, c'est qu'il y a à son intérieur des particules déterminant, les unes la forme prismatique, les autres la forme octaédrique ; une lutte a lieu entre ces deux catégories de particules ; celle qui l'emporte dans la lutte détermine la forme cristalline obtenue ; et c'est pour cela que le soufre manifeste tantôt la première tantôt la seconde. Un tel charabias nous ramène aux plus mauvais jours de l'alchimie et de la scolastique. Il n'a pas été employé pour les corps bruts, mais en l'employant pour les corps vivants, Darwin et ses élèves ont délibérément placé la vie en dehors des autres phénomènes naturels. Lamarck avait fait tout le contraire, et c'est peut-être en cela qu'il a été le plus grand. C'est pour cela que, comme je le disais en commençant, Lamarck doit être considéré plutôt comme un physicien ; Darwin au contraire reste un naturaliste, le plus grand sans doute des naturalistes, mais un naturaliste tout de même, en ce sens qu'il a toujours étudié les êtres vivants comme des objets à part, et qu'il leur a appliqué une méthode et un langage à part.

Cette théorie des gemmules, Darwin l'a d'ailleurs exposée avec assez peu de précision ; les hypothèses qu'il fait sur les gemmules ne sont pas très clairement énoncées, et nous devons faire un certain effort pour nous apercevoir qu'il leur prête toujours toutes les propriétés dont il a pour but d'expliquer la présence chez les êtres vivants pourvus de gemmules. Entre autres conclusions de sa théorie des gemmules, Darwin montre comment cette théorie, convenablement maniée, explique l'hérédité des caractères acquis. Son élève Weismann, serrant de plus près la définition des mots dans une théorie plus récente des particules représentatives, démontre au contraire que toute théorie de cette nature entraîne fatalement l'impossibilité de la transmission des caractères acquis[1]. Je n'hésiterai pas à répéter ce que j'ai déjà écrit plusieurs fois, que la théorie des particules représentatives est la négation du transformisme lui-même ; et il est curieux de voir que Darwin, considéré par beaucoup comme

---

1. Plus récemment, Weismann a essayé, au contraire, d'expliquer par sa théorie l'hérédité des caractères acquis ; mais il a ainsi fait disparaître le semblant de rigueur de son système.

le père du transformisme, est cependant le pro-
tagoniste d'une théorie qui conduit fatalement à
la négation du transformisme.

Cette incohérence est la conséquence naturelle
d'une méthode qui veut étudier l'évolution de la
vie sans se demander d'abord ce qu'est la vie,
et qui prétend même qu'il est inutile de connaître
les lois de la vie pour comprendre son évolution.
Autant que mon expérience personnelle me permet de l'affirmer, je prétends que, laissant de
côté la question transformiste qui doit être étudiée ensuite, une étude impartiale des phénomènes vitaux conduit à définir la vie par l'assimilation fonctionnelle et l'hérédité des caractères
acquis. Toute théorie qui amène ensuite à nier
l'une quelconque de ces deux particularités est
donc forcément mauvaise ; j'ai d'ailleurs insisté
précédemment sur l'arbitraire qui préside à la
décomposition en *caractères* de la description
d'un être vivant. Je veux seulement vous montrer
maintenant, avant de terminer, quelle est l'unique source de variation qui reste aux darwiniens
adeptes de la théorie des particules représentatives.

* * *

Nous avons été conduits, en étudiant la vie
elle-même, à constater que le sexe est un des
éléments de la structure vitale ; toute substance
vivante a deux sexes ou deux pôles antagonistes
dont la réunion dans un même protoplasma est
aussi nécessaire à la perpétration du phénomène
vital que les deux pôles de la pile à la production

du courant électrique. Les gamètes ou éléments sexuels mûrs sont dérivés de cellules complètes et vivantes par la perte de la moitié de leur mécanisme, savoir l'ensemble des pôles mâles ou l'ensemble des pôles femelles. Et, de fait, l'expérience le prouve suffisamment, ces éléments sexuels mûrs ne *sont pas vivants*. Mais ils sont complémentaires et s'attirent réciproquement, reconstituant ainsi une substance vivante et rajeunie qui est l'*œuf*, point de départ d'un nouvel organisme.

Le seul rôle qu'ait attribué Lamarck aux fécondations dans sa théorie évolutionniste, a été de laisser passer aux enfants les caractères communs aux deux parents, et contrairement, (quoiqu'il ait moins insisté sur ce point), de faire disparaître dans les lignées les caractères aberrants manifestés chez l'un seulement des conjoints.

Il pourrait sembler d'abord que Darwin a eu la même idée. Il commence en effet son grand livre de *l'Origine des espèces* par l'étude de la sélection artificielle des éleveurs qui accouplent ensemble des bestiaux pourvus des mêmes caractères, de manière à conserver ces caractères à leurs descendants. Mais si l'on y regarde d'un peu plus près, on voit que ces caractères communs aux parents choisis dans la reproduction, sont ordinairement des caractères fortuits et non des caractères d'adaptation à des circonstances communes. Car ces caractères, qui existent chez deux ou trois des individus d'un troupeau manquent chez les autres individus vivant avec eux et soumis aux mêmes conditions. Et c'est pour cela que, dans l'histoire de cette sélection artificielle, on voit disparaître le caractère spécial des individus sélectionnés dès qu'ils s'accouplent librement avec les autres individus de même espèce, vivant dans le même pays. Tandis que, s'il s'agissait de caractères acquis sous l'influence des conditions d'existence, ces caractères seraient communs à tous les individus de même espèce vivant dans ces conditions, et par conséquent une sélection artificielle serait inutile à la conservation de ces caractères.

Entre le raisonnement de Lamarck et celui de Darwin il y a donc encore ici la même divergence fondamentale qui distingue, dans toute leur œuvre, les deux grands évolutionnistes. Darwin a constaté la conservation par sélection sexuelle artificielle, de *caractères fortuits*; Lamarck a attaché de l'importance à la conservation, malgré la fécondation, des caractères d'adaptation communs aux deux sexes.

Or, quelle est l'origine des caractères fortuits dont Darwin s'est occupé? Y a-t-il vraiment des caractères qui méritent le nom de fortuits? Darwin, ie ne saurais trop le répéter, s'est peu ou pas préoccupé de l'origine des variations; pour lui, la sélection naturelle, intervenant après coup, suffisait à adapter les variations, quelle que fût d'ailleurs leur provenance. Weismann a été plus loin que lui dans le sens de la précision du langage, et, son langage étant plus précis, on reconnaît plus aisément qu'il est erroné. Pour Weismann, aucune variation n'est possible sous l'influence directe de l'adaptation au milieu ; la fécondation est la source de toutes les variations.

N'est-il pas étrange que, suivant l'école à laquelle appartient un biologiste, les phénomènes de fécondation soient considérés par lui, tantôt comme faisant disparaître les variations fortuites, tantôt comme étant au contraire la source unique de ces variations sur lesquelles travaille ensuite le crible de la sélection naturelle? Ainsi que je vous l'ai fait remarquer précédemment à propos de la loi du plus petit coefficient[1], les deux opinions se comprennent et semblent justifiées par l'observation de cas divers. Si l'on s'arrête à la considération des frères qui proviennent d'un même couple formé de deux parents *très voisins* on remarque en même temps : 1º qu'ils sont de la race commune à leurs deux parents ; 2º qu'ils diffèrent tous les uns des autres par des caractères individuels. Et cette seconde remarque suffit à faire comprendre que l'amphimixie ou mélange des sexes soit considérée comme une source de variations; d'autre part, les caractères par lesquels diffèrent l'un de l'autre deux frères issus d'une même union de parents voisins, méritent à tous égards le nom de caractères *fortuits*, car le phénomène sexuel est un phénomène *non vital*, quoiqu'il soit essentiel à la production d'êtres vivants nouveaux. En d'autres termes, il est impossible de prévoir quel sera, dans ses détails personnels, le résultat d'un accouplement

1. Voir plus haut, p. 176.

donné, même si l'on connaît d'avance les résultats d'autres accouplements entre les mêmes parents.

Et si, de deux accouplements distincts, sont provenus *par hasard* deux individus de sexes opposés ayant un caractère fortuit commun, on pourra espérer transmettre ce caractère commun à leurs descendants si on les accouple entre eux. C'est le principe de la sélection artificielle; on conçoit qu'elle permette, par une accumulation judicieuse des caractères fortuits, la formation de variétés monstrueusement aberrantes comme celles des pigeons. On sait d'ailleurs que le croisement de deux variétés très différentes de pigeons reproduit immédiatement le type moyen de l'ancêtre commun. L'amphimixie est donc une arme à deux tranchants, source de petites variations à chaque génération résultant d'un acouplement de parents voisins, elle peut détruire brusquement les variations, accumulées pendant plusieurs générations, au prix d'une sélection artificielle faite par les éleveurs. Suivant donc qu'on s'attachera aux petites différences existant toujours entre deux frères, ou que l'on étudiera au contraire l'uniformité des produits de croisement entre races très distinctes, on constatera que l'amphimixie est, dans le premier cas, une productrice de variations, dans le second cas une destructrice des variations fortuites non communes aux deux parents. En un mot, l'amphimixie s'oppose également à l'uniformité absolue des produits des *libres* accouplements, et à l'apparition ou à la conservation des divergences trop grandes entre ces produits. C'est ce qui fait que, suivant leur tendance, les auteurs ont cherché dans l'amphimixie, qui le fournisseur des variations nécessaires à la sélection, qui le régulateur qui s'oppose aux variations trop aberrantes. Les lamarckiens, qui veulent expliquer la vie par la vie et non par le phénomène sexuel non vital, remarquent que l'amphimixie introduit des différences individuelles, mais maintient jalousement le type moyen des races ou des espèces. Les darwiniens au contraire, voulant voir dans les phénomènes non vitaux l'origine de tout le progrès vital, s'attachent à la possibilité d'une accumulation de variations fortuites par sélection artificielle, et oublient volontairement que cette sélection artificielle ne se fait pas dans la nature. Aussi, Weismann, du moins dans ses premiers travaux, considère l'amphimixie comme la seule source des variations qui conduisent à la formation des espèces; tous les progrès sont donc livrés au hasard; la sélection naturelle, ensemble des causes destructives non vitales, tire ensuite parti de ces variations fortuites pour l'évolution progressive.

Une des choses les plus curieuses au point de vue de l'explication des tendances antagonistes des lamarckiens et des darwiniens, c'est la manière dont Weismann introduit en biologie la notion de sexe. Weismann, fidèle à l'esprit darwinien, ne se préoccupe pas de savoir ce qu'est le phénomène vital; la seule chose qui l'intéresse est l'évolution des corps vivants. Il n'a donc pas songé que la sexualité pût être une nécessité de la vie ; il n'a pas voulu voir qu'un individu protoplasmique est vivant *seulement* quand il est bisexué, et qu'un élément sexuel mûr *n'est pas vivant*. Pour lui, la sexualité a apparu par suite de la nécessité de l'introduction, dans le monde vivant, de variations entre lesquelles la sélection naturelle pût ensuite choisir pour assurer le progrès. Je n'ai pas besoin de montrer le côté finaliste de cette interprétation ; mais je veux attirer votre attention sur le fait que Weismann ne s'est jamais soucié des conditions de la vie, et que le phénomène sexuel qu'il invoque n'a aucun rapport avec le phénomène sexuel que nous connaissons dans la nature.

Nous voyons aujourd'hui des éléments sexuels mûrs, c'est-à-dire non vivants, incomplets, incapables de vivre, s'attirer réciproquement et se compléter les uns les autres dans l'acte de la fécondation. Le peu que nous savons du mécanisme de la vie nous fait comprendre la raison de ces fécondations, sans que nous ayons besoin pour cela de penser à l'évolution possible des êtres au cours d'un grand nombre de générations.

Weismann, au contraire, dans sa théorie des plasmas ancestraux, imagine que des corps vivants *complets*, parfaitement capables de vivre par eux-mêmes et ayant effectivement vécu jusque-là par leurs propres moyens, se sont avisés un beau jour, pour créer de la variation, de s'accoupler deux à deux comme des éléments sexuels, et d'unir leurs caractères les uns aux autres. Cette folie d'accouplement n'a aucun rapport avec les seuls accouplements que nous connaissions et qui ont pour cause une maturation sexuelle ayant rendu les gamètes incomplets et complémentaires. D'ailleurs, dans ces accouplements, les darwiniens ne se préoccupent jamais de la nécessité bisexuelle de la vie. Dans son interprétation des unions dites *unisexuelles*, dont nous avons parlé précédemment, *de Vries* qui se proclame d'ailleurs weismannien, trouve tout naturel que des unités spécifiques qui existent chez le mâle et ne se rencontrent pas chez la femelle, continuent néanmoins de *vivre* dans la graine résultante, sans être complétées par des éléments femelles antagonistes. Au lieu d'être une nécessité vitale, le sexe est pour les darwiniens un luxe surajouté à la vie pour produire de la variation.

* *

Ainsi, dans les questions d'amphimixie, comme partout ailleurs, ce qui distingue le darwinien du lamarckien, c'est que le premier ne se préoccupe jamais de savoir quelles sont les conditions de la vie, et de se demander si elles sont réalisées dans un être quelconque, tandis que le second ne s'occupe que des questions négligées par le darwinien. Et c'est de l'étude approfondie de ces questions que le lamarckien conclut à l'évolution progressive des espèces.

En d'autres termes, il n'y a qu'une question pour le lamarckien : Qu'est-ce que la vie? La réponse à cette question a pour résultat de placer la vie au milieu des autres phénomènes de la nature. C'est une question de physicien.

Elle conduit d'ailleurs naturellement et sans hypothèse complémentaire à la croyance transformiste.

Pour le darwinien au contraire, la question de la nature de la vie ne se pose même pas ; il semble décidé à l'avance que la vie est un phénomène à part, et que le domaine des naturalistes n'empiète pas sur celui des physiciens, au moins dans ses parties essentielles. Cela s'explique naturellement par le fait que les plus grands naturalistes ignorent la physique. Et de même que Claude Bernard séparait la matière de la forme, et de même que Claude Bernard méconnaissait le phénomène vital essentiel, peut-être parce qu'il croyait impossible l'étude complète de la vie, de même les naturalistes darwiniens étudient séparément, comme des questions absolument indépendantes de la véritable biologie, l'*hérédité* et la *formation des espèces* qui, pour les lamarckiens, s'expliquent immédiatement par la nature même de la vie.

TABLE DES MATIÈRES

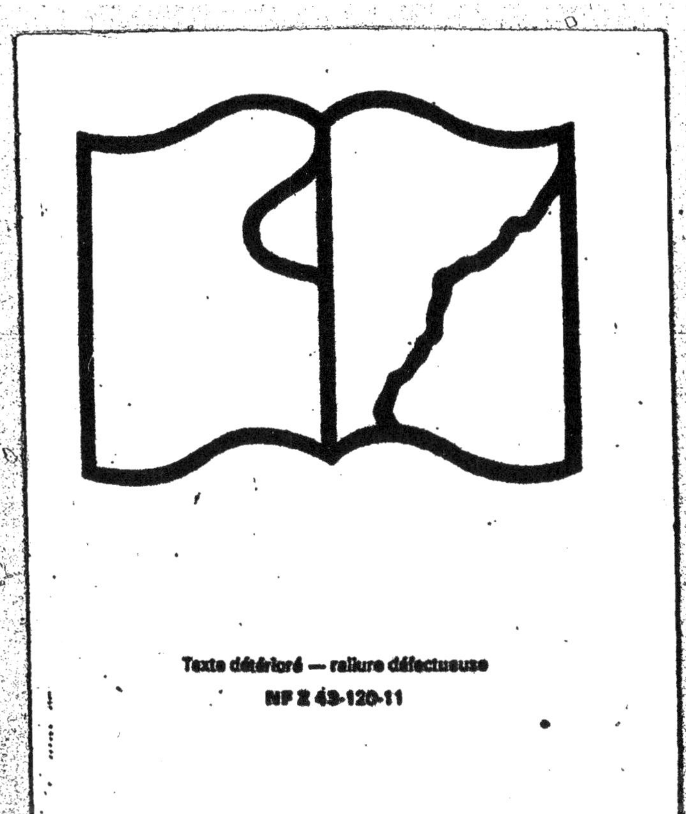

Texte détérioré — reliure défectueuse
NF Z 43-120-11

SEPTIÈME LEÇON

HUITIÈME LEÇON

NEUVIÈME LEÇON

ÉVREUX, IMPRIMERIE CH. HÉRISSEY ET FILS

18. NIEWENGLOWSKI. La photographie et la photochimie, ill.
21. FUCHS. Les volcans et les tremblements de terre, 6e éd.
23. A. DE QUATREFAGES, de l'Institut. L'espèce humaine, 13e édition.
24. BLASERNA et HELMHOLTZ. Le son et la musique, 5e éd.
26. BRUCKE et HELMHOLTZ. Principes scientifiques des beaux-arts, 4e édition, illustré.
27. WURTZ, de l'Institut. La théorie atomique, 8e édition.
28-29. SECCHI (Le Père). Les étoiles, 3e édit., 2 vol. illustrés.
31. A. BAIN. La science de l'éducation, 10e édition.
32-33. THURSTON. Histoire de la machine à vapeur, 3e éd., 2 vol.
35. HERBERT SPENCER. Les bases de la morale évolutionniste, 7e édition.
36. Th.-H. HUXLEY. L'écrevisse, 2e édition, illustré.
37. DE ROBERTY. La sociologie, 3e édition.
38. O.-N. ROOD. Théorie scientifique des couleurs et applications à l'art et à l'industrie, 2e édition, illustré.
40-41. CHARLTON-BASTIAN. Le cerveau et la pensée, 2 vol. illustrés.
42. JAMES SULLY. Les illusions des sens et de l'esprit, 3e édition.
44. A. DE CANDOLLE. Origine des plantes cultivées, 4e édit.
47. Ed. PERRIER, de l'Institut. La philos. zoologique avant Darwin, 3e édition.
48. STALLO. La matière et la physique moderne, 3e édition.
49. MANTEGAZZA. La physionomie et l'expression des sentiments, 3e édit., illustré, avec 8 pl. hors texte.
50. DE MEYER. Les organes de la parole, illustré.
51. DE LANESSAN. Introduction à la botanique. Le sapin, 2e édit., illustré.
54. TROUESSART. Microbes, ferments et moisissures, 2e éd., illustré.
56. SCHMIDT. Les mammifères dans leurs rapports avec leurs ancêtres géologiques, illustré.
57. BINET et FÉRÉ. Le magnétisme animal, 5e éd., illustré.
58-59. ROMANES. L'intelligence des animaux, 3e éd., 2 vol.
60. F. LAGRANGE. Physiologie des exercices du corps, 10e éd.
61. DREYFUS. L'évolution des mondes et des sociétés, 3e édit.
62. DAUBRÉE, de l'Institut. Les régions invisibles du globe et des espaces célestes, 2e édition, illustré.
65. RICHET (Ch.). La chaleur animale, illustré.
67. BÉAUNIS. Les sensations internes.
68. CARTAILHAC. La France préhistorique, 2e éd., illustré.
69. BERTHELOT, de l'Institut. La révolution chimique, Lavoisier, ill., 2e édition.

70. J. LUBBOCK. Les sens et l'instinct chez les animaux, ill.
71. STARCKE. La famille primitive.
72. ARLOING. Les virus, illustré.
73. TOPINARD. L'homme dans la nature, illustré.
74. BINET. Les altérations de la personnalité.
75. DE QUATREFAGES. Darwin et ses précurseurs français,
    2e édition.
77-78. DE QUATREFAGES. Les émules de Darwin, 2 vol.
79. BRUNACHE. Le centre de l'Afrique ; autour du Tchad, ill.
80. A. ANGOT. Les aurores polaires, illustré.
81. JACCARD. Le pétrole, l'asphalte et le bitume, illustré.
82. STANISLAS MEUNIER. La géologie comparée, illustré.
83. LE DANTEC. Théorie nouvelle de la vie, 4e éd., illustré.
84. DE LANESSAN. Principes de colonisation.
85. DEMOOR, MASSART et VANDERVELDE. L'évolution
    régressive en biologie et en sociologie, illustré.
86. G. DE MORTILLET. Formation de la nation française,
    2e édition, illustré.
87. G. ROCHÉ. La culture des mers en Europe, illustré.
88. J. COSTANTIN. Les végétaux et les milieux cosmiques
    (Adaptation, évolution), illustré.
89. LE DANTEC. Évolution individuelle et hérédité.
90. E. GUIGNET et E. GARNIER. La céramique ancienne et
    moderne, illustré.
91. H.-M. GELLÉ. L'audition et ses organes, illustré.
92. STANISLAS MEUNIER. Géologie expérimentale, 2e éd., ill.
93. J. COSTANTIN. La nature tropicale, illustré.
94. E. GROSSE. Les débuts de l'art, illustré.
95. J. GRASSET. Les maladies de l'orientation et de l'équi-
    libre, illustré.
96. G. DEMENY. Les bases scientifiques de l'éducation phy-
    sique, 3e éd., illustré.
97. F. MALMÉJAC. L'eau dans l'alimentation, illustré.
98. STANISLAS MEUNIER. La géologie générale, illustré.
99. G. DEMENY. Mécanisme et éducation des mouvements,
    3e édition, illustré.   9 fr.
100. L. BOURDEAU. Histoire du vêtement et de la parure.
101. A. MOSSO. Les exercices physiques et le développement
    intellectuel.
102. LE DANTEC. Les lois naturelles, illustré.
103. NORMAN LOCKYER. L'évolution inorganique, illustré.
104. COLAJANNI. Latins et Anglo-Saxons.   2 fr.

Les nos 3, 19, 20, 22, 25, 30, 34, 39, 43, 45, 46, 52, 53, 55, 63,
    64, 66, 76 sont épuisés et ne seront pas réimprimés.

L'idiotie. *Psychologie et éducation de l'idiot*, par le D' J. Voisin, médecin de la Salpêtrière, avec gravures.   4 fr.

La famille névropathique, *Hérédité, prédisposition morbide, dégénérescence*, par le D' Ch. Féré, médecin de Bicêtre, avec gravures. 2° édition.   4 fr.

L'instinct sexuel. *Évolution, dissolution*, par le même. 2° éd. 4 fr.

Le traitement des aliénés dans les familles, par le même. 3° édition.   4 fr.

L'hystérie et son traitement, par le D' Paul Sollier.   4 fr.

Manuel de psychiatrie, par le D' J. Rogues de Fursac. 2° éd. 4 fr.

L'éducation physique de la jeunesse, par A. Mosso, professeur à l'Université de Turin.   4 fr.

Manuel de percussion et d'auscultation, par le D' P. Simon, professeur à la Faculté de médecine de Nancy, avec grav.   4 fr.

Manuel théorique et pratique d'accouchements, par le D' A. Pozzi, professeur à l'École de médecine de Reims, avec 138 gravures. 4° édition.   4 fr.

Morphinisme et Morphinomanie, par le D' Paul Rodet. (*Couronné par l'Académie de médecine.*)   4 fr.

La fatigue et l'entraînement physique, par le D' Ph. Tissié, avec gravures. Préface de M. le prof. Bouchard. 3° édition.   4 fr.

Les maladies de la vessie et de l'urèthre chez la femme, par le D' Kolischer ; trad. de l'allemand par le D' Beuttner, de Genève; avec gravures.   4 fr.

Grossesse et accouchement, par le D' G. Morache, professeur de médecine légale à l'Université de Bordeaux.   4 fr.

Naissance et mort, par *le même*.   4 fr.

La responsabilité, par *le même*.   4 fr.

Traité de l'intubation du larynx *chez l'enfant et chez l'adulte*, par le D' A. Bonain, avec 42 gravures.   4 fr.

Pratique de la chirurgie courante, par le D' M. Cornet. Préface du P' Ollier, avec 111 gravures.   4 fr.

Dans la même collection :

COURS DE MÉDECINE OPÉRATOIRE

de M. le Professeur Félix Terrier :

Petit manuel d'antisepsie et d'asepsie chirurgicales, par les D'' Félix Terrier, professeur à la Faculté de médecine de Paris, et M. Péraire, ancien interne des hôpitaux, avec grav. 3 fr.

Petit manuel d'anesthésie chirurgicale, par *les mêmes*, avec 37 gravures.   3 fr.

L'opération du trépan, par *les mêmes*, avec 222 grav.   4 fr.

Chirurgie de la face, par les D'' Félix Terrier, Guillemain et Malherbe, avec gravures.   4 fr.

Chirurgie du cou, par *les mêmes*, avec gravures.   4 fr.

Chirurgie du cœur et du péricarde, par les D'' Félix Terrier et E. Reymond, avec 79 gravures.   3 fr.

Chirurgie de la plèvre et du poumon, par *les mêmes*, avec 67 gravures.   4 fr.

LABADIE-LAGRAVE ET **LEGUEU. Traité médico-chirurgical de gynécologie.** 3ᵉ édition entièrement remaniée. 1 vol. grand in-8, avec nombreuses fig., cart. à l'angl. 25 fr.

LAGRANGE (F.). Le traitement des affections du cœur par l'exercice et le mouvement. 1 vol. in-8, avec fig. et une carte hors texte. 6 fr.

LE DANTEC (F.). Traité de biologie. 1 vol. grand in-8, avec fig., 2ᵉ éd. 15 fr.

— **Introduction à la pathologie générale.** 1 fort vol. gr. in-8. 15 fr.

NIMIER (H.). Blessures du crâne et de l'encéphale par coup de feu. 1 vol. in-8, avec 150 fig. 15 fr.

TERRIER (F.) et AUVRAY (M.). Chirurgie du foie et des voies biliaires. — TOME I. *Traumatismes du foie et des voies biliaires.* — *Foie mobile.* — *Tumeurs du foie et des voies biliaires.* 1901. 1 vol. gr. in-8, avec 50 gravures. 10 fr.

TOME II. *Echinococcose hydatique commune.* — *Kystes alvéolaires.* — *Suppurations hépatiques.* — *Abcès tuberculeux intra-hépatique.* — *Abcès de l'actinomycose.* 1907. 1 vol. gr. in-8, avec 47 gravures. 12 fr.

UNNA. Thérapeutique des maladies de la peau. Traduit de l'allemand par les Dʳˢ DOYON et SPILLMANN. 1 vol. gr. in-8. 8 fr.

<hr>

A. — Pathologie et thérapeutique médicales.

BERGER et **LOEWY. Les troubles oculaires d'origine génitale chez la femme.** 1 vol. in-18. 3 fr. 50

BOURCART et **CAUTRU. Le ventre.**

I. *Le rein.* 1 vol. gr. in-8 avec grav. et planches. 10 fr.

II. *L'estomac et l'intestin.* 1 vol. gr. in-8, avec grav. et pl. 12 fr.

DODERLEIN. Précis d'opérations obstétricales. 1 vol. in-8, avec grav., cartonné. 5 fr.

FÉRÉ (Ch.). Les épilepsies et les épileptiques. 1 vol. gr. in-8, avec 12 planches hors texte et 87 grav. dans le texte. 20 fr.

— **La pathologie des émotions.** 1 vol. in-8. 12 fr.

FINGER (E.). La syphilis et les maladies vénériennes. Trad. de l'allemand avec notes par les docteurs SPILLMANN et DOYON. 3ᵉ édit. 1 vol. in-8, avec 5 planches hors texte. (*Sous presse.*)

FLEURY (Maurice de). Introduction à la médecine de l'esprit. 8ᵉ édit. 1 vol. in-8. 7 fr. 50
(*Ouvrage couronné par l'Académie française et par l'Académie de médecine.*)

— **Les grands symptômes neurasthéniques.** 3ᵉ édition, revue. 1 vol. in-8. (*Couronné par l'Académie des sciences.*) 7 fr. 50

GRASSET. Les maladies de l'orientation et de l'équilibre. 1 vol. in-8, cart. à l'angl. 6 fr.

GUÉPIN. **Traitement de l'hypertrophie sénile de la prostate.** 1 vol. in-18. 4 fr. 50

ICARD (S.). **La femme pendant la période menstruelle.** Étude de psychologie morbide et de médecine légale. In-8. 6 fr.

JANET (P.) ET RAYMOND (F.). **Névroses et idées fixes.** TOME I. — *Études expérimentales sur les troubles de la volonté, de l'attention, de la mémoire; sur les émotions, les idées obsédantes et leur traitement*, par P. JANET. 2ᵉ éd. 1 vol. gr. in-8, avec 68 gr. 12 fr.

TOME II. *Fragments des leçons cliniques du mardi sur les névroses, les maladies produites par les émotions, les idées obsédantes et leur traitement*, par F. RAYMOND et P. JANET. 2ᵉ éd. 1 vol. grand in-8, avec 97 gravures. 14 fr.

(*Couronné par l'Académie des Sciences et par l'Académie de médecine.*)

JANET (P.) ET RAYMOND (F.). **Les obsessions et la psychasthénie.** TOME I. — *Études cliniques et expérimentales sur les idées obsédantes, les impulsions, les manies mentales, la folie du doute, les tics, les agitations, les phobies, les délires du contact, les angoisses, les sentiments d'incomplétude, la neurasthénie, les modifications des sentiments du réel, leur pathogénie et leur traitement*, par P. JANET. 2ᵉ édit. 1 vol. gr. in-8, avec grav. dans le texte. 18 fr.

TOME II. — *Fragments des leçons cliniques du mardi sur les états neurasthéniques, les aboulies, les sentiments d'incomplétude, les agitations et les angoisses diffuses, les algies, les phobies, les délires du contact, les tics, les manies mentales, les folies du doute, les idées obsédantes, les impulsions, leur pathogénie et leur traitement*, par F. RAYMOND et P. JANET. 1 vol. in-8 raisin, avec 22 gravures dans le texte. 14 fr.

LAGRANGE (F.). **Les mouvements méthodiques et la « mécanothérapie ».** 1 vol. in-8, avec 55 gravures dans le texte. 10 fr.

— **La médication par l'exercice.** 1 vol. gr. in-8, avec 68 grav. et une planche en couleurs hors texte. 2ᵉ éd. 12 fr.

MARVAUD (A.). **Les maladies du soldat.** 1 vol. grand in-8. (*Ouvrage couronné par l'Académie des sciences.*) 20 fr.

MOSSÉ. **Le diabète et l'alimentation aux pommes de terre.** 1 vol. in-8. 5 fr.

RILLIET ET BARTHEZ. **Traité clinique et pratique des maladies des enfants.** 3ᵉ édition, refondue et augmentée, par BARTHEZ et A. SANNÉ. — TOME I, 1 fort vol. gr. in-8, 16 fr. — TOME II, 1 fort vol. gr. in-8, 14 fr. — TOME III terminant l'ouvrage, 1 fort vol. gr. in-8. 25 fr.

SOLLIER (P.). **Genèse et nature de l'hystérie.** 2 vol. in-8. 20 fr.

VOISIN (J.). **L'épilepsie.** 1 vol. in-8. 6 fr.

B. — Pathologie et thérapeutique chirurgicales.

DE BOVIS. **Le cancer du gros intestin.** 1 volume in-8. 5 fr.

DELORME. **Traité de chirurgie de guerre.** 2 vol. gr. in-8. TOME I, avec 95 grav. dans le texte et une pl. hors texte. 16 fr. TOME II, terminant l'ouvrage, avec 400 grav. dans le texte. 26 fr. (*Ouvrage couronné par l'Académie des sciences.*)

DURET (H.). **Les tumeurs de l'encéphale.** *Manifestations et chirurgie.* 1 fort vol. gr. in-8, avec 300 figures. 20 fr.

JULLIARD. **Manuel pratique des bandages, pansements et appareils chirurgicaux.** 1 vol. in-8, avec grav., br. 6 fr. cart. 7 fr.

KOSCHER. **Les fractures de l'humérus et du fémur.** 1 vol. gr. in-8, avec 105 fig. et 56 planches hors texte. 15 fr.

LEGUEU. **Leçons de clinique chirurgicale** (Hôtel-Dieu, 1901). 1 vol. grand in-8, avec 71 gravures dans le texte. 12 fr.

LIEBREICH. **Atlas d'ophtalmoscopie**, représentant l'état normal et les modifications pathologiques du fond de l'œil vues à l'ophtalmoscope. 3ᵉ édition. Atlas in-f° de 12 planches. 40 fr.

NIMIER (H.) et DESPAGNET. **Traité élémentaire d'ophtalmologie.** 1 fort vol. gr. in-8, avec 432 gravures. Cart. à l'angl. 20 fr.

NIMIER (H.) et LAVAL. **Les projectiles de guerre** et leur action vulnérante. 1 vol. in-12, avec grav. 3 fr.

— **Les explosifs, les poudres, les projectiles d'exercice,** leur action et leurs effets vulnérants. 1 vol. in-12, avec grav. 3 fr.

— **Les armes blanches,** leur action et leurs effets vulnérants. 1 vol. in-12, avec grav. 6 fr.

— **De l'infection en chirurgie d'armée,** évolution des blessures de guerre. 1 vol. in-12, avec grav. 6 fr.

— **Traitement des blessures de guerre.** 1 fort vol. in-12, avec gravures. 6 fr.

F. TERRIER et M. PÉRAIRE. **Manuel de petite chirurgie.** 8e édition, entièrement refondue. 1 fort vol. in-12, avec 572 fig., cartonné à l'anglaise. 8 fr.

C. — Thérapeutique. Pharmacie. Hygiène.

BOSSU. **Petit compendium médical.** 6e édit. 1 vol. in-32, cartonné à l'anglaise. 1 fr. 25

BOUCHARDAT. **Nouveau formulaire magistral.** (34e édit. *Sous presse, paraîtra à la fin de l'année 1908*). 1 vol. in-18, cart. 4 fr.

BOUCHARDAT et DESOUBRY. **Formulaire vétérinaire,** contenant le mode d'action, l'emploi et les doses des médicaments. 6e édit. 1 vol. in-18, cartonné. 4 fr.

BOURGEOIS (G.). **Exode rural et tuberculose.** 1 vol. gr. in-8. 5 fr.

LAGRANGE (F.). **La médication par l'exercice.** 1 vol. grand in-8, avec 68 grav. et une carte en couleurs. 2 éd. 12 fr.

— **Les mouvements méthodiques et la « mécanothérapie ».** 1 vol. in-8, avec 55 gravures. 10 fr.

LAHOR (Jean) et Lucien GRAUX. **L'alimentation à bon marché saine et rationnelle.** 1 vol. in-16. 3 fr. 50

LAYET. **Hygiène et Colonisation. La santé des Européens entre les tropiques.** T. I, 1 vol. in-8. 7 fr.

WEBER. **Climatothérapie.** Traduit de l'allemand par les docteurs Doyon et Spillmann. 1 vol. in-8. 6 fr.

D. — Anatomie. Physiologie.

BELZUNG. **Anatomie et physiologie végétales.** 1 fort volume in-8, avec 1700 gravures. 20 fr.

— **Anatomie et physiologie animales.** 10e édition revue. 1 fort volume in-8, avec 522 gravures dans le texte, broché, 6 fr.; cart. 7 fr.

BÉRAUD (B.-J.). **Atlas complet d'anatomie chirurgicale topographique,** pouvant servir de complément à tous les ouvrages d'anatomie chirurgicale, composé de 109 planches représentant plus de 200 figures gravées sur acier, avec texte explicatif. 1 fort vol. in-4. Prix : Fig. noires, relié, 60 fr. — Fig. coloriées, relié, 120 fr.

BONNIER. **La voix,** *sa culture physiologique.* 1 vol. in-16, avec gravures. 3 fr. 50

CHASSEVANT. **Précis de chimie physiologique.** 1 vol. gr. in-8, avec figures. 10 fr.

DEBIERRE. Traité élémentaire d'anatomie de l'homme.   40 fr.
Ouvrage complet en 2 volumes.

    Tome I. *Manuel de l'amphithéâtre.* 1 vol. in-8 de 950 pages, avec
    450 figures en noir et en couleurs dans le texte.   20 fr.

    Tome II et dernier. 1 vol. in-8, avec 515 figures en noir et en cou-
    leurs dans le texte.   20 fr.

        (*Couronné par l'Académie des Sciences.*)

— **Atlas d'ostéologie,** comprenant les articulations des os et les
insertions musculaires. 1 vol. in-4, avec 253 grav. en noir et en couleurs, cart. toile dorée.   12 fr.

— **Leçons sur le péritoine.** 1 vol. in-8, avec 58 figures.   4 fr.

— **L'embryologie en quelques leçons.** 1 vol. in-8, avec 144 fig.   4 fr.

— **Le cerveau et la moelle épinière.** 1 vol. in-8 avec fig. et
planches.   15 fr.

DEMENY (G.). Mécanisme et éducation des mouvements. 3e éd.
1 vol. in-8, avec grav. cart.   9 fr.

FAU. Anatomie des formes du corps humain, à l'usage des
peintres et des sculpteurs. 1 atlas in-folio de 25 planches. Prix : Figures noires, 15 fr. — Figures coloriées.   30 fr.

FÉRÉ. Travail et plaisir. *Études de psycho-mécanique.* 1 vol. gr.
in-8, avec 200 fig.   12 fr.

— **Sensation et mouvement.** 2e édition. 1 vol. in-16, avec gravures.   2 fr. 50

**GLEY (E.). Études de psychologie physiologique et patho-
logique.** 1 vol. in-8 avec gravures.   5 fr.

GRASSET (J.). Les limites de la biologie. 5e édit. Préface de
Paul Bourget. 1 vol. in-16.   2 fr. 50

LE DANTEC. Lamarckiens et Darwiniens. 3e éd. 1 vol. in-16.   2 fr. 50

— **L'unité dans l'être vivant.** *Essai d'une biologie chimique.* 1 vol.
in-8.   7 fr. 50

— **Les limites du connaissable.** *La vie et les phénomènes naturels.*
2e édit. 1 vol. in-8.   3 fr. 75

— **Éléments de philosophie biologique.** 2e éd. 1 vol. in-16.   3 fr. 50

PREYER. Éléments de physiologie générale. Traduit de l'allemand par M. J. Soury. 1 vol. in-8.   5 fr.

RICHET (Ch.), professeur à la Faculté de médecine de Paris, membre
de l'Académie de médecine. **Dictionnaire de physiologie,** publié
avec le concours de savants français et étrangers. Formera 10 à 12 volumes grand in-8, se composant chacun de 3 fascicules; chaque volume,
25 fr.; chaque fascicule, 8 fr. 50. 7 volumes parus.

    Tome I (*A-Bac*). — Tome II (*Bac-Cer*). — Tome III (*Cer-Cob*). —
    Tome IV (*Cob-Dig*). — Tome V (*Dic-Fac*). — Tome VI (*Fiom-Gal*).
    — Tome VII (*Gal-Gra*). — Tome VIII (1er fascicule) (*Gra-Hém*).

SPENCER (Herbert). Principes de biologie, traduit par M. Cazelles.
4e édit. 2 forts vol. in-8.   20 fr.

BIBLIOTHÈQUE GÉNÉRALE DES SCIENCES SOCIALES

Secrétaire de la rédaction: DICK MAY, Secrét. gén. de l'Éc. des Hautes Études sociales.
Volumes in-8 carré de 300 pages environ, cart. à l'anglaise.
Chaque volume, 6 fr.

Derniers volumes publiés :

Les trusts et les syndicats de producteurs, par J. CHAS-
TIN, professeur au lycée Voltaire.

L'individu, l'association et l'État, par E. FOURNIÈRE, prof.
au Conservatoire des Arts et Métiers.

Le surpeuplement et les habitations à bon marché,
par H. TUROT et H. BELLAMY.

Essais socialistes, *La religion, L'alcoolisme, L'art*, par
E. VANDERVELDE, professeur a l'Université nouvelle de Bruxelles.

Religions et sociétés, par MM. TH. REINACH, A. PUECH, R.
ALLIER, A. LEROY-BEAULIEU, LE Bᵒⁿ CARRA DE VAUX, H. DREYFUS.

Enseignement et démocratie, par MM. A. CROISET, DEVINAT,
BOITEL, MILLERAND, APPELL, SEIGNOBOS, LANSON, CH.-V. LANGLOIS.

L'individualisation de la peine, par R. SALEILLES, professeur à la Faculté de droit de l'Université de Paris, et G. MORIN, doc-
teur en droit, 2ᵉ édition.

L'idéalisme social, par EUGÈNE FOURNIÈRE, 2ᵉ édit.

Ouvriers du temps passé (xvᵉ et xviᵉ siècles), par H. HAUSER,
professeur à l'Université de Dijon, 3ᵉ édition.

Les transformations du pouvoir, par G. TARDE, de l'Institut, professeur au Collège de France.

Morale sociale, par MM. G. BELOT, MARCEL BERNÈS, BRUNSCHVICG,
F. BUISSON, DARLU, DAURIAC, DELBET, CH. GIDE, M. KOVALEVSKY,
MALAPERT, le R. P. MAUMUS, DE ROBERTY, G. SOREL, le PASTEUR
WAGNER. Préface de M. ÉMILE BOUTROUX, de l'Institut.

Les enquêtes, *pratique et théorie*, par P. DU MAROUSSEM.

Questions de morale, par MM. BELOT, BERNÈS, F. BUISSON,
A. CROISET, DARLU, DELBOS, FOURNIÈRE, MALAPERT, MOCH,
D. PARODI, G. SOREL. 2ᵉ édit.

Le développement du catholicisme social, depuis l'en-
cyclique *Rerum Novarum*, par MAX TURMANN. 2ᵉ édit.

Le socialisme sans doctrines, par A. MÉTIN.

L'éducation morale dans l'Université (*Enseignement secondaire*). Conférences et discussions, sous la présidence de M.
A. CROISET, doyen de la Faculté des lettres de l'Université de Paris.

**La méthode historique appliquée aux sciences socia-
les**, par CH. SEIGNOBOS, maître de conf. à l'Univ. de Paris.

Assistance sociale. *Pauvres et mendiants*, par PAUL STRAUSS,
sénateur.

L'hygiène sociale, par E. DUCLAUX, de l'Institut, directeur de
l'Institut Pasteur.

Le contrat de travail. *Le rôle des syndicats professionnels*, par
P. BUREAU, professeur à la Faculté libre de droit de Paris.

Essai d'une philosophie de la solidarité. Conférences et
discussions, sous la présidence de MM. LÉON BOURGEOIS et
A. CROISET, 2ᵉ édit.

L'éducation de la démocratie, par MM. E. LAVISSE, A. CROISET,
SEIGNOBOS, MALAPERT, LANSON, HADAMARD. 2ᵉ édit.

L'exode rural et le retour aux champs, par E. VANDERVELDE, professeur à l'Université nouvelle de Bruxelles.

La lutte pour l'existence et l'évolution des sociétés, par J.-L. DE LANESSAN, député, ancien ministre de la Marine.

La concurrence sociale et les devoirs sociaux, par LE MÊME.

La démocratie devant la science, par C. BOUGLÉ, professeur à l'Université de Toulouse.

L'individualisme anarchiste. *Max Stirner*, par V. BASCH, professeur à l'Université de Rennes.

Les applications sociales de la solidarité, par MM. P. BUDIN, CH. GIDE, H. MONOD, PAULET, ROBIN, SIEGFRIED, BROUARDEL. Préface de M. LÉON BOURGEOIS.

La paix et l'enseignement pacifiste, par MM. FR. PASSY, CH. RICHET, D'ESTOURNELLES DE CONSTANT, E. BOURGEOIS, A. WEISS, H. LA FONTAINE, G. LYON.

Études sur la philosophie morale au XIX° siècle, par MM. BELOT, A. DARLU, M. BERNÈS, A. LANDRY, CH. GIDE, E. ROBERTY, R. ALLIER, H. LICHTENBERGER, L. BRUNSCHVICG.

MINISTRES ET HOMMES D'ÉTAT

Chaque volume in-16, 2 fr. 50

Bismarck, par H. WELSCHINGER.	**Okoubo**, ministre japonais, par M. COURANT.
Prim, par H. LÉONARDON.	
Disraéli, par M. COURCELLE.	**Chamberlain**, par A. VIALLATE.

LES MAITRES DE LA MUSIQUE

ÉTUDES D'HISTOIRE ET D'ESTHÉTIQUE

Publiées sous la direction de M. JEAN CHANTAVOINE

Chaque volume in-8 de 250 pages environ, 3 fr. 50

Haydn, par M. BRENET.	**César Franck**, par VINCENT D'INDY. 4° édit.
Rameau, par L. LALOY.	
Moussorgski, par M. D. CALVOCORESSI.	**Beethoven**, par JEAN CHANTAVOINE. 3° édit.
Palestrina, par M. BRENET. 2° édition.	**Mendelssohn**, par CAMILLE BELLAIGUE. 2° édition.
J.-S. Bach, par A. PIRRO. 2° édit.	**Smetana**, par WILLIAM RITTER.

En préparation :

Grétry, par PIERRE AUBRY. — **Orlande de Lassus**, par HENRY EXPERT. — **Wagner**, par HENRI LICHTENBERGER. — **Berlioz**, par ROMAIN ROLLAND. — **Schubert**, par A. SCHWEITZER. — **Gluck**, par JULIEN TIERSOT, etc., etc.

BIBLIOTHÈQUE
D'HISTOIRE CONTEMPORAINE
Volumes in-16 et in-8

DERNIERS VOLUMES PUBLIÉS :

ALLIER (R.). **Le protestantisme au Japon (1859-1907).** Un vol. in-16. . . . . 3 fr. 50

GUYOT (Yves), ancien ministre. **Sophismes socialistes et faits économiques.** 1 vol. in-16. . . . . 3 fr. 50

HUBERT (L.), député. **L'éveil d'un monde.** *L'œuvre de la France en Afrique occidentale.* 1 vol. in-16. . . . . 3 fr. 50

La Vie politique dans les Deux Mondes (1906-1907). Publiée sous la direction de M. A. VIALLATE, professeur à l'Ecole des Sciences politiques. Avec la collaboration de MM. L. RENAULT, de l'Institut; BEAUMONT, D. BELLET, P. BOYER, M. CAUDEL, M. COURANT, R. DOLLOT, M. ESCOFFIER, G. GIDEL, J.-P. ARMAND HAHN, P. HENRY, A. DE LAVERGNE, A. MARVAUD, R. SAVARY, A. TARDIEU, professeurs et anciens élèves de l'Ecole des Sciences politiques. 1 fort volume in-18 de 600 pages. . . . . 10 fr.

TARDIEU (A.). **La France et ses alliances.** *La lutte pour l'équilibre.* 1 vol. in-16. . . . . 3 fr. 50

THÉNARD (L.) et GUYOT (R.). **Le Conventionnel Goujon (1676-1793).** 1 vol. in-8. . . . . 5 fr.

VIALLATE (A.), professeur à l'Ecole des Sciences politiques. **L'Industrie américaine.** 1 vol. in-8. . . . . 10 fr.

• EUROPE

HISTOIRE DE L'EUROPE PENDANT LA RÉVOLUTION FRANÇAISE, par *H. de Sybel.* Traduit de l'allemand par Mlle Dosquet. 6 vol. in-8. Chacun. 7 fr.

HIST. DIPLOMATIQUE DE L'EUROPE (1815-1878), par *Debidour,* 2 v. in-8. 18 fr.

LA QUESTION D'ORIENT, depuis ses origines jusqu'à nos jours, par *E. Driault;* préface de *G. Monod.* 1 vol. in-8. 3e édit. . . . . 7 fr.

LA PAPAUTÉ, par *I. de Dœllenger.* Trad. de l'allemand. 1 vol. in-8. 7 fr.

QUESTIONS DIPLOMATIQUES DE 1904, par *A. Tardieu.* 1 vol. in-16. 3 fr. 50

LA CONFÉRENCE D'ALGÉSIRAS. *Histoire diplomatique de la crise marocaine (janvier-avril 1906),* par *le même.* 2e édit. 1 vol. in-8. 10 fr.

• FRANCE

LA RÉVOLUTION FRANÇAISE, par *H. Carnot.* 1 vol. in-16. Nouv. éd. 3 fr. 50

LA THÉOPHILANTHROPIE ET LE CULTE DÉCADAIRE (1796-1801), par *A. Mathiez.* 1 vol. in-8. . . . . 12 fr.

CONTRIBUTIONS A L'HISTOIRE RELIGIEUSE DE LA RÉVOLUTION FRANÇAISE, par *le même.* 1 vol. in-16. . . . . 3 fr. 50

MÉMOIRES D'UN MINISTRE DU TRÉSOR PUBLIC (1789-1815), par le comte *Mollien.* Publié par *M. Gomel.* 3 vol. in-8. . . . . . . 15 fr.

CONDORCET ET LA RÉVOLUTION FRANÇAISE, par *L. Cahen.* 1 vol. in-8. 10 fr.

CAMBON ET LA RÉVOLUTION FRANÇAISE, par *F. Bornarel.* 1 vol. in-8. 7 fr.

LE CULTE DE LA RAISON ET LE CULTE DE L'ÊTRE SUPRÊME (1793-1794). Étude historique, par *A. Aulard.* 2e éd. 1 vol. in-16. . . . . . . 3 fr. 50

ÉTUDES ET LEÇONS SUR LA RÉVOLUTION FRANÇAISE, par *A. Aulard.* 5 vol. in-16. Chacun . . . . 3 fr. 50

VARIÉTÉS RÉVOLUTIONNAIRES, par *M. Pellet.* 3 vol. in-16. Chacun 3 fr. 50

HOMMES ET CHOSES DE LA RÉVOLUTION, par *Eug. Spuller.* 1 vol. in-16. . . . . 3 fr. 50

LES CAMPAGNES DES ARMÉES FRANÇAISES (1792-1815), par *C. Vallaux.* 1 vol. in-16, avec 17 cartes. . . . . 3 fr. 50

LA POLITIQUE ORIENTALE DE NAPOLÉON (1806-1808), par *E. Driault.* 1 vol. in-8. . . . . 7 fr.

NAPOLÉON ET LA SOCIÉTÉ DE SON TEMPS, par *P. Bondois.* 1 vol. in-8. 7 fr.

DE WATERLOO A SAINTE-HÉLÈNE (20 juin-16 oct. 1815), par *J. Silvestre.* 1 vol. in-16. 3 fr. 50

HISTOIRE DE DIX ANS (1830-1840), par *Louis Blanc*. 5 vol. in-8. Chacun. 5 fr.
ASSOCIATIONS ET SOCIÉTÉS SECRÈTES SOUS LA DEUXIÈME RÉPUBLIQUE (1848-1851), par *J. Tchernoff*. 1 vol. in-8. . . . . 7 fr.
HISTOIRE DU SECOND EMPIRE, par *Taxile Delord*. 6 vol. in-8. Chac. 7 fr.
HISTOIRE DU PARTI RÉPUBLICAIN (1814-1870), par *G. Weill*. 1 v. in-8. 10 fr.
HISTOIRE DU MOUVEMENT SOCIAL (1852-1902), par *le même*. 1 v. in-8. 7 fr.
LA CAMPAGNE DE L'EST (1870-71), par *Poullet*. 1 vol. in-8 avec cartes. 7 fr.
HISTOIRE DE LA TROISIÈME RÉPUBLIQUE, par *E. Zevort* : I. *Présidence de M. Thiers*. 1 vol. in-8. 3ᵉ édit. 7 fr. — II. *Présidence du Maréchal*. 1 vol. in-8. 2ᵉ édit. 7 fr. — III. *Présidence de Jules Grévy*. 1 vol. in-8. 2ᵉ édition. 7 fr. — IV. *Présidence de Sadi-Carnot*. 1 vol. in-8. . . . 7 fr.
HISTOIRE DES RAPPORTS DE L'ÉGLISE ET DE L'ÉTAT EN FRANCE (1789-1870), par *A. Debidour*. 1 vol. in-8 (*Couronné par l'Institut*). . . . 12 fr.
L'ÉTAT ET LES ÉGLISES EN FRANCE, Des origines à la loi de séparation, par *J.-L. de Lanessan*. 1 vol. in-16. . . . . 3 fr. 50
LES MISSIONS ET LEUR PROTECTORAT, par *le même*. 1 v. in-16. 8 fr. 50
LA SOCIÉTÉ FRANÇAISE SOUS LA TROISIÈME RÉPUBLIQUE, par *Marius-Ary Leblond*. 1 vol. in-8. . . . . 5 fr.
LA LIBERTÉ DE CONSCIENCE EN FRANCE (1595-1905), par *G. Bonet-Maury*. 1 vol. in-8, 2ᵉ édit. . . . . 5 fr.
LES CIVILISATIONS TUNISIENNES, par *P. Lapie*. 1 vol. in-16. . . 3 fr. 50
LA FRANCE POLITIQUE ET SOCIALE, par *Aug. Laugel*. 1 vol. in-8. 5 fr.
LES COLONIES FRANÇAISES, par *P. Gaffarel*. 1 vol. in-8. 6ᵉ éd. . . 5 fr.
L'ŒUVRE DE LA FRANCE AU TONKIN, par *A. Gaisman*. 1 v. in-16. 3 fr. 50
LA FRANCE HORS DE FRANCE. *Notre émigration, sa nécessité, ses conditions*, par *J.-B. Piolet*. 1 vol. in-8 . . . . 10 fr.
L'INDO-CHINE FRANÇAISE (*Cochinchine, le Cambodge, l'Annam et le Tonkin*), par *J.-L. de Lanessan*. 1 vol. in-8, avec 5 cartes en couleurs. 15 fr.
L'ALGÉRIE, par *M. Wahl*. 1 vol. in-8. 5ᵉ éd., revue par *A. Bernard*. 5 fr.
LA FRANCE MODERNE ET LE PROBLÈME COLONIAL (1815-1830), par *Ch. Schefer*. 1 vol. in-8. . . . . 7 fr.
L'ÉGLISE CATHOLIQUE ET L'ÉTAT EN FRANCE SOUS LA TROISIÈME RÉPUBLIQUE (1870-1906), par *A. Debidour*. I. 1870-1889. 1 vol. in-8. 7 fr.

ANGLETERRE

HISTOIRE CONTEMPORAINE DE L'ANGLETERRE, depuis la mort de la reine Anne jusqu'à nos jours, par *H. Reynald*. 1 vol. in-16. 2ᵉ éd. 3 fr. 50
LORD PALMERSTON ET LORD RUSSELL, par *Aug. Laugel*. 1 vol. in-16. 3 fr. 50
LE SOCIALISME EN ANGLETERRE, par *Albert Métin*. 1 vol. in-16. 3 fr. 50
HISTOIRE GOUVERNEMENTALE DE L'ANGLETERRE (1770-1830), par *Cornewal Lewis*. 1 vol. in-8 . . . . 7 fr.

ALLEMAGNE

LE GRAND-DUCHÉ DE BERG (1806-1813), par *Ch. Schmidt*. 1 vol. in-8. 10 fr.
HISTOIRE DE LA PRUSSE, de la mort de Frédéric II à la bataille de Sadowa, par *E. Véron*. 1 vol. in-18, 6ᵉ éd., revue par *Paul Bondois*. 3 fr. 50
LES ORIGINES DU SOCIALISME D'ÉTAT EN ALLEMAGNE, par *Ch. Andler*. 1 vol. in-8. . . . . 7 fr.
L'ALLEMAGNE NOUVELLE ET SES HISTORIENS (*Niebuhr, Ranke, Mommsen, Sybel, Treitschke*), par *A. Guilland*. 1 vol. in-8 . . . . . 5 fr.
LA DÉMOCRATIE SOCIALISTE ALLEMANDE, par *E. Milhaud*. 1 vol. in-8. 10 fr.
LA PRUSSE ET LA RÉVOLUTION DE 1848, par *P. Matter*. 1 v. in-16. 3 fr. 50
BISMARCK ET SON TEMPS, par *le même*. I. *La préparation* (1815-1862), 1 vol. in-8, 10 fr. — II. *L'action* (1863-1870), 1 vol. in-8, 10 fr. — III. *Le triomphe et le déclin* (1870-1896). 1 vol. in-8 . . . . . 10 fr.

AUTRICHE-HONGRIE

LES TCHÈQUES ET LA BOHÈME CONTEMPORAINE (*J. Bourlier*), in-16. 3 fr. 50
LES RACES ET LES NATIONALITÉS EN AUTRICHE-HONGRIE, par *B. Auerbach*, 1 vol. in-8 . . . . 5 fr.
LE PAYS MAGYAR, par *R. Recouly*. 1 vol. in-16. . . . . 3 fr. 50

ESPAGNE

HISTOIRE DE L'ESPAGNE, depuis la mort de Charles III jusqu'à nos jours, par *H. Reynald*. 1 vol. in-16. . . . . 3 fr. 50

SUISSE

HISTOIRE DU PEUPLE SUISSE, par *Daendliker*; précédée d'une Introduction par *Jules Favre*. 1 vol. in-8. . . . . 5 fr.

AMÉRIQUE

HISTOIRE DE L'AMÉRIQUE DU SUD, par *Alf. Deberle*. 1 vol. in-16. 3e éd., revue par *A. Milhaud*. . . . . 3 fr. 50

ITALIE

HISTOIRE DE L'UNITÉ ITALIENNE (1814-1871), *Bolton King*. 2 v. in-8. 15 fr.
HISTOIRE DE L'ITALIE, depuis 1815 jusqu'à la mort de Victor-Emmanuel, par *E. Sorin*. 1 vol. in-16 . . . . 3 fr. 50
BONAPARTE ET LES RÉPUBLIQUES ITALIENNES (1796-1799), par *P. Gaffarel*. 1 vol. in-8 . . . . 5 fr.
NAPOLÉON EN ITALIE (1800-1812), par *J.-E. Driault*. 1 vol. in-8.. 10 fr.

ROUMANIE

HISTOIRE DE LA ROUMANIE CONTEMPORAINE (1822-1900), par *Fr. Damé*. 1 vol. in-8. . . . . 7 fr.

GRÈCE et TURQUIE

LA TURQUIE ET L'HELLÉNISME CONTEMPORAIN, par *V. Bérard*. 1 vol. in-16. 4e éd. (*Ouvrage couronné par l'Académie française*). . . . 3 fr. 50
BONAPARTE ET LES ILES IONIENNES (1797-1816), par *E. Rodocanachi*. 1 vol. in-8. . . . . 5 fr.

INDE

L'INDE CONTEMPORAINE ET LE MOUVEMENT NATIONAL, par *E. Piriou*. 1 vol. in-16. . . . . 3 fr. 50

CHINE

HISTOIRE DES RELATIONS DE LA CHINE AVEC LES PUISSANCES OCCIDENTALES (1861-1902), par *H. Cordier*. 3 vol. in-8, avec cartes. . . . . 30 fr.
L'EXPÉDITION DE CHINE DE 1857-58, par *le même*. 1 vol. in-8. . . 7 fr.
L'EXPÉDITION DE CHINE DE 1860, par *le même*. 1 vol. in-8. . . . 7 fr.
EN CHINE. *Mœurs et institutions. Hommes et faits*, par *M. Courant*. 1 vol. in-16. . . . . 3 fr. 50
LE DRAME CHINOIS, par *Marcel Monnier*. 1 vol. in-16. . . . . 2 fr. 50

ÉGYPTE

LA TRANSFORMATION DE L'ÉGYPTE, par *Alb. Métin*. 1 vol. in-16. 3 fr. 50

QUESTIONS POLITIQUES ET SOCIALES

M. Dumoulin. FIGURES DU TEMPS PASSÉ. 1 vol. in-16. . 3 fr. 50
Paul Louis. L'OUVRIER DEVANT L'ÉTAT. 1 vol. in-8. . . . . . 7 fr.
E. Driault. PROBLÈMES POLITIQUES ET SOCIAUX. 2e éd. 1 vol. in-8. 7 fr.
— HISTOIRE DU MOUVEMENT SYNDICAL EN FRANCE (1789-1906), 3 fr. 50
Barni. LES MORALISTES FRANÇAIS AU XVIIIe SIÈCLE, in-18. . 3 fr. 50
Deschanel (E.). LE PEUPLE ET LA BOURGEOISIE. 1 vol. in-8. 2e éd. 5 fr.
E. Despois. LE VANDALISME RÉVOLUTIONNAIRE. 1 vol. in-16. 4e éd. 3 fr. 50
Eug. Spuller. FIGURES DISPARUES, portraits contemporains, littéraires et politiques. 3 vol. in-16, chaque volume. . . . . 3 fr. 50
— L'ÉDUCATION DE LA DÉMOCRATIE. 1 vol. in-16. . . . . . . 3 fr. 50
— L'ÉVOLUTION POLITIQUE ET SOCIALE DE L'ÉGLISE. 1 vol. in-16. 3 fr. 50
J. Reinach. LA FRANCE ET L'ITALIE DEVANT L'HISTOIRE. 1 vol. in-8. 5 fr.
G. Schefer. BERNADOTTE ROI (1810-1818-1844). 1 vol. in-8. . 5 fr.
Hector Depasse. TRANSFORMATIONS SOCIALES. 1 vol. in-16. 3 fr. 50
— DU TRAVAIL ET DE SES CONDITIONS. 1 vol. in-16. . . . . . 3 fr. 50
Eug. d'Eichthal. SOUVERAINETÉ DU PEUPLE ET GOUVERNEMENT. 1 vol. in-16. . . . . 3 fr. 50
G. Weill. L'ÉCOLE SAINT-SIMONIENNE. 1 vol. in-16. . . 3 fr. 50
A. Lichtenberger. LE SOCIALISME UTOPIQUE, 1 vol. in-16, 3 fr. 50
— LE SOCIALISME ET LA RÉVOLUTION FRANÇAISE, 1 v. in-8. . . 5 fr.
Paul Matter. LA DISSOLUTION DES ASSEMBLÉES PARLEMENTAIRES. 1 vol. in-8. . . . . 5 fr.

BIBLIOTHÈQUE UTILE

Élégants volumes in-32, de 192 pages chacun.

Chaque volume broché, 60 cent.; cartonné, 1 franc. Franco par poste

---

1. Morand. Introduction à l'étude des sciences physiques. 6e éd.
2. Cruveilhier. Hygiène générale 9e édit.
3. Corbon. De l'enseignement professionnel. 4e édit.
4. L. Pichat. L'art et les artistes en France. 5e édit.
5. Buchez. Les Mérovingiens. 6e éd.
6. Buchez. Les Carlovingiens. 2e éd.
7. (*Épuisé.*)
8. Bastide. Luttes religieuses des premiers siècles. 5e édit.
9. Bastide. Les guerres de la Réforme. 5e édit.
10. (*Épuisé.*)
11. Brothier. Histoire de la terre. 9e éd.
12. Rouant. Les principaux faits de la chimie (avec fig.).
13. Turck. Médecine populaire. 7e édit.
14. Morin. La loi civile en France. 6e édit.
15. Paul Louis. Les lois ouvrières.
16. Ott. L'Inde et la Chine.
17. Catalan. Notions d'astronomie 6e édit.
18. (*Épuisé.*)
19. (*Épuisé.*)
20. J. Jourdan. La justice criminelle en France. 4e édit.
21. Ch. Rolland. Histoire de la maison d'Autriche. 4e édit.
22. Eug. Despois. Révolution d'Angleterre. 4e édit.
23. B. Gastineau. Les génies de la science et de l'industrie. 3e éd
24. Leneveux. Le budget du foyer.
25. L. Combes. La Grèce ancienne. 4e édit.
26. F. Lock. Histoire de la Restauration. 5e édit.
27. (*Épuisé.*)
28. (*Épuisé.*)
29. L. Collas. Histoire de l'empire ottoman. 3e édit.
30. F. Zurcher. Les phénomènes de l'atmosphère. 7e édit.
31. R. Raymond. L'Espagne et le Portugal. 3e édit.
32. Eugène Noël. Voltaire et Rousseau. 4e édit.
33. A. Ott. L'Asie occidentale et l'Egypte. 3e édit.
34. (*Épuisé.*)
35. Enfantin. La vie éternelle. 6e éd.
36. Brothier. Causeries sur la mécanique. 5e édit.
37. Alfred Doneaud. Histoire de la marine française. 4e édit.
38. F. Lock. Jeanne d'Arc. 3e édit.
39-40. Carnot. Révolution française, 2 vol. 7e édit.
41. Zurcher et Margollé. Télescope et microscope. 3e édit.
42. Blerzy. Torrents, fleuves et canaux de la France. 3e édit.
43. (*Épuisé.*)
44. Stanley Jevons. L'économie politique. 10e édit.
45. Perrière. Le darwinisme. 9e éd.
46. Leneveux. Paris municipal. 2e éd.
47. Boillot. Les entretiens de Fontenelle sur la pluralité des mondes.
48. Zevort (Edg.). Histoire de Louis-Philippe. 4e édit.
49. (*Épuisé.*)
50. Zaborowski. L'origine du langage. 6e édit.
51. H. Blerzy. Les colonies anglaises. 2e éd.
52. Albert Lévy. Histoire de l'air (avec fig.). 4e édit.
53. Geikie. La géologie (avec fig.). 4e édit.
54. Zaborowski. Les migrations des animaux. 4e édit.
55. F. Paulhan. La physiologie de l'esprit. 5e édit. refondue.
56. Zurcher et Margollé. Les phénomènes célestes. 3e édit.
57. Girard de Rialle. Les peuples de l'Afrique et de l'Amérique. 2e éd.
58. Jacques Bertillon. La statistique humaine de la France.
59. Paul Gaffarel. La défense nationale en 1792. 2e édit.
60. Herbert Spencer. De l'éducation. 12e édit.

61. (*Epuisé.*)
62. **Huxley**. Premières notions sur les sciences. 4e édit.
63. **P. Bondois**. L'Europe contemporaine (1789-1879). 2e édit.
64. **Grove**. Continents et océans. 3e éd.
65. **Jouan**. Les îles du Pacifique.
66. **Robinet**. La philosophie positive. 6e édit.
67. **Renard**. L'homme est-il libre? 5e édit.
68. **Zaborowski**. Les grands singes.
69. **Hatin**. Le Journal.
70. **Girard de Rialle**. Les peuples de l'Asie et de l'Europe.
71. **Doneaud**. Histoire contemporaine de la Prusse. 2e édit.
72. **Dufour**. Petit dictionnaire des falsifications. 4e édit.
73. **Henneguy**. Histoire de l'Italie depuis 1815.
74. **Leneveux**. Le travail manuel en France. 2e édit.
75. **Jouan**. La chasse et la pêche des animaux marins.
76. **Regnard**. Histoire contemporaine de l'Angleterre.
77. **Bouant**. Hist. de l'eau (avec fig.).
78. **Jourdy**. Le patriotisme à l'école.
79. **Mongredien**. Le libre-échange en Angleterre.
80. **Creighton**. Histoire romaine (avec fig.).
81-82. **P. Bondois**. Mœurs et institutions de la France. 2 vol. 2e éd.
83. **Zaborowski**. Les mondes disparus (avec fig.). 4e édit.
84. **Debidour**. Histoire des rapports de l'Eglise et de l'Etat en France (1789-1871). Abrégé par DUBOIS et SARTHOU.
85. **H. Beauregard**. Zoologie générale (avec fig.).
86. **Wilkins**. L'antiquité romaine (avec fig.). 2e édit.
87. **Maigne**. Les mines de la France et de ses colonies.
88. (*Epuisé.*)
89. **E. Amigues**. A travers le ciel.
90. **H. Gossin**. La machine à vapeur (avec fig.).
91. **Gaffarel**. Les frontières françaises. 2e édit.
92. **Dallet**. La navigation aérienne (avec fig.).
93. **Collier**. Premiers principes des beaux-arts (avec fig.).
94. **A. Larbalétrier**. L'agriculture française (avec fig.).
95. **Gossin**. La photographie (fig.).
96. **P. Genevoix**. Les matières premières.
97. **Paque**. L'Indo-Chine française.
98. **Monin**. Les maladies épidémiques (avec fig.).
99. **Petit**. Economie rurale et agricole.
100. **Mahaffy**. L'antiquité grecque (avec fig.).
101. **Bère**. Hist. de l'armée française.
102. **P. Genevoix**. Les procédés industriels.
103. **Quesnel**. Histoire de la conquête de l'Algérie.
104. **A. Coste**. Richesse et bonheur.
105. **Joyeux**. L'Afrique française.
106. **G. Mayer**. Les chemins de fer (avec fig.).
107. **Ad. Coste**. Alcoolisme ou épargne. 6e édit.
108. **Ch. de Larivière**. Les origines de la guerre de 1870.
109. **Gérardin**. Botanique générale (avec fig.).
110. **D. Bellet**. Les grands ports maritimes de commerce (avec fig.).
111. **H. Coupin**. La vie dans les mers (avec fig.).
112. **A. Larbalétrier**. Les plantes d'appartement (avec fig.).
113. **A. Milhaud**. Madagascar. 2e éd.
114. **Sérieux et Mathieu**. L'Alcool et l'alcoolisme. 4e édit.
115. **Dr J. Laumonier**. L'hygiène de la cuisine.
116. **Adrien Berget**. La viticulture nouvelle. (*Manuel du vigneron.*) 3e éd.
117. **A. Acloque**. Les insectes nuisibles (avec fig.).
118. **G. Meunier**. Histoire de la littérature française. 4e éd.
119. **P. Merklen**. La Tuberculose; son traitement hygiénique.
120. **G. Meunier**. Histoire de l'art (avec fig.).
121. **Larrivé**. L'assistance publique.
122. **Adrien Berget** La pratique des vins. 2e éd. (*Guide du récoltant.*)
123. **A. Berget**. Les vins de France. (*Guide du consommateur.*)
124. **Vaillant**. Petite chimie de l'agriculteur.
125. **S. Zaborowski**. L'homme préhistorique. 7e édit.

BIBLIOTHÈQUE
DE PHILOSOPHIE CONTEMPORAINE

VOLUMES IN-16,
Br., 2 fr. 50; cart. à l'angl., 3 fr.

Derniers volumes publiés :

G. Aslan.
L'expérience et l'invention en morale.

L. Duguit.
Le droit social, le droit individuel et la transformation de l'État.

Ossip-Lourié.
Croyance religieuse et croyance intellectuelle.

Rzewuski.
L'optimisme de Schopenhauer.

Schopenhauer.
Éthique, droit et politique.

J. Taussat.
Le monisme et l'animisme.

Alaux.
Philosophie de Victor Cousin.

R. Allier.
Philosophie d'Ernest Renan. 3e éd.

L. Arréat.
La morale dans le drame. 3e édit.
Mémoire et imagination. 2e édit.
Les croyances de demain.
Dix ans de philosophie (1890-1900).
Le sentiment religieux en France.
Art et psychologie individuelle.

G. Ballet.
Langage intérieur et aphasie. 2e éd.

A. Bayet.
La morale scientifique. 2e édit.

Beaussire.
Antécédents de l'hégélianisme dans la philosophie française.

Bergson.
Le rire. 5e édit.

Binet.
Psychologie du raisonnement. 4e éd.

Hervé Blondel.
Les approximations de la vérité.

C. Bos.
Psychologie de la croyance. 2e éd.
Pessimisme, féminisme, moralisme.

M. Boucher.
Essai sur l'hyperespace. 2e éd.

C. Bouglé.
Les sciences sociales en Allemagne.
Qu'est-ce que la sociologie?

J. Bourdeau.
Les maîtres de la pensée contemporaine. 5e éd.
Socialistes et sociologues. 2e édit.

E. Boutroux.
Contin. des lois de la nature. 6e éd.

Brunschvicg.
Introd. à la vie de l'esprit. 2e éd.
L'idéalisme contemporain.

C. Coignet.
Évolution du protestantisme français au XIXe siècle.

Coste.
Dieu et l'Âme. 2e édit.

A. Cresson.
Les bases de la philosophie naturaliste.
Le malaise de la pensée philos.
La morale de Kant. 2e éd.

G. Danville.
Psychologie de l'amour. 4e édit.

L. Dauriac.
La psychol. dans l'Opéra français.

J. Delvolvé.
L'organisation de la conscience morale.

L. Dugas.
Psittacisme et pensée symbolique.
La timidité. 4e édit.
Psychologie du rire.
L'absolu.

G. Dumas.
Le sourire.

Dunan.
Théorie psychologique de l'espace.

Duprat.
Les causes sociales de la folie.
Le mensonge.

Durand (DE GROS).
Philosophie morale et sociale.

E. Durkheim.
Les règles de la méthode sociol. 4e éd.

E. d'Eichthal.
Cor. de S. Mill et G. d'Eichthal.
Les probl. sociaux et le socialisme.

Encausse (PAPUS).
Occultisme et spiritualisme. 2e éd.

A. Espinas.
La philos. expériment. en Italie.

E. Faivre.
De la variabilité des espèces.

Ch. Féré.
Sensation et mouvement. 2° édit.
Dégénérescence et criminalité. 4° éd.

E. Ferri.
Les criminels dans l'art et la littérature. 2° édit.

Fierens-Gevaert.
Essai sur l'art contemporain. 2° éd.
La tristesse contemporaine. 5° éd.
Psychol. d'une ville. Bruges. 3° éd.
Nouveaux essais sur l'art contemp.

Maurice de Fleury.
L'âme du criminel. 2° éd.

Fonsegrive.
La causalité efficiente.

A. Fouillée.
Propriété sociale et démocratie. Nouv édit.

E. Fournière.
Essai sur l'individualisme. 2° édit.

Gauckler.
Le beau et son histoire.

G. Geley.
L'être subconscient. 2° édit.

E. Goblot.
Justice et liberté. 2° édit.

A. Godfernaux.
Le sentiment et la pensée. 2° édit.

J. Grasset.
Les limites de la biologie. 5° édit.

G. de Greef.
Les lois sociologiques. 4° édit.

Guyau.
La genèse de l'idée de temps. 2° éd.

E. de Hartmann.
La religion de l'avenir. 7° édition.
Le Darwinisme. 8° édition.

R. C. Herckenrath.
Probl. d'esthétique et de morale.

Marie Jaëll.
L'intelligence et le rythme dans les mouvements artistiques.

W. James.
La théorie de l'émotion. 3° édit.

Paul Janet.
La philosophie de Lamennais.

Jankelevitch.
Nature et société.

J. Lachelier.
Du fondement de l'induction. 5° éd.
Études sur le syllogisme.

C. Laisant.
L'Éducation fondée sur la science. 2° édition.

Mme Lampérière.
Le rôle social de la femme.

A. Landry.
La responsabilité pénale.

Lange.
Les émotions. 2° édit.

Lapie.
La justice par l'État.

Langel.
L'optique et les arts.

Gustave Le Bon.
Lois psychol. de l'évol. des peuples. 8° éd. Psychologie des foules. 12° éd.

F. Le Dantec.
Le déterminisme biologique. 3° éd.
L'individualité et l'erreur individualiste. 3° édit.
Lamarckiens et darwiniens. 3° éd.

G. Lefèvre.
Obligation morale et idéalisme.

Liard.
Les logiciens anglais contemporains. 5° édition.
Définitions géométriques. 3° édit.

H. Lichtenberger.
La philosophie de Nietzsche. 11° éd.
Aphorismes et fragments choisis de Nietzsche. 4° édit.

O. Lodge.
La vie et la matière.

Lombroso.
L'anthropologie criminelle. 5° éd.

John Lubbock.
Le bonheur de vivre. 2 vol. 10° éd.
L'emploi de la vie. 7° édit.

G. Lyon.
La philosophie de Hobbes.

E. Marguery.
L'œuvre d'art et l'évolution. 2° édit.

Hauxion.
L'éducation par l'instruction. 2° éd.
Nature et éléments de la moralité.

G. Milhaud.
Les conditions et les limites de la certitude logique. 2° édit.
Le rationnel.

Mosso.
La peur. 4° éd.
La fatigue intellect. et phys. 6° éd.

E. Murisier.
Les maladies du sentiment religieux. 2° édit.

A. Naville.
Nouvelle classif. des sciences. 2° éd.

Max Nordau.
Paradoxes psychologiques. 6° éd.
Paradoxes sociologiques. 5° édit.
Psycho-physiologie du génie et du talent. 4° édit.

Novicow.
L'avenir de la race blanche. 2° édit.

Ossip-Lourié.
Pensées de Tolstoï. 2° édit.
Philosophie de Tolstoï. 2° édit.
La philos. soc. dans le théât. d'Ibsen.
Nouvelles pensées de Tolstoï.
Le bonheur et l'intelligence.

G. Palante.
Précis de sociologie. 3e édit.

W.-R. Paterson (Swift).
L'éternel conflit.

Paulhan.
Les phénomènes affectifs. 2e édit.
Psychologie de l'invention.
Analystes et esprits synthétiques.
La fonction de la mémoire.

J. Philippe.
L'image mentale.

**J. Philippe
et G. Paul-Boncour.**
Les anomalies mentales chez les
écoliers. 2e édit.

F. Pillon.
La philosophie de Charles Secrétan.

Pioger.
Le monde physique.

L. Proal.
L'éducation et le suicide des enfants.

Queyrat.
L'imagination chez l'enfant. 4e édit.
L'abstraction. 2e édit.
Les caractères et l'éducation morale.
La logique chez l'enfant. 3e éd.
Les jeux des enfants. 2e édit.

G. Rageot.
Les savants et la philosophie.

P. Regnaud.
Précis de logique évolutionniste.
Comment naissent les mythes.

G. Renard.
Le régime socialiste. 6e édit.

A. Réville.
Dogme de la divinité de Jésus-
Christ. 4e éd.

A. Rey.
L'énergétique et le mécanisme.

Th. Ribot.
La philos. de Schopenhauer. 11e éd.
Les maladies de la mémoire. 20e éd.
Les maladies de la volonté. 24e éd.
Les maladies de la personnalité.
14e édit.
La psychologie de l'attention. 10e éd.

G. Richard.
Socialisme et science sociale. 2e éd.

Ch. Richet.
Psychologie générale. 7e éd.

De Roberty.
L'agnosticisme. 2e édit.
La recherche de l'Unité.
Psychisme social.
Fondements de l'éthique.
Constitution de l'éthique.
Frédéric Nietzsche.

E. Rocrich.
L'attention spontanée et volontaire.

J. Rogues de Fursac.
Un mouvement mystique contemporain.

Roisel.
De la substance.
L'idée spiritualiste. 2e édit.

Roussel-Despierres.
L'idéal esthétique.

Schopenhauer.
Le libre arbitre. 10e édition.
Le fondement de la morale. 9e édit.
Pensées et fragments. 22e édition.
Écrivains et style. 2e édit.
Sur la religion. 2e édit.
Philosophie et philosophes.

P. Sollier.
Les phénomènes d'autoscopie.

P. Souriau.
La rêverie esthétique.

Herbert Spencer.
Classification des sciences. 8e édit.
L'individu contre l'État. 8e éd.
L'association en psychologie.

Stuart Mill.
Correspondance avec G. d'Eichthal.
Auguste Comte et la philosophie
positive. 8e édition.
L'utilitarisme. 5e édition.
La liberté. 3e édit.

Sully Prudhomme.
Psychologie du libre arbitre.

**Sully Prudhomme
et Ch. Richet.**
Le probl. des causes finales. 4e éd.

Tanon.
L'évol. du droit et la consc. soc. 2e éd.

Tarde.
La criminalité comparée. 6e éd.
Les transformations du droit. 5e éd.
Les lois sociales. 5e édit.

Thamin.
Éducation et positivisme. 2e éd.

P.-F. Thomas.
La suggestion, son rôle dans l'édu-
cation intellectuelle. 4e édit.
Morale et éducation. 2e éd.

Tissié.
Les rêves. 2e édit.

Wundt.
Hypnotisme et suggestion. 2e édit.

Zeller.
Christ. Baur et l'école de Tubingue.

Th. Ziegler.
La question sociale est une question morale. 3e éd.

VOLUMES IN-8.

Broché, à 5, 7 50 et 10 fr.; cart. angl., 1 fr. de plus par vol.

Derniers volumes publiés :

A. Bayet.
L'idée de bien.   3 fr. 75

R. Berthelot.
Evolutionnisme et platonisme. 5 fr.

C. Bloch.
La philosophie de Newton.   10 fr.

E. Boirac.
La psychologie inconnue.   5 fr.

C. Bouglé.
Essais sur le régime des castes. 5 fr.

A. Chide.
Le mobilisme moderne.   5 fr.

H. Delacroix.
Etudes d'histoire et de psychologie
du mysticisme.   10 fr.

Dwelshauvers.
La synthèse mentale.   5 fr.

Enriques.
Les problèmes de la science et la
logique.   5 fr.

J. Grasset.
Introduction physiologique à l'étude
de la philosophie.   5 fr.

Hannequin.
Etudes d'histoire des sciences et
d'histoire de la philosophie.
2 vol.   15 fr.

Dr P. Hartenberg.
Physionomie et caractère.   5 fr.

H. Höffding.
Philosophie de la religion. 7 fr. 50

Ioteyko et Stefanowska.
Psychologie et physiologie de la
douleur.   5 fr.

J. Jastrow.
La subsconscience.   7 fr. 50

Ch. Lalo.
Esthétique musicale scientifique. 5 f.
L'esthétique expérimentale con-
temporaine.   3 fr. 75

J.-L. de Lanessan.
La morale naturelle.   10 fr.

E. Meyerson.
Identité et réalité.   7 fr. 50

F. Pillon.
Année philosophique. 18e année
1907.   5 fr.

Ch. Renouvier.
Science de la morale. Nouvelle
édit. 2 vol.   15 fr.

G. Revault d'Allonnes.
Psychologie d'une religion.   5 fr.
Les inclinations.   3 fr. 75

E. de Roberty.
Sociologie de l'action.   3 fr. 75

Russell.
La philosophie de Leibniz. 3 fr. 75

Ch. Adam.
La philosophie en France (première
moitié du xixe siècle).   7 fr. 50

Arréat.
Psychologie du peintre.   5 fr.

Dr L. Aubry.
La contagion du meurtre.   5 fr.

Alex. Bain.
La logique inductive et déductive.
3e édit. 2 vol.   20 fr.
Les sens et l'intell. 3e édit. 10 fr.

J.-M. Baldwin.
Le développement mental chez
l'enfant et dans la race. 7 fr. 50

J. Bardoux.
Psychol. de l'Angleterre contemp.
(*les crises belliqueuses*).   7 fr. 50
Psychologie de l'Angleterre contemporaine (*les crises politiques*).
5 fr.

Barthélemy Saint-Hilaire.
La philosophie dans ses rapports
avec les sciences et la religion. 5 fr.

Barzelotti.
La philosophie de H. Taine. 7 fr. 50

Bazaillas.
Musique et inconscience.   5 fr.
La vie personnelle.

G. Belot.
Études de morale positive. 7 fr. 50

Bergson.
Essai sur les données immédiates
de la conscience. 6e édit. 3 fr. 75
Matière et mémoire. 5e édit.   5 fr.
L'évolution créatrice. 2e éd. 7 fr. 50

A. Bertrand.
L'enseignement intégral.   5 fr.
Les études dans la démocratie. 5 fr.

A. Binet.
Les révélations de l'écriture.   5 fr.

Em. Boirac.
L'idée du phénomène.   5 fr.

Bouglé.
Les idées égalitaires. 2e éd. 3 fr. 75

L. Bourdeau.
Le problème de la mort. 4ᵉ éd. 5 fr.
Le problème de la vie. 7 fr. 50
Bourdon.
L'expression des émotions. 7 fr. 50
Em. Boutroux.
Études d'histoire de la philosophie.
2ᵉ édit. 7 fr. 50
Braunschvig.
Le sentiment du beau et le senti-
ment politique. 7 fr. 50
L. Bray.
Du beau. 5 fr.
Brochard.
De l'erreur. 2ᵉ éd. 5 fr.
Brunschvicg.
Spinoza. 2ᵉ édit. 3 fr. 75
La modalité du jugement. 5 fr.
L. Carrau.
Philosophie religieuse en Angle-
terre. 5 fr.
Ch. Chabot.
Nature et moralité. 5 fr.
Clay.
L'alternative. 2ᵉ éd. 10 fr.
Collins.
Résumé de la phil. de H. Spencer.
4ᵉ éd. 10 fr.
Cosentini.
La sociologie génétique. 3 fr. 75
A. Coste.
Principes d'une sociol. obj. 3 fr. 75
L'expérience des peuples. 10 fr.
C. Couturat.
Les principes des mathématiques. 5 f.
Crépieux-Jamin.
L'écriture et le caractère. 4ᵉ éd. 7.50
A. Cresson.
Morale de la raison théorique. 5 fr.
Dauriac.
Essai sur l'esprit musical. 5 fr.
Delbos.
Philos. pratique de Kant. 12 fr. 50
J. Delvaille.
La vie sociale et l'éducation. 3 fr. 75
J. Delvolve.
Religion, critique et philosophie
positive chez Bayle. 7 fr. 50
Draghicesco.
L'individu dans le déterminisme
social. 7 fr. 50
Le problème de la conscience.
3 fr. 75
G. Dumas.
La tristesse et la joie. 7 fr. 50
St-Simon et Auguste Comte. 5 fr.
G.-L. Duprat.
L'instabilité mentale. 5 fr.
Dupréix.
Kant et Fichte. 2ᵉ édit. 5 fr.

Durand (DE GROS).
Taxinomie générale. 5 fr.
Esthétique et morale. 5 fr.
Variétés philosophiques. 2ᵉ éd. 5 fr.
E. Durkheim.
De la div. du trav. soc. 2ᵉ éd. 7 fr. 50
Le suicide, étude sociolog. 7 fr. 50
L'année sociologique. 10 volumes :
1ʳᵉ à 5ᵉ années. Chacune. 10 fr.
6ᵉ à 10ᵉ. Chacune. 12 fr. 50
V. Egger.
La parole intérieure. 2ᵉ éd. 5 fr.
A. Espinas.
La philosophie sociale au XVIIIᵉ siè-
cle et la Révolution. 7 fr. 50
F. Evellin.
La raison pure et les antinomies. 5 fr.
G. Ferrero.
Les lois psychologiques du sym-
bolisme. 5 fr.
Enrico Ferri.
La sociologie criminelle. 10 fr.
Louis Ferri.
La psychologie de l'association, de-
puis Hobbes. 7 fr. 50
J. Finot.
Le préjugé des races. 3ᵉ éd. 7 fr. 50
Philosophie de la longévité. 12ᵉ éd.
5 fr.
Fonsegrive.
Le libre arbitre. 2ᵉ éd. 10 fr.
M. Foucault.
La psychophysique. 7 fr. 50
Le rêve. 5 fr.
Alf. Fouillée.
Liberté et déterminisme. 5ᵉ éd. 7 fr. 50
Critique des systèmes de morale
contemporains. 5ᵉ éd. 7 fr. 50
La morale, l'art et la religion, d'a-
près Guyau. 6ᵉ éd. 3 fr. 75
L'avenir de la métaphysique. 2ᵉ éd.
5 fr.
Évolutionnisme des idées-forces.
4ᵉ éd. 7 fr. 50
La psychologie des idées-forces.
2ᵉ édit. 2 vol. 15 fr.
Tempérament et caractère. 3ᵉ éd.
7 fr. 50
Le mouvement idéaliste. 2ᵉ éd. 7 fr. 50
Le mouvement positiviste. 2ᵉ éd. 7.50
Psych. du peuple français. 3ᵉ éd. 7.50
La France au point de vue moral.
3ᵉ édit. 7 fr. 50
Esquisse psychologique des peu-
ples européens. 4ᵉ édit. 10 fr.
Nietzsche et l'immoralisme. 2ᵉ éd.
5 fr.
Le moralisme de Kant et l'amora-
lisme contemporain. 2ᵉ éd. 7 fr. 50
Éléments sociol. de la morale.
2ᵉ édit. 7 fr. 50
La morale des idées-forces. 7 fr. 50

E. Fournière.
Théories social. an XIXe siècle. 7 fr.50
G. Fulliquet.
L'obligation morale. 7 fr. 50
Garofalo.
La criminologie. 5e édit. 7 fr. 50
La superstition socialiste. 5 fr.
L. Gérard-Varet.
L'ignorance et l'irréflexion. 5 fr.
E. Gley.
Études de psycho-physiologie. 5 fr.
E. Goblot.
La classification des sciences. 5 fr.
G. Gory.
L'immanence de la raison dans la
connaissance sensible. 5 fr.
R. de la Grasserie.
De la psychologie des religions. 5 fr.
J. Grasset.
Demifous et demiresponsables. 5 fr.
G. de Greef.
Le transformisme social. 2e éd. 7 fr.50
La sociologie économique, 3 fr. 75
K. Groos.
Les jeux des animaux. 7 fr.50
Gurney, Myers et Podmore
Les hallucin. télépath. 4e éd. 7 fr. 50
Guyau.
La morale angl. cont. 5e éd. 7 fr. 50
Les problèmes de l'esthétique con-
temporaine. 6e éd. 5 fr.
Esquisse d'une morale sans obli-
gation ni sanction. 9e éd. 5 fr.
L'irréligion de l'avenir. 12e éd.7fr.50
L'art au point de vue sociol. 7e éd.
7 fr. 50
Éducation et hérédité. 10e éd. 5 fr.
E. Halévy.
La form. du radicalisme philos.
I. *La jeunesse de Bentham.* 7 fr.50
II. *Évol. de la doctr. utilitaire,*
1789-1815. 7 fr. 50
III. *Le radicalisme philos.* 7 fr. 50
O. Hamelin.
Les éléments de la représentation.
7 fr. 50
Hannequin.
L'hypoth. des atomes. 2e éd. 7fr.50
P. Hartenberg.
Les timides et la timidité. 2e éd. 5fr.
Hébert.
Evolut. de la foi catholique. 5 fr.
Le divin. 5 fr.
C. Hémon.
Philos. de Sully Prudhomme. 7 fr.50
G. Hirth.
Physiologie de l'art. 5 fr.
H. Höffding.
Esquisse d'une psychologie fondée
sur l'expérience. 4e édit. 7 fr. 50
Hist. de la philos. moderne. 2e édit.
2 vol. 20 fr.

Philosophes contemporains, 2e édit.
3 fr. 75
Isambert.
Les idées socialistes en France
(1815-1848). 7 fr. 50
Izoulet.
La cité moderne. 7e édit. 10 fr.
Jacoby.
La sélect. chez l'homme. 2e éd. 10 fr.
Paul Janet.
OEuvres philosophiques de Leibniz.
2e édition. 2 vol. 20 fr.
Pierre Janet.
L'automatisme psychol.5e éd.7fr.50
J. Jaurès.
Réalité du monde sensible. 2e édit.
7 fr. 50
Karppe.
Études d'hist. de la philos. 3 fr. 75
A. Keim.
Helvétius. 10 fr.
P. Lacombe.
Individus et sociétés selon Taine.
7 fr. 50
A. Lalande.
La dissolution opposée à l'évolu-
tion. 7 fr. 50
A. Landry.
Principes de morale rationnelle. 5fr.
De Lanessan.
La morale des religions. 10 fr.
Lang.
Mythes, cultes et religions. 10 fr.
P. Lapie.
Logique de la volonté. 7 fr. 50
Lauvrière.
Edgar Poë. Sa vie. Son œuvre. 10 fr.
E. de Laveleye.
De la propriété et de ses formes
primitives. 5e édit. 10 fr.
Le gouvernement dans la démocra-
tie. 3e éd. 2 vol. 15 fr.
Gustave Le Bon.
Psych. du socialisme. 5e éd. 7 fr. 50
G. Lechalas.
Études esthétiques. 5 fr.
Lechartier.
David Hume, moraliste et socio-
logue. 5 fr.
Leclère.
Le droit d'affirmer. 5 fr.
F. Le Dantec.
L'unité dans l'être vivant. 7 fr. 50
Limites du connaissable. 3e édit.
3 fr. 75
Xavier Léon.
La philosophie de Fichte. 10 fr.
Leroy (E.-B.).
Le langage. 5 fr.
A. Lévy.
La philosophie de Feuerbach. 10 fr.

L. Lévy-Bruhl.
La philosophie de Jacobi.   5 fr.
Lettres de Stuart Mill à Comte. 10 fr.
La philos. d'Aug. Comte. 2ᵉ éd. 7 fr. 50
La morale et la science des mœurs. 3ᵉ éd.   5 fr.

Liard.
Science positive et métaphysique. 4ᵉ édit.   7 fr. 50
Descartes. 2ᵉ édit.   5 fr.

H. Lichtenberger.
Richard Wagner, poète et penseur. 4ᵉ édit.   10 fr.
Henri Heine penseur.   3 fr. 75

Lombroso.
La femme criminelle et la prostituée 1 vol. avec planches.   15 fr.
Le crime polit. et les révol. 2 v. 15 f.
L'homme criminel. 3ᵉ édit. 2 vol., avec atlas. 36 f. Le crime. 2ᵉ éd. 10 f.

E. Lubac.
Système de psychol. rationn. 3 fr. 75

G. Luquet.
Idées générales de psychol.   5 fr.

G. Lyon.
L'idéalisme en Angleterre au XVIIIᵉ siècle.   7 fr. 50
Enseignement et religion. 3 fr. 75

P. Malapert.
Les éléments du caractère. 2ᵉ éd. 5 fr.

Marion.
La solidarité morale. 6ᵉ édit. 5 fr.

Fr. Martin.
La perception extérieure et la science positive.   5 fr.

J. Maxwell.
Les phénomènes psych. 3ᵉ éd. 5 fr.

Max Muller.
Nouv. études de mythol. 12 fr. 50

Myers.
La personnalité humaine. 2ᵉ éd. 7.50

E. Naville.
La logique de l'hypothèse. 2ᵉ éd. 5 fr.
La définition de la philosophie. 5 fr.
Les philosophies négatives.   5 fr.
Le libre arbitre. 2ᵉ édition.   5 fr.

J.-P. Nayrac.
L'attention.   3 fr. 75

Max Nordau.
Dégénérescence. 2 v. 7ᵉ éd. 17 fr. 50
Les mensonges conventionnels de notre civilisation. 10ᵉ éd.   5 fr.
Vus du dehors.   5 fr.

Novicow.
Luttes entre soc. humaines. 2ᵉ éd. 10 f.
Gaspillages des soc. mod. 2ᵉ éd. 5 fr.
Justice et expansion de la vie. 7 fr. 50

H. Oldenberg.
Le Bouddha. 2ᵉ éd.   7 fr. 50
La religion du Véda.   10 fr.

Ossip-Lourié.
La philosophie russe contemp. 5 fr.
Psychol. des romanciers russes au XIXᵉ siècle.   7 fr. 50

Ouvré.
Form. littér. de la pensée grecq. 10 fr.

G. Palante.
Combat pour l'individu.   3 fr. 75

Fr. Paulhan.
Les caractères. 2ᵉ édition.   5 fr.
Les mensonges du caractère.   5 fr.
Le mensonge de l'art.   5 fr.

Payot.
L'éducation de la volonté. 29ᵉ éd. 5 fr.
La croyance. 2ᵉ éd.   5 fr.

Jean Pérès.
L'art et le réel.   3 fr. 75

Bernard Perez.
Les trois premières années de l'enfant. 5ᵉ édit.   5 fr.
L'enfant de 3 à 7 ans. 4ᵉ éd.   5 fr.
L'éd. mor. dès le berceau. 4ᵉ éd. 5 fr.
L'éd. intell. dès le berceau. 2ᵉ éd. 5 fr.

C. Piat.
La personne humaine.   7 fr. 50
Destinée de l'homme.   5 fr.

Picavet.
Les idéologues.   10 fr.

Piderit.
La mimique et la physiognomonie, avec 95 fig.   5 fr.

Pillon.
L'année philos. 18 vol., chacun. 5 fr.

J. Pioger.
La vie et la pensée.   5 fr.
La vie sociale, la morale et le progrès.   5 fr.

L. Prat.
Le caractère empirique et la personne.   7 fr. 50

Preyer.
Éléments de physiologie.   5 fr.

L. Proal.
Le crime et la peine. 3ᵉ éd.   10 fr.
La criminalité politique. 2ᵉ éd. 5 fr.
Le crime et le suicide passionnels.   10 fr.

G. Rageot.
Le succès.   3 fr. 75

F. Rauh.
De la méthode dans la psychologie des sentiments.   5 fr.
L'expérience morale.   3 fr. 75

Récéjac.
La connaissance mystique.   5 fr.

G. Renard.
La méthode scientifique de l'histoire littéraire.   10 fr.

Renouvier.
Les dilem. de la métaph. pure. 5 fr.
Hist. et solut. des problèmes métaphysiques.   7 fr. 50

Le personnalisme.   10 fr.
Critique de la doctrine de Kant. 7.50
A. Rey.
La théorie de la physique chez
les physiciens contemp. 7 fr. 50
Ribéry.
Classification des caractères. 3 fr. 75
Th. Ribot.
L'hérédité psycholog. 8e éd. 7 fr. 50
La psychologie anglaise contem-
poraine. 3e éd.   7 fr. 50
La psychologie allemande contem-
poraine. 6e éd.   7 fr. 50
La psych. des sentim. 7e éd. 7 fr. 50
L'évol. des idées générales. 2e éd. 5 fr.
L'imagination créatrice. 3e éd. 5 fr.
Logique des sentiments. 2e éd. 3 f. 75
Essai sur les passions. 2e éd. 3 fr. 75
Ricardou.
De l'idéal.   5 fr.
G. Richard.
L'idée d'évolution dans la nature
et dans l'histoire.   7 fr. 50
H. Riemann.
Elém. de l'esthétiq. musicale. 5 fr.
E. Rignano.
Transmissibilité des   caractères
acquis.   5 fr.
A. Rivaud.
Essence et existence chez Spinoza.
                                     7 fr. 50
E. de Roberty.
Ancienne et nouvelle philos. 7 fr. 50
La philosophie du siècle.   5 fr.
Nouveau programme de sociol. 5 fr.
F. Roussel-Despierres.
Liberté et beauté.   7 fr. 50
Romanes.
L'évol. ment. chez l'homme. 7 fr. 50
Ruyssen.
Évolut. psychol. du jugement. 5 fr.
A. Sabatier.
Philosophie de l'effort. 2e éd. 7 fr.50
Emile Saigey.
La physique de Voltaire.   5 fr.
G. Saint-Paul.
Le langage intérieur.   5 fr.
E. Sanz y Escartin.
L'individu et la réforme sociale. 7.50
Schopenhauer.
Aphorismes sur la sagesse dans la
vie. 9e éd.   5 fr.
Le monde comme volonté et repré-
sentation. 5e éd. 3 vol. 22 fr. 50
Séailles.
Ess. sur le génie dans l'art. 2e éd. 5 fr.
Philosoph. de Renouvier. 7 fr. 50
Sighele.
La foule criminelle. 2e édit.   5 fr.
Sollier.
Psychologie de l'idiot et de l'im-
bécile. 2e éd.   5 fr.

Le problème de la mémoire. 3 fr. 75
Le mécanisme des émotions. 5 fr.
Souriau.
L'esthétique du mouvement. 5 fr.
La beauté rationnelle.   10 fr.
Spencer (Herbert).
Les premiers principes. 9e éd. 10 fr.
Principes de psychologie. 2 vol. 20 fr.
Princip. de biologie. 5e éd. 2 v. 20 fr.
Princip. de sociol. 5 vol. 43 fr. 75
   I. *Données de la sociologie*, 10 fr. —
   II. *Inductions de la sociologie.
   Relations domestiques*, 7 fr. 50. —
   III. *Institutions cérémonielles et
   politiques*, 15 fr. — IV. *Institu-
   tions ecclésiastiques*, 3 fr. 75.
   — V. *Institutions profession-
   nelles*, 7 fr. 50.
Justice 3e éd.   7 fr. 50
Rôle moral de la bienfaisance. 7.50
Morale des différents peuples. 7.50
Problèmes de morale et de socio-
logie. 2e éd.   7 fr. 50
Essais sur le progrès. 5e éd. 7 fr. 50
Essais de politique. 4e éd.   7 fr. 50
Essais scientifiques. 3e éd.   7 fr. 50
De l'éducation. 13e édit.   5 fr.
Une autobiographie.   10 fr.
P. Stapfer.
Quest. esthétiques et relig. 3 fr. 75
Stein.
La question sociale au point de
vue philosophique.   10 fr.
Stuart Mill.
Mes mémoires. 5e éd.   5 fr.
Système de logique. 2 vol. 20 fr.
Essais sur la religion. 4e édit. 5 fr.
Lettres à Auguste Comte.   10 fr.
James Sully.
Le pessimisme. 2e éd.   7 fr. 50
Etudes sur l'enfance.   10 fr.
Essai sur le rire.   7 fr. 50
Sully Prudhomme.
La vraie religion selon Pascal. 7 fr. 50
G. Tarde.
La logique sociale. 3e édit. 7 fr. 50
Les lois de l'imitation. 5e éd. 7 fr. 50
L'opposition universelle.   7 fr. 50
L'opinion et la foule. 2e édit. 5 fr.
Psychologie économique. 2 vol. 15 fr.
Em. Tardieu.
L'ennui.   5 fr.
P.-Félix Thomas.
L'éduc. des sentiments. 4e éd. 5 fr.
Pierre Leroux. Sa philosophie. 5 fr.
Et. Vacherot.
Essais de philosophie critique. 7 fr. 50
La religion.   7 fr. 50
Dr I. Waynbaum
La physionomie humaine.   5 fr.
L. Weber.
Vers le positivisme absolu par
l'idéalisme.   7 fr. 50

ÉCONOMIE POLITIQUE — SCIENCE FINANCIÈRE

JOURNAL DES ÉCONOMISTES

REVUE MENSUELLE DE LA SCIENCE ÉCONOMIQUE ET DE LA STATISTIQUE

Fondé en 1841, par G. GUILLAUMIN

Paraît le 15 de chaque mois

par fascicules grand in-8 de 10 à 12 feuilles (180 à 192 pages).

RÉDACTEUR EN CHEF : **M. G. DE MOLINARI**

Correspondant de l'Institut.

CONDITIONS DE L'ABONNEMENT :

France et Algérie : Un an........ 36 fr.; Six mois....... 19 fr.;
Union postale : Un an............ 38 fr.; Six mois....... 20 fr.
Le numéro................ 3 fr. 50

Les abonnements partent de Janvier ou de Juillet.

NOUVEAU DICTIONNAIRE
D'ÉCONOMIE POLITIQUE

PUBLIÉ SOUS LA DIRECTION DE

M. LÉON SAY et de **M. JOSEPH CHAILLEY-BERT**

Deuxième édition.

2 vol. grand in-8 raisin et un Supplément : prix, brochés...... 60 fr.
— demi-reliure chagrin................ 69 fr.

COMPLÉTÉ PAR 3 TABLES : Tables des auteurs, table méthodique
et table analytique.

Cet important ouvrage peut s'acquérir en envoyant un mandat-poste
de 20 fr., au reçu duquel est faite l'expédition du livre, et en payant le
reste, soit 40 fr., en quatre traites de 10 fr. chacune, de deux mois en
deux mois. (*Pour recevoir l'ouvrage relié ajouter 9 fr. au premier paiement.*)

DICTIONNAIRE DU COMMERCE
DE L'INDUSTRIE ET DE LA BANQUE

DIRECTEURS :

MM. Yves GUYOT et **Arthur RAFFALOVICH**

2 volumes grand in-8. Prix, brochés................ 50 fr.
— — reliés................ 58 fr.

Cet important ouvrage peut s'acquérir en envoyant un mandat-poste
de 10 fr., au reçu duquel est faite l'expédition du livre, et en payant le
reste, soit 40 fr., en quatre traites de 10 fr. chacune, de deux mois en
deux mois. (*Pour recevoir l'ouvrage relié ajouter 8 fr. au premier paiement.*)

COLLECTION DES PRINCIPAUX ÉCONOMISTES

Enrichie de commentaires, de notes explicatives et de notices historiques
(COLLECTION GUILLAUMIN.)

MÉLANGES (1re PARTIE)

David Hume. *Essai sur le commerce, le luxe, l'argent, les impôts, le crédit public, sur la balance du commerce, la jalousie commerciale, la population des nations anciennes.* — **V. de Forbonnais.** *Principes économiques.* — **Condillac.** *Le commerce et le gouvernement.* — **Condorcet.** *Lettres d'un laboureur de Picardie à M. N*** (Necker).* — *Réflexions sur l'esclavage des nègres.* — *Réflexions sur la justice criminelle.* — *De l'influence de la révolution d'Amérique sur l'Europe.* — *De l'impôt progressif.* — **Lavoisier.** *De la richesse territoriale du royaume de France.* — **Franklin.** *La science du bonhomme Richard et ses autres opuscules.* 1 vol. grand in-8. . . . . **10 fr.**

MÉLANGES (2e PARTIE)

Necker. *Sur la législation et le commerce des grains.* — **L'abbé Galiani.** *Dialogues sur le commerce des blés* avec la *Réfutation* de l'abbé **Morellet.** — **Montyon.** *Quelle influence ont les diverses espèces d'impôts sur la moralité, l'activité et l'industrie des peuples?* — **Bentham.** *Défense de l'usure.* 1 vol. gr. in-8. . . . . **10 fr.**

RICARDO

Œuvres complètes. Les œuvres de Ricardo se composent : 1° des **Principes de l'économie politique et de l'impôt.** — 2° Des ouvrages ci-après : *De la protection accordée à l'agriculture.* — *Plan pour l'établissement d'une banque nationale.* — *Essai sur l'influence du bas prix des blés sur les profits du capital.* — *Proposition pour l'établissement d'une circulation monétaire économique et sûre.* — *Le haut prix des lingots est une preuve de la dépréciation des billets de banque.* — *Essai sur les emprunts publics,* avec des notes. 1 vol. in-8. . . . . **10 fr.**

J.-B. SAY

Cours complet d'économie politique pratique. 2 vol. grand in-8. **20 fr.**

J.-B. SAY

Œuvres diverses : *Catéchisme d'économie politique.* — *Lettres à Malthus et correspondance générale.* — *Olbie.* — *Petit volume.* — *Fragments et opuscules inédits.* 1 vol. grand in-8. . . . . **10 fr.**

ADAM SMITH

Recherches sur la nature et les causes de la richesse des nations, traduction de G. GARNIER. 5e édition, augmentée. 2 vol. in-8. . . . **16 fr.**

COLLECTION DES ÉCONOMISTES
ET PUBLICISTES CONTEMPORAINS
FORMAT IN-8.

DERNIERS VOLUMES PUBLIÉS :

ANTOINE (Ch.). Cours d'économie sociale. 4e édition, revue et augmentée. 1 vol. in-8. . . . . 9 fr.

ARNAUNÉ (Aug.), directeur de la Monnaie. La monnaie, le crédit et le change. 1 vol. in-8. 3e édition, revue et augmentée. . . . . 8 fr.

COLSON (C.), ingénieur en chef des ponts et chaussées. Cours d'économie politique, professé à l'École nationale des ponts et chaussées. 6 vol. grand in-8. . . . . 36 fr.
- Livre I. — *Théorie générale des phénomènes économiques.* 2e édition revue et augmentée. . . . . 6 fr.
- — II. — *Le travail et les questions ouvrières.* 3e tirage. . . 6 fr.
- — III. — *La propriété des biens corporels et incorporels.* 2e tirse. 6 fr.
- — IV. — *Les entreprises, le commerce et la circulation.* 2e tirse. 6 fr.
- — V. — *Les finances publiques et le budget de la France.* . 6 fr.
- — VI. — *Les travaux publics et les transports.* . . . . 6 fr.

EICHTHAL (Eugène d'), de l'Institut. La formation des richesses et ses conditions sociales actuelles, *notes d'économie politique.* . . 7 fr. 50

LEROY-BEAULIEU (P.), de l'Institut. Le collectivisme, *examen critique du nouveau socialisme.* 4e édit., revue et augmentée d'une préface. 1 v. in-8 . . . . 9 fr.
- — De la colonisation chez les peuples modernes. 6e édition. 2 vol. in-8 . . . . 20 fr.

NOVICOW (J.). Le problème de la misère et les phénomènes économiques naturels. 1 vol. in-8. . . . . 7 fr. 50

STOURM (R.), de l'Institut, professeur à l'École libre des sciences politiques. *Cours de finances.* Le budget, son histoire et son mécanisme. 5e édition. 1 vol. in-8. . . . . 10 fr.

BANFIELD, Professeur à l'Université de Cambridge. Organisation de l'industrie, traduit sur la 2e édition, et annoté par M. Emile Thomas. 1 vol. in-8. . . . . 6 fr.

BASTIAT. Œuvres complètes en 7 volumes in-8 (vélin). . . . . 35 fr.
(Voir détails page 39, édition in-18).

BAUDRILLART (H.), de l'Institut. Philosophie de l'économie politique. Des rapports de l'économie politique et de la morale. Deuxième édition, revue et augmentée. 1 vol. in-8. . . . . 9 fr.

BLANQUI, de l'Institut. Histoire de l'économie politique en Europe, *depuis les anciens jusqu'à nos jours,* 5e édition. 1 vol. in-8. . . 8 fr.

BLOCK (M.), de l'Institut. Les progrès de la science économique depuis Adam Smith. 2e édit. augmentée. 2 vol. in-8 . . . . 16 fr.

BLUNTSCHLI. Le droit international codifié. Traduit de l'allemand par M. C. Lardy. 5e édition, revue et augmentée. 1 vol. in-8. . . . 10 fr.
- — Théorie générale de l'État, traduit de l'allemand par M. de Riedmatten. 3e édition. 1 vol. in-8. 9 fr.

COURCELLE-SENEUIL, de l'Institut. Traité théorique et pratique d'économie politique. 3e édition, revue et corrigée. 2 vol. in-18. 7 fr.
- — Traité théorique et pratique des opérations de banque. *Neuvième*

édition. Revue et mise à jour, par A. LIESSE, professeur au Conservatoire des arts et métiers. 1 vol. in-8 . . . . 8 fr.

COURTOIS (A.). **Histoire des banques en France.** 2ᵉ édition. 1 vol. in-8 . . . . 8 fr. 50

FAUCHER (L.), de l'Institut. **Études sur l'Angleterre.** 2ᵉ édition augmentée. 2 forts volumes in-8 . . . . 6 fr.
— **Mélanges d'économie politique et de finances.** 2 forts vol. in-8 . 8 fr.

FIX (Th.). **Observations sur l'état des classes ouvrières.** Nouvelle édition. 1 vol. in-8 . . . . 5 fr.

GARNIER (J.), de l'Institut. **Du principe de population.** 2ᵉ édition. 1 vol. in-8 avec portrait . . . . 10 fr.

GROTIUS. **Le droit de la guerre et de la paix.** Nouvelle traduction. 3 vol. in-8 . . . . 12 fr. 50

HAUTEFEUILLE. **Des droits et des devoirs des nations neutres en temps de guerre maritime.** 3ᵉ édit. refondue. 3 forts vol. in-8 . 22 fr. 50
— **Histoire des origines, des progrès et des variations du droit maritime international.** 2ᵉ édition. 1 vol. in-8 . . . . 7 fr. 50

LAVERGNE (L. de), de l'Institut. **Les économistes français du dix-huitième siècle.** 1 vol. in-8 . . . . 7 fr. 50
— **Essai sur l'économie rurale de l'Angleterre, de l'Écosse et de l'Irlande.** 5ᵉ édition. 1 vol. in-8 avec portrait . . . . 8 fr. 50

LEROY-BEAULIEU (P.), de l'Institut. **Traité théorique et pratique d'économie politique.** 4ᵉ édition. 4 vol. in-8 . . . . 36 fr.
— **Traité de la science des finances.** 7ᵉ édition, revue, corrigée et augmentée. 2 forts vol. in-8 . . . . 25 fr.
— **Essai sur la répartition des richesses et sur la tendance à une moindre inégalité des conditions.** 3ᵉ édit., revue et corrigée. 1 vol. in-8 . 9 fr.
— **L'État moderne et ses fonctions.** 3ᵉ édition. 1 vol. in-8 . . . . 9 fr.

LIESSE (A.), professeur au Conservatoire national des arts et métiers. **Le travail *aux points de vue scientifique industriel et social*.** 1 vol. in-8 . . . . 7 fr. 50

MORLEY (John). **La vie de Richard Cobden,** traduit par SOPHIE RAFFALOVICH. 1 vol. in-8 . . . . 8 fr.

NEYMARCK (A.). **Finances contemporaines.** — Tome I. *Trente années financières 1872-1901.* 1 vol. in-8, 7 fr. 50. — Tome II. *Les budgets 1872-1903.* 1 vol. in-8, 7 fr. 50. — Tome III. *Questions économiques et financières, 1872-1904.* 1 vol. in-8, 10 fr. — Tomes IV-V : *L'obsession fiscale, questions fiscales, propositions et projets relatifs aux impôts depuis 1871 jusqu'à nos jours.* 2 vol. in-8 (1907). . . . . 15 fr.

PASSY (H.), de l'Institut. **Des formes de gouvernement et des lois qui les régissent.** 2ᵉ édition. 1 vol. in-8 . . . . 7 fr. 50

PRADIER-FODÉRÉ. **Précis de droit administratif.** 7ᵉ édition, tenue au courant de la législation. 1 fort vol. in-8 . . . . 10 fr.

RAFFALOVICH (A.). **Le marché financier.** France, Angleterre, Allemagne, Russie, Autriche, Japon, Suisse, Italie, Espagne, États-Unis. Questions monétaires. Métaux précieux. Années 1894-1895. 1 vol. 7 fr. 50 ; 1895-1896. 1 vol. 7 fr. 50 ; 1896-1897. 1 vol. 7 fr. 50 ; 1897-1898 à 1901-1902, chacune 1 vol. 10 fr. 1902-1903 à 1907-1908, chacune 1 vol. . 12 fr.

RICHARD (A.). **L'organisation collective du travail,** essai sur la coopération de main-d'œuvre, le contrat collectif et la sous-entreprise ouvrière, préface par Yves GUYOT. 1 vol. grand in-8 . . . . 6 fr.

ROSSI (P.), de l'Institut. **Cours d'économie politique,** revu et augmenté de leçons inédites. 5ᵉ édition. 4 vol. in-8 . . . . 15 fr.
— **Cours de droit constitutionnel,** *professé à la Faculté de droit de Paris,* recueilli par M. A. PORÉE. 2ᵉ édition. 4 vol. in-8 . . . . . . 15 fr.

STOURM (M.), de l'Institut. **Les systèmes généraux d'impôts.** 2ᵉ édition revisée et mise au courant. 1 vol. in-8 . . . . 9 fr.

VIGNES (Édouard). **Traité des impôts en France.** 4ᵉ édition, mise au courant de la législation, par M. VERONIAUD. 2 vol. in-8 . . . . 16 fr.

BIBLIOTHÈQUE DES SCIENCES MORALES ET POLITIQUES

FORMAT IN-18 JÉSUS.

Derniers volumes publiés.

AUCUY (M.). **Les systèmes socialistes d'échange.** Avant-propos de M. A. DESCHAMPS, professeur à la Faculté de Droit de Paris. 1 volume in-16 . . . . 3 fr. 50

CHALLAYE. **Syndicalisme révolutionnaire et syndicalisme réformiste.** 1 vol. in-16. . . . . 2 fr. 50

DOLLÉANS. **Robert Owen (1771-1858).** Avant-propos de M. E. FAGUET, de l'Académie française. 1 vol. in-18, avec gravures. . . . . . 3 fr. 50

EICHTHAL (E. d'), de l'Institut. **La liberté individuelle du travail et les menaces du législateur.** 1 vol. in-16. . . . . 2 fr. 50

Forces productives de la France (Les). Conférences organisées par la Société des anciens élèves de l'Ecole libre des sciences politiques, par MM. P. BAUDIN, P. LEROY-BAULIEU, MILLERAND, ROUME, J. THIERRY, E. ALLIX, J.-C. CHARPENTIER, H. DE PEYERIMHOFF, P. DE ROUSIERS, D. ZOLLA. 1 vol. in-16. 3 fr. 50

GAUTHIER (A.-E.), sénateur, ancien ministre. **La réforme fiscale par l'impôt sur le revenu.** 1 vol. in-18. . . . . 3 fr. 50

LIESSE, professeur ax Conservatoire des arts et métiers. **La statistique, ses difficultés, ses procédés, ses résultats.** 1 vol. in-18. . . 2 fr. 50

— **Portraits de financiers.** OUVRARD, MOLLIEN, GAUDIN, BARON LOUIS, CORVETTO, LAFFITE, DE VILLÈLE. 1 vol. in-18 . . . . 3 fr. 50

MARGUERY (E.). **Le droit de propriété et le régime démocratique.** 1 vol. in-18. . . . . 2 fr. 50

MERLIN (R.), biblioth. archiviste du Musée social. **Le contrat de travail, les salaires, la participation aux bénéfices.** 1 v. in-18. . . . 2 fr. 50

MILHAUD (Mlle Caroline). **L'ouvrière en France, sa condition présente, réformes nécessaires.** 1 vol. in-18. . . . . 2 fr. 50

MILHAUD (Edg.), professeur d'économie politique à l'Université de Genève. **L'imposition de la rente.** *Les engagements de l'Etat, les intérêts du crédit public, l'égalité devant l'impôt.* 1 vol. in-16. . 3 fr. 50

MOLINARI (G. de), correspondant de l'Institut, rédacteur en chef du *Journal des Economistes.* **Théorie de l'Evolution.** *Economie de l'histoire.* 1 vol. in-16. . . . . 3 fr. 50

BASTIAT (Frédéric). **Œuvres complètes,** précédées d'une *Notice* sur sa vie et ses écrits. 7 vol. in-18. . . . . 24 fr. 50
 I. *Correspondance.* — *Premiers écrits.* 3e édition, 3 fr. 50; — II. Le *Libre-Echange.* 3e édition, 3 fr. 50; — III. *Cobden et la Ligue.* 4e édition, 2 fr. 50; — IV et V. *Sophismes économiques.* — *Petits pamphlets.* 6e édit. 2 vol., 7 fr.; — VI. *Harmonies économiques.* 9e édition, 3 fr. 50; — VII. *Essais.* — *Ebauches.* — *Correspondance.* . . . . . 3 fr. 50
 Les tomes IV et V seuls ne se vendent que réunis.

CIESZKOWSKI (A.). **Du crédit et de la circulation.** 3e édit. in-18. 3 fr. 50

COURCELLE-SENEUIL (J.-G.). **Traité théorique et pratique d'économie politique.** 3e édit. 2 vol. in-18. . . . . 7 fr.

— **La société moderne.** 1 vol. in-18. . . . . 5 fr.

FREEMAN (E.-A.). **Le développement de la constitution anglaise, depuis les temps les plus reculés jusqu'à nos jours.** 1 vol. in-18. . . 3 fr. 50

LAVERGNE (L. de), de l'Institut. **Economie rurale de la France depuis 1789.** 4e édition, revue et augmentée. 1 vol. in-18. . . . . . . 3 fr. 50

— **L'agriculture et la population.** 2e édition. 1 vol. in-18. . . . 3 fr. 50

MOLINARI (G. de), correspondant de l'Institut, rédacteur en chef du *Journal des Économistes.* **Questions économiques à l'ordre du jour.** 1 vol. in-18. . . . . 3 fr. 50

— **Les problèmes du XXe siècle.** 1 vol. in-18. . . . . 3 fr. 50

STUART MILL (J.). **La liberté.** Traduction et *Introduction,* par M. DUPONT-WHITE. 3e édition, revue. 1 vol. in-18. . . . . 2 fr. 50

— **Le gouvernement représentatif.** Traduction et *Introduction,* par M. DUPONT-WHITE. 3e édition. 1 vol. in-18. . . . . 4 fr.

COLLECTION
D'AUTEURS ÉTRANGERS CONTEMPORAINS

Histoire — Morale — Économie politique — Sociologie

Format in-8. (Pour le cartonnage, **1 fr. 50** en plus.)

BAMBERGER. — **Le Métal argent au XIXe siècle.** Traduction par M. Raphael-Georges Lévy. 1 vol. Prix, broché . . . . . . 6 fr. 50

C. ELLIS STEVENS. — **Les Sources de la Constitution des États-Unis** *étudiées dans leurs rapports avec l'histoire de l'Angleterre et de ses Colonies.* Traduit par Louis Vossion. 1 vol. in-8. Prix, broché. 7 fr. 50

GOSCHEN. — **Théorie des Changes étrangers.** Traduction et préface de M. Léon Say. *Quatrième édition française* suivie du *Rapport de 1875 sur le paiement de l'indemnité de guerre,* par le même. 1 vol. Prix, broché . , ... 7 fr. 50

HERBERT SPENCER. — **Justice.** *3e édition.* Trad. de M. E. Castelot. 1 vol. Prix, broché . . . . 7 fr. 50

HERBERT SPENCER. — **La Morale des différents Peuples et la Morale personnelle.** Traduction de MM. Castelot et E. Martin Saint-Léon. 1 vol. Prix, broché . . . . 7 fr. 50

HERBERT SPENCER. — **Les Institutions professionnelles et industrielles.** Traduit par Henri de Varigny. 1 vol. in-8. Prix, br. 7 fr. 50

HERBERT SPENCER. — **Problèmes de Morale et de Sociologie.** Traduction de M. H. de Varigny. 2e édit. 1 vol. Prix, broché. . 7 fr. 50

HERBERT SPENCER. — **Du Rôle moral de la Bienfaisance.** (*Dernière partie des principes de l'éthique*). Traduction de MM. E. Castelot et E. Martin Saint-Léon. 1 vol. Prix, broché . . . . 7 fr. 50

HOWELL. — **Le Passé et l'Avenir des Trade Unions.** *Questions sociales d'aujourd'hui.* Traduction et préface de M. Le Cour Grandmaison. 1 vol. Prix, broché . . . . 5 fr. 50

KIDD. — **L'évolution sociale.** Traduit par M. P. Le Monnier. 1 vol. in-8. Prix, broché. . . . . 7 fr. 50

NITTI. — **Le Socialisme catholique.** Traduit avec l'autorisation de l'auteur. 1 vol. Prix, broché . . . . 7 fr. 50

RUMELIN. — **Problèmes d'Économie politique et de Statistique.** Traduit par Ar. de Riedmatten. 1 vol. Prix, broché. . . . . . 7 fr. 50

SCHULZE GAVERNITZ. — **La grande Industrie.** Traduit de l'allemand. Préface par M. G. Guéroult. 1 vol. Prix, broché . . . . . 7 fr. 50

W.-A. SHAW. — **Histoire de la Monnaie (1252-1894).** Traduit par M. Ar. Raffalovich. 1 vol. Prix, broché . . . . 7 fr. 50

THOROLD ROGERS. — **Histoire du Travail et des Salaires en Angleterre depuis la fin du XIIIe siècle.** Traduction avec notes par E. Castelot. 1 vol. in-8. Prix, broché . . . . 7 fr. 50

WESTERMARCK. — **Origine du Mariage dans l'espèce humaine.** Traduction de M. H. de Varigny. 1 vol. Prix broché. . . . . . . 11 fr.

A.-D. WHITE. — **Histoire de la Lutte entre la Science et la Théologie.** Traduit et adapté par MM. H. de Varigny et G. Adam. 1 vol. in-8. Prix, broché . . . . 7 fr. 50

PETITE BIBLIOTHÈQUE
ÉCONOMIQUE
FRANÇAISE ET ÉTRANGÈRE

PUBLIÉE SOUS LA DIRECTION DE M. J. CHAILLEY-BERT

PRIX DE CHAQUE VOLUME IN-32, ORNÉ D'UN PORTRAIT
Cartonné toile. . . . . 2 fr. 50

XVIII VOLUMES PUBLIÉS

I. — VAUBAN. — Dîme royale, par G. MICHEL.

II. — BENTHAM. — Principes de Législation, par Mlle RAFFALOVICH.

III. — HUME. — Œuvre économique, par Léon SAY.

IV. — J.-B. SAY. — Economie politique, par H. BAUDRILLART, de l'Institut.

V. — ADAM SMITH. — Richesse des Nations, par COURCELLE-SENEUIL, de l'Institut.

VI. — SULLY. — Économies royales, par M. J. CHAILLEY-BERT.

VII. — RICARDO. — Rentes, Salaires et Profits, par M. P. BEAUREGARD, de l'Institut.

VIII. — TURGOT. — Administration et Œuvres économiques, par M. L. ROBINEAU.

IX. — JOHN-STUART MILL. — Principes d'économie politique, par M. L. ROQUET.

X. — MALTHUS. — Essai sur le principe de population, par M. G. de MOLINARI.

XI. — BASTIAT. — Œuvres choisies, par M. de FOVILLE, de l'Institut.

XII. — FOURIER. — Œuvres choisies, par M. Ch. GIDE.

XIII. — F. LE PLAY. — Économie sociale, par M. F. AUBURTIN.

XIV. — COBDEN. — Ligue contre les lois, Céréales et Discours politiques, par Léon SAY, de l'Académie française.

XV. — KARL MARX. — Le Capital, par M. VILFREDO PARETO. 3e édit.

XVI. — LAVOISIER — Statistique agricole et projets de réformes, par MM. SCHELLE et Ed. GRIMAUX, de l'Institut.

XVII. — LÉON SAY. — Liberté du Commerce, finances publiques, par M. J. CHAILLEY-BERT.

XVIII. — QUESNAY. — La Physiocratie, par M. Yves GUYOT.

Chaque volume est précédé d'une introduction et d'une étude biographique, bibliographique et critique sur chaque auteur.

1289-08. — Coulommiers. Imp. Paul BRODARD. — 10-08.

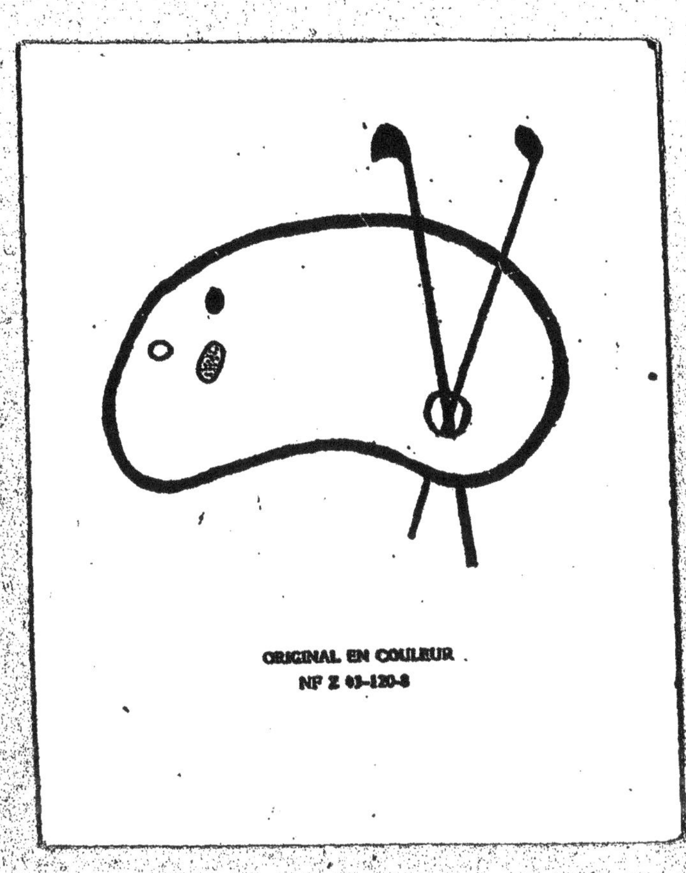
ORIGINAL EN COULEUR
NF Z 43-120-8